W0257032

Ethik im Alltag der Medizin

Spektrum der medizinischen Disziplinen

Herausgeber: Dietrich von Engelhardt

Mit einem Geleitwort von Peter C. Scriba

Springer-Verlag Berlin Heidelberg GmbH

Professor Dr. Dietrich von Engelhardt
Institut für Medizin- und Wissenschaftsgeschichte
Medizinische Universität zu Lübeck
Ratzeburger Allee 160, 2400 Lübeck

ISBN 978-3-540-51560-9

CIP-Titelaufnahme der Deutschen Bibliothek

Ethik im Alltag der Medizin: Spektrum der medizinischen Disziplinen / Hrsg. Dietrich von Engelhardt. Mit e. Geleitw. von Peter C. Scriba.

ISBN 978-3-540-51560-9 ISBN 978-3-662-02597-0 (eBook)
DOI 10.1007/978-3-662-02597-0

NE: Engelhardt, Dietrich von [Hrsg.]

Ursprünglich erschienen bei Springer-Verlag Berlin Heidelberg New York 1989

2127/3145-543210 Gedruckt auf säurefreiem Papier

Geleitwort

Die Medizinische Universität zu Lübeck ist als wissenschaftliche Einrichtung mit auf Medizin und Naturwissenschaft begrenztem Forschungsgebiet besonders darauf angewiesen, ihren Mitgliedern immer wieder Gelegenheit zur Auseinandersetzung mit geisteswissenschaftlichen Themen zu geben.

Dieses Buch faßt die Beiträge zu einer beachtenswerten Ringvorlesung der Medizinischen Universität zu Lübeck zusammen. Überlegungen zur Ethik in der Medizin sind sowohl für das Verständnis zwischen Ärzten und gesunden oder kranken Nichtärzten als auch für das Selbstverständnis der Mediziner wichtig. Kaum ein Bereich der Medizin kann seine Praxis heute ausüben, ohne die Folgen für Sitte, Moral, Recht, Fragen nach dem Sinn des Lebens, Religion, aber auch Ökonomie, Ökologie etc. zu bedenken und zu diskutieren. Nicht zuletzt verlangt der Umgang der Ärzte miteinander eine ethische Struktur, die immer wieder angepaßt werden muß. Namens der Universität wünsche ich, daß dieses Buch dem Leser helfen möge, seinen eigenen Standpunkt zu finden.

Lübeck, Oktober 1989

Prof. Dr. med. PETER C. SCRIBA

Rektor der Medizinischen Universität zu Lübeck

Vorwort

Wissenschaftlicher Fortschritt und kultureller Wandel haben der Ethik in der Gegenwart eine neue Bedeutung verliehen. Dem ‚Prinzip Hoffnung' (Bloch) wird das ‚Prinzip Verantwortung' (Jonas) gegenübergestellt. Auch in der Medizin ist Ethik zu einem vieldiskutierten Thema geworden. Zahlreiche Monographien und Aufsätze sind bereits erschienen, mehrere Zeitschriften wurden gegründet, viele Kongresse und Symposien wurden abgehalten, medizinische Institute und Lehrstühle wurden eingerichtet, Ärztekammern, medizinische Fakultäten und Kliniken besitzen spezifische Ethikkommissionen, seit 1988 gibt es in der Bundesrepublik eine ‚Akademie für Ethik in der Medizin'.

Das ausgehende 20. Jahrhundert hat einsehen müssen, daß Naturwissenschaften und Technik für die medizinische Therapie überaus notwendig, daß der Umgang mit dem kranken und sterbenden Menschen substantiell aber auch auf die Geisteswissenschaften angewiesen ist. Konzepte und Positionen vergangener Epochen der Medizin tauchen wieder auf, zugleich verlangt die moderne Situation moderne Lösungen. Medizinische Forschung bedarf der Normen, die sie selbst nicht schaffen kann. Kuration, Prävention und Rehabilitation gehen insgesamt über Biologie und auch Psychologie und Soziologie noch hinaus; Ethik ist Philosophie; medizinische Ethik ist keine Sonderethik, sondern eine Ethik besonderer Situationen.

Falsche Alternativen stellen keinen Ausweg dar. Auf Naturwissenschaften und Technik kann in der Medizin nicht verzichtet werden; ebenso notwendig sind Psychologie und Soziologie. Medizin hat es mit der Krankheit als objektiver Erscheinung und mit dem Kranken als Subjekt zu tun. Krankheit ist grundsätzlich eine körperliche, soziale, psychische und geistige Erscheinung. Die Beachtung des Kranken als Person mit Bewußtsein, Sprache und sozialen Beziehungen darf nicht Verzicht auf Rationalität heißen; über ethische Prinzipien und ihre Umsetzung in die Praxis können nur Vernunft und vernünftige Argumentation entscheiden. Medizin besitzt schließlich gewiß ihre eigene Wirklichkeit und eigene Dynamik, ist aber zugleich ein Teil der Gesellschaft und Kultur; Medizin hängt von etablierten Werten und ökonomischen Mitteln ab, die von der Gesellschaft zur Verfügung gestellt werden, ihr Fortschritt weckt aber auch neue Bedürfnisse und Hoffnungen, beeinflußt die Kultur.

Die Ringvorlesung der Medizinischen Universität zu Lübeck hat sich in den Semestern 1986–1988 unter dem Leitthema ‚Ethik in der Medizin' diesen ebenso existentiellen wie komplexen Fragen gewidmet. Die Vorträge fanden insgesamt bei den Studenten, den Wissenschaftlern und der Öffentlichkeit große Resonanz, jedesmal kam es zu intensiven Diskussionen. Vier Studien wurden ergänzend für den vorliegenden Band verfaßt, sie konnten dem Auditorium jener Vorlesungsreihe nicht mehr vorgestellt werden. Die Vorträge von Hartmann und v. Engelhardt sind in der Hochschulzeitschrift ‚FOCUS' 1987/88 bereits abgedruckt, sie wurden für diesen Band aber erneut überarbeitet.

Die 15 Beiträge umspannen das weite Spektrum der naturwissenschaftlich-medizinischen Forschung und Therapie. Der systematische wie historische Rahmen der Ethik in der Medizin wird entfaltet, die Beziehung zum Recht wird thematisiert, das Verhältnis zur Philosophie und Theologie wird erörtert. Vor allem werden aber die ethischen Probleme in den verschiedenen medizinischen Disziplinen, in den konkreten Situationen und Aufgaben der einzelnen Fächer und nicht allein in den Grundlagen oder übergreifend für die Medizin insgesamt behandelt; in der Detailliertheit und Praxisbezogenheit liegt vielleicht der besondere Wert dieses Sammelbandes.

Ohne Zweifel verdienen weitere Themen ebenfalls besondere Aufmerksamkeit. Internationale und transkulturelle Vergleiche sollten angestellt werden - auch im Blick auf die Pluralität der Standpunkte und religiösen Bindungen, die in unserem Land bereits Wirklichkeit ist und sich entsprechend auch unter den Studenten und Ärzten wie Patienten wiederfindet. Als notwendig erweist sich die Darstellung medizinethischer Probleme aus der Sicht der Patienten und ihrer Umwelt; medizinische Ethik geht über ärztliche Ethik hinaus, besteht im Prinzip aus der Ethik des Patienten, der Umwelt und des Arztes. Die Verwirklichung der normativen Vorstellungen verlangt noch weitaus stärkere Beachtung. Ethik setzt zwar das Auseinanderfallen von Realität und Norm voraus, bedeutet aber ebenso den stets von neuem zu leistenden Versuch, diese Kluft zu vermindern: im schulischen Unterricht, in der universitären Ausbildung der Mediziner, in der Aufklärung der Öffentlichkeit, in den Reformen der medizinischen Praxis, in den juristischen Folgerungen für die medizinische Forschung und Therapie.

Der Band ‚Ethik in der Medizin' möge seine Leser in den verschiedensten Bereichen finden. Die Beiträge wollen ein Bild der Realität der Medizin entwerfen und zugleich Vorschläge entwickeln, diese Realität in den Bereichen des Denkens, Wissens und Handelns mit Humanität zu erfüllen - im Blick auf das Wohl und den Willen des einzelnen Kranken und zugleich die Bedürfnisse der Gesellschaft, in der Kranker und Arzt gemeinsam leben.

Lübeck, Herbst 1989 DIETRICH V. ENGELHARDT

Inhaltsverzeichnis

Autorenverzeichnis

Prof. Dr. med. HANS ARNOLD	Klinik für Neurochirurgie Medizinische Universität zu Lübeck Ratzeburger Allee 160, 2400 Lübeck 1 Tel. (0451) 500-2075
Prof. Dr. med. HORST DILLING	Klinik für Psychiatrie Medizinische Universität zu Lübeck Ratzeburger Allee 160, 2400 Lübeck 1 Tel. (0451) 500-2440
Prof. Dr. phil. DIETRICH V. ENGELHARDT	Institut für Medizin- und Wissenschaftsgeschichte Medizinische Universität zu Lübeck Ratzeburger Allee 160, 2400 Lübeck 1 Tel. (0451) 500-3054
Prof. Dr. med. HUBERT FEIEREIS	Klinik für Psychosomatik und Psychotherapie Medizinische Universität zu Lübeck Ratzeburger Allee 160, 2400 Lübeck 1 Tel. (0451) 500-2380
Prof. Dr. med. AXEL FENNER	Klinik für Neonatologie Medizinische Universität zu Lübeck Kahlhorststraße 31–35, 2400 Lübeck 1 Tel. (0451) 500-2595
Prof. Dr. med. FRITZ HARTMANN	Geschichte der Medizin im Zentrum für öffentliche Gesundheitspflege Medizinische Hochschule Hannover Konstanty-Gutschow-Str. 8, 3000 Hannover 61 Tel. (0511) 532-3506
Prof. Dr. med. ULRICH KNÖLKER	Klinik für Kinder- und Jugendpsychiatrie Medizinische Universität zu Lübeck Triftstraße 139, 2400 Lübeck 1 Tel. (0451) 4002-401

Prof. Dr. med.
UDO LÖHRS
Institut für Pathologie
Medizinische Universität zu Lübeck
Ratzeburger Allee 160, 2400 Lübeck 1
Tel. (0451) 500-2705

Prof. Dr. med.
GÜNTER M. LÖSCH
Klinik für Plastische Chirurgie
Medizinische Universität zu Lübeck
Ratzeburger Allee 160, 2400 Lübeck 1
Tel. (0451) 500-2060

Prof. Dr. med.
OTTO PRIBILLA
Institut für Rechtsmedizin
Medizinische Universität zu Lübeck
Kahlhorststraße 31-35, 2400 Lübeck 1
Tel. (0451) 500-2750

Dr. med.
INGEBORG RETZLAFF
Präsidentin der Landes-Ärztekammer
Schleswig-Holstein
Bismarckallee 8-12, 2360 Bad Segeberg
Tel. (04551) 803-24

Prof. Dr. med.
FRIEDRICH W. SCHILDBERG
Chirurgische Klinik
Ludwig-Maximilians-Universität
München, Klinikum Groß-Hadern
Marchioninistraße 15, 8000 München 70
Tel. (089) 7095-2790

Prof. Dr. med.
RUDOLF-M. SCHÜTZ
Klinik für Angiologie und Geriatrie
Medizinische Universität zu Lübeck
Ratzeburger Allee 160, 2400 Lübeck 1
Tel. (0451) 500-2400

Prof. Dr. med.
EBERHARD SCHWINGER
Institut für Humangenetik
Medizinische Universität zu Lübeck
Ratzeburger Allee 160, 2400 Lübeck 1
Tel. (0451) 500-2620

Prof. Dr. med.
CHRISTOPH WEISS
Institut für Physiologie
Medizinische Universität zu Lübeck
Ratzeburger Allee 160, 2400 Lübeck 1
Tel. (0451) 500-4150

Sittliche Spannungslagen ärztlichen Handelns

Fritz Hartmann

Bei den Salzburger Humanismusgesprächen 1982 hat der Arzt und Theologe Dieter Rössler sein Referat „Die Krankheit der ärztlichen Ethik" mit der rethorischen Fanfare eröffnet: „Die ärztliche Ethik ist krank". Er setzt also eine eigenständige Ethik der Medizin oder des Arztes voraus und sieht sie im Mittelpunkt: „Die ärztliche Ethik gehört gleichsam zu den inneren Organen der Medizin". Sie scheint ihm zumindest ergänzungs- wenn nicht behandlungsbedürftig. Der Arzt und Soziologe Horst Bayer hingegen hat einen Beitrag in der Frankfurter Zeitung vom 23. September 1986 mit der Frage überschrieben: „Brauchen wir eine Ethik der Medizin?" Er bezweifelt sowohl die Möglichkeit wie die Notwendigkeit einer ärztlichen Sonderethik und die Dringlichkeit ihrer Erneuerung oder Erweiterung. Er schließt den Aufsatz: „Wir benötigen deshalb keine Medizin-Ethik, zumal nicht als „ideologisches Reiterchen" auf dem Leviathan. Wir benötigen als Ärzte und als Bürger Schutz und Chance von Freiheiten gegenüber der Wirtschaft, der Politik, dem Recht und gegenüber – den »Ethikern«". Also auch Skepsis gegenüber Ethik-Kommissionen, die in der Tat ständig in den Verdacht geraten, Alibifunktionen zu erfüllen. Außerdem beschäftigen sie sich ausschließlich mit Anträgen für diagnostische und therapeutische Verfahren, in denen der Mensch Versuchsperson ist, keineswegs also mit allen Wertbezügen ärztlichen Handelns.

Wir werden also zu prüfen haben, ob es eine ärztliche, von der allgemeinen und der anderer Ämter und Berufe abgehobene Ethik geben kann, welche Begründung die Forderung nach Erneuerung oder Erweiterung und welche Ziele diese dabei im Auge hat.

Daß Ethik ein Begriff menschlichen, vor allem – aber nicht nur – mitmenschlichen Handelns ist und daß ärztliches Handeln – und als Voraussetzung dafür auch ärztliches Denken – wertbezogen ist, darf hier als übereinstimmungsfähig vorausgesetzt werden. Nicht überflüssig ist ein Hinweis darauf, daß medizinische Forschung Teil der Handlungswissenschaft Medizin ist. Medizinische Forschung und ärztliche Praxis stehen unter gegenseitigem und öffentlichem Rechtfertigungszwang. Ihr Verbindungsglied und zugleich ihr Rahmen ist das, was wir Wissenschaft des Arztes nennen.

Wenn man von ärztlicher Ethik oder Ethik des Arztes spricht, so ist damit gemeint, daß der Medizin als Wissenschaft und dem Arzt als Beauftragten der Öffentlichkeit – und von dieser überwacht – eine Gruppe menschlicher Werte zu besonderer Pflege und Fürsorge anvertraut ist. Für diese Werte trägt aber die erste Verantwortung jeder Mensch für sich selbst und für seine Mitmenschen. Diese Werte werden im Begriff Gesundheit zusammengefaßt und sind gesetzlich als allgemeine Hilfeleistungspflicht verankert. Gesundheit läßt sich nicht allein wissenschaftlich und statistisch bestimmen. Sie ist auch ein sittlicher Begriff. Die antike Medizin verstärkte sein moralisches Gewicht noch dadurch, daß sie ihm den Charakter einer Tugend zuwies, damit die Selbstverantwortung für Gesundbleiben und -werden hervorhob.

Ethik wird entwertet, wenn man sie als Sammelbegriff für alle Normen, Sitten, Umgangsformen, für Etikette als Benehmen und für Moral als praktisches Verhalten aus sittlichen Haltungen heraus mißbraucht. Wir sollten den Begriff Ethik für die geistige Anstrengung verwenden, nach ersten allgemeingültigen Grundsätzen menschlichen Handelns, nach Prinzipien, zu suchen im Hinblick auf letzte Ziele, auf Sinn. Dieser Bogen zeigt aber zugleich die Spannung, die zwischen dem denkbar Allgemeingültigsten und dem tatsächlich Einmaligen persönlicher Daseinsbesinnung besteht. Alle Versuche einer materialen Wert-Ethik dürfen als bisher gescheitert gelten. Jedoch bleibt die Fähigkeit des Menschen bestehen, die Akte der Setzungen, Anerkennungen, Befolgungen von Werten zu reflektieren, sich mit anderen Menschen auf verschiedenen Ebenen darüber zu verständigen und um des geordneten Zusammenlebens willen im Konfliktfalle Konsens oder zumindest Kompromiß zu suchen.

Warum ich die Erörterung der Wertbezogenheit ärztlichen Denkens und Handelns unter den Begriff der Spannung stelle, möchte ich an einer weiteren Gegenüberstellung zeigen. Die abendländische Medizin sieht sich seit zweieinhalb Jahrtausenden vorrangig auf das Wohl des einzelnen Kranken verpflichtet: salus aegroti suprema lex esto (eine Abwandlung von Ciceros: salus populi suprema lex esto). Das ist keine selbstbestimmte, autonom vom ärztlichen Stand nur für sich beanspruchte Grundnorm; sie ist Kennzeichen abendländischer Kultur und damit auch ihrer Heilkultur. Sie ist in ihren Verfassungen niedergelegt und in ihren Gesetzen ausgelegt. Zwar ist in der Gegenwart die Sozialpflichtigkeit von Eigentum ins Gespräch gekommen, nicht aber eine Sozialpflicht des eigenen Körpers und der eigenen Gesundheit. Jedoch klingt auch dieses gelegentlich im Diskurs über gesundheitsschädliche Gewohnheiten, z. B. Rauchen, an. Und ohne die Annahme einer solchen Bereitschaft zur Sozialpflichtigkeit wären solche diagnostischen und therapeutischen Versuche an Menschen - Gesunden und Kranken - nicht möglich, die der Versuchsperson selbst nichts nützen, wohl aber möglicherweise anderen und vor allem späteren Kranken. In den hippokratischen Schriften gibt es keinen Hinweis auf eine Verpflichtung des Arztes, über das Wohl des einzelnen Kranken hinaus etwa für die Familie, die Gemeinschaft, den Staat, die Gesellschaft oder gar die Menschheit, kein Abwägen von Prioritäten zwischen Individual- und Sozialbereich. Aber in der Geschichte des Abendlandes hat es Versuche und Versuchungen gegeben, diesen Grundsatz außer Kraft zu setzen, die Rechte des Einzelnen einer Klasse, einer Rasse, einem Volk, einer Religion oder einer Weltanschauung unterzuordnen und davon seinen Lebenswert abzuleiten. Das belastet jede Ethik-Diskussion, besonders in Deutschland. Gerade deswegen muß eine eher beiläufige Schlußbemerkung des Philosophen Hans Jonas aufhorchen lassen, mit der er einen seiner Beiträge zum „Prinzip Verantwortung“ schließt: „Wenn der Eindruck entstanden ist, daß manche meiner Überlegungen („Im Dienste des menschlichen Fortschritts; über Versuche an menschlichen Subjekten“) ins Praktische übersetzt, auf eine Verlangsamung des medizinischen Fortschritts hinauslaufen, so sollte das Unbehagen darüber nicht zu groß sein. Vergessen wir nicht, daß Fortschritt ein fakultatives, nicht unbedingt obligatorisches Ziel ist und daß insbesondere sein Tempo, so zwanghaft es historisch-faktisch geworden ist, nichts Heiliges an sich hat. Bedenken wir ferner, daß ein langsamerer Fortschritt in der Krankheitsbezwingung die Gesellschaft nicht bedroht, so schmerzlich er für diejenigen ist, die beklagen müssen, daß gerade ihre Krankheit zu ihrer Zeit noch nicht bezwungen ist.“ Denkt man diesen Ansatz folgerichtig weiter in Richtung auf ein Tempo 0, so ist das Ergebnis: Beendigung der Forschung im ersten und Auflösung des Systems ärztlicher Versorgung Kranker im zweiten Schritt würde den Bestand der Menschheit als Ganzes nicht gefährden. Wahrscheinlich trifft diese Vermutung zu. Die Frage ist, ob wir das wollen. Und das ist eine Frage unserer aller - und nicht allein der Ärzte - sittlichen Haltung, unserer Wertsetzungen und Wertbezogenheiten und deren Rangordnung. Tatsächlich weisen die von der Forschung erarbeiteten Möglichkeiten des Eingriffs in Reproduktion des Menschen und in sein Erbgut den Arzt auf eine Verantwortung hin, die die für den einzelnen Kranken in Richtung auf die Zukunft von noch nicht Geborenen übersteigt. In der genetischen Beratung von Eltern geschieht das aber - ethisch allgemein akzeptiert -, seitdem man vererbbare Krankheiten kennt.

Man wird Wertfragen in der Medizin nicht ohne den allgemeinen kulturellen Hintergrund des Normengefüges einer Gemeinschaft erörtern können.

Wandlungen vollziehen sich in der Neuzeit in den allgemeinsten Grundlagen von Ethik. Die alte abendländische Ethik ging von der räumlichen und zeitlichen Nähe des Nachbarn, des Nächsten, vom Wohnen an einem Ort in einer gemeinsamen Gegenwart aus. Sie war anthropozentrisch. Auch im Christentum blieb sie auf den Nahbereich der Gemeinde beschränkt. Der Bezug auf die Menschheit ist jünger, wie im kategorischen Imperativ Immanuel Kants und natürlich auch dem von Gottfried Wilhelm Leibniz. Als Herausforderung an eine erweiterte Ethik gibt Hans Jonas folgende Gründe an:

1. Die räumliche und zeitliche Fernwirkung menschlicher Handlungen und Eingriffe in natürliche Gleichgewichte.
2. Die kumulative Wirkung verschiedener den Zielen, Plänen und Wegen nach voneinander unabhängiger Eingriffe. In der Medizin wären ein Beispiel dafür die Interferenzen mehrerer gleichzeitig gegebener Medikamente.
3. Die Unumkehrbarkeit der Folgen; die Natur kann nicht alles heilen; auch sie hat Geschichte und bleibt nicht notwendig immer die gleiche.
4. Unser prognostisches Wissen bleibt hinter unserem Handlungswissen zurück. Das ist in der Medizin besonders spürbar, nachdem in den vergangenen 200 Jahren die alte vorrangige Kunst der Prognostik hinter die der Diagnostik zurückgedrängt wurde.

5. Es meldet sich ein Gewissen zu Wort, ob menschliche Verantwortung sich nicht über die für Menschen hinaus auch auf das Ganze der Natur richten müßte.

Unter diesem Gesichtspunkt sei die folgende Zusammenstellung einiger kategorischer Imperative abendländischer Ethik gelesen:

1. Was Du nicht willst, das man Dir tu, das füg auch keinem anderen zu; liebe Deinen Nächsten wie Dich selbst (Goldene Regel).
2. Was Du nicht willst, das man Dir tu, das füg auch keinem anderen zu; was Du möchtest, das man Dir tun soll, das tu auch anderen (Gottfried Wilhelm Leibniz).
3. Handle so, als ob die Maxime Deiner Handlung durch Deinen Willen zum allgemeinen Naturgesetz werden sollte (Immanuel Kant in: „Grundlegung zur Metaphysik der Sitten").
4. Schade niemandem, sondern hilf allen, so gut Du kannst (Arthur Schopenhauer). Hilf jedem, sich selbst zu verwirklichen.
5. Du darfst alles tun, sofern das die Bedürfnisse, Interessen, Gefühle, Selbstverwirklichungen anderer nicht beeinträchtigt (Moralität hedonistischer Anthropologie, vorgeformt in Rabelais' Idealstaat „Thelem" in dem Roman „Gargantua und Pantagruel").
6. Sei so, wie nur Du sein kannst, und laß auch die anderen sein, wie nur sie sein können (Historischer Imperativ von Max Müller).
7. Handle so, daß die Wirkungen Deiner Handlung verträglich sind mit der Permanenz echten menschlichen Lebens auf Erden; oder negativ ausgedrückt: Handle so, daß die Wirkungen Deiner Handlung nicht zerstörerisch sind für die künftige Möglichkeit solchen Lebens (Hans Jonas).

Gemeinsam ist all den genannten Imperativen, daß sie sich auf menschliches Handeln beziehen, so daß sie immer den einzelnen Menschen verpflichten. Die Entwicklung geht auf Erweiterung der Handlungsräume - die Menschheit -, der Handlungsfolgenzeiten - Zukunft - und der Inhalte - die ganze Natur, die Erde.

Wenden wir uns nun vom Allgemeinen den Wertbezügen zu, die die Zuschreibung des Daseinszustandes krank an einen Menschen beeinflussen. Damit betreten wir das Feld der Verantwortungsbereiche von Kranken, von Solidargemeinschaften und vom Arzt - seiner Wissenschaft und seinem Stand. Es wiederholt sich das Bild eines sittlichen Spannungszustandes (Abb. 1). Am Anfang steht die Entscheidung des Kranken: Krank oder nicht krank, Selbsthilfe oder Fremdhilfe. Er richtete seine Entscheidung zunächst im sozialen Normengefüge seines Lebensraums ein: Familie, Nachbarschaft, Gemeinde. Sie repräsentieren die gegenwärtigen Verhaltensnormen und die von diesen bestimmten Institutionen. Der Arzt - wenn er einbezogen wird - steht für die überzeitlichen, überörtlichen Wertbezüge, als Vermittler zwischen diesem und dem Kranken aber auch der Gemeinschaft. Jedoch hat in unserem Verständnis

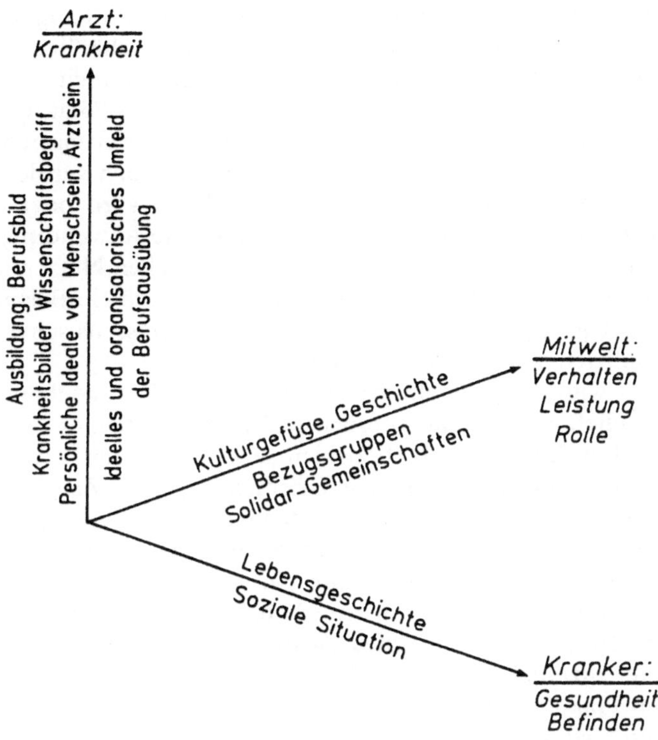

Abb. 1. Bildung eines verwirklichten Begriffs von Gesundheit/Krankheit für einen Kranken und einen Arzt in einer gesellschaftlich-geschichtlichen Lage

der einzelne Kranke Vorrang vor der Gemeinschaft. Ausnahmen müssen ausdrücklich bestimmt werden, z. B. bei übertragbaren Krankheiten oder in Zuständen, für die der Kranke selbst nicht mehr verantwortlich gemacht werden kann. Auch in diesem Schema findet die Bewertung eines Krankseins in dem Koordinatensystem einen Punkt, dessen Lage durch die drei Einflußgrößen Kranker - Gemeinschaft - Arzt bestimmt wird.

Sucht man in der Tradition des abendländischen Arzttums nach einer ethischen Grundregel, die sich bis heute bewährt hat, so ist es die aus einer hippokratischen Schrift über Frakturen: nützen oder doch nicht schaden. Aus einem Kommentar des Galen geht der eigentliche Sinn dieses Aphorismus hervor: Was der Arzt auch tut oder unterläßt, es soll mehr nützen als schaden. So soll es dem Arzt erlaubt sein, dem Kranken eine schädliche Gewohnheit zu belassen, wenn dieser dafür bereit ist, eine Therapie zu befolgen, die nützlicher ist als der Schaden der belassenen Gewohnheit. Es handelt sich um einen Kompromiß, mit dem die compliance, das einsichtige Befolgungsverhalten des Kranken erkauft wird. Das jucunde ermöglicht und sichert das utile. Das Nützliche wird mit dem Angenehmen gesundheitspädagogisch verbunden.

Überhaupt ist es eine bis heute gültige ärztliche Klugheitsregel, zu beachten, ob nicht das Abgewöhnen einer Gewohnheit schädlicher ist als ihre Beibehaltung und ob die statistisch schädliche Gewohnheit im Einzelfall überhaupt noch schädlich ist, z. B. das Weiterrauchen eines 75jährigen mit arteriosklerotischen Durchblutungsstörungen. In diesen Erörterungsrahmen gehört auch die Entscheidung, ob im Alter der Verlauf des noch verbleibenden Lebens mehr durch die Krankheit verkürzt oder belastet wird oder durch eine mögliche Therapie. Auch in der Entscheidung über die Anwendung nebenwirkungsbelasteter Arzneimittel spielt das Abwägen zwischen Nutzen und Schaden eine bedeutsame Rolle. Das Gesagte möchte ich durch ein Beispiel veranschaulichen. Es belegt zugleich, daß die Kunst des Unterlassens schwerer zu lernen und zu praktizieren ist als die des Tuns:

Es wurde aus einem großen städtischen Krankenhaus eine 83jährige Frau eingeliefert, weil eine chronische Niereninsuffizienz langsam aber beharrlich zunahm. Ihre Alterscerebralsklerose war außerdem soweit fortgeschritten, daß sie ruhig ohne vollständige Orientierung über Zeit, Ort und Ereignisse im Schoße einer offenbar gut geordneten Familie lebte. Da die Gesamtausscheidungsmenge an Urin befriedigend war, versuchten wir durch vorsichtige Steigerung der Flüssigkeitszufuhr ein befriedigendes Gleichgewicht der harnpflichtigen Substanzen zu erreichen. Das gelang nicht, die Werte für Kreatinin und Harnstoff - schließlich auch für Kalium - stiegen an, ohne daß der dem Alter zuzurechnende Grundzustand durch eindeutige Zeichen eines beginnenden Präkoma überlagert wurde. Der konsiliarisch hinzugezogene Nephrologe entschied sich für die Einleitung einer Dialyse-Behandlung. Deren Beginn überlebte die Patientin keine 14 Tage. Diese Krankengeschichte gibt reichlich Anlaß, verschiedene sich überlagernde sittliche Spannungslagen zu überdenken. Das einweisende Krankenhaus verschob - wie wir das leider häufig erleben - die Verantwortung dafür, eine 83jährige in Ruhe sterben zu lassen, auf unsere Klinik. Die Kranke selbst wäre nicht in der Lage gewesen, unbedingt auf eine Behandlung zu drängen - oder sie abzulehnen. Auch haben wir nichts davon erfahren, ob die Angehörigen - Kinder oder Enkel - auf der Ausschöpfung aller therapeutischen Möglichkeiten beharrten. Wenn dies der Fall ist, so sollte der Arzt vorsichtig sein; denn im Drängen von Angehörigen auf Ausschöpfung aller therapeutischen Möglichkeiten - auch in aussichtslosen Fällen - offenbart sich häufig das Bekenntnis, dem Sterbenden im Leben etwas schuldig geblieben zu sein, ein Abtragen von Schuld durch Beauftragen anderer.

Die uns unmittelbar treffende ethische Frage war aber, ob man bei einem Menschen, der 83 Jahre alt geworden ist, der sein Leben kaum noch wahrnimmt und dessen Leiden nicht heilbar ist, alle technischen Mittel des Überlebens einsetzen soll.

Der sittliche Grundsatz der Schadensvermeidung trägt auch den Eid der Hippokratiker. Er fordert mehr zu Rücksicht und Vorsicht auf als zu Handeln. Dazu benützt er mehrfach das Prinzip und den Begriff der Gerechtigkeit. Das Abtreibungsverbot zeigt, daß auch in der Antike sittliche Grundsätze, die das ärztliche Handeln und Unterlassen leiten sollten, nicht notwendig allgemein gültige sittliche Norm waren. Das Gelöbnis des Unterlassens sollte den Arzt vor dem Konflikt bewahren, einerseits Leben zu bewahren, andererseits seine Kunst auch für die Beendigung von Leben zu gebrauchen. Auch das Gelöbnis, keinem Selbstmörder zur Selbsttötung Rat und Hilfe zu geben, hat das Ziel, die Stellung des Arztes in der Öffentlichkeit als Garanten für das Leben und die Gesundheit nicht in ein Zwielicht geraten zu lassen.

Das Verbot, den Blasenstein durch chirurgischen Eingriff zu entfernen, kann zweierlei bedeuten: 1. eine standespolitische Regel: konservative Ärzte und Chirurgen sollten sich nicht in das Gehege kommen, sondern die Grenzen ihrer Arbeitsbereiche beachten. 2. der Arzt soll die Grenzen seines Könnens einhalten und Eingriffe, die er nicht sehr gut beherrscht, denen überlassen, die es besser können.

Im hippokratischen Eid verspricht der Medizinstudent oder der junge Arzt, der in die Ärztegilde der Asklepiaden aufgenommen werden will, Frauen und Männer, Kinder und Alte, Freie und Sklaven gleich zu behandeln. Aufschlußreich ist, wie dieses Gebot kasuistisch veranschaulicht wird, nämlich wieder durch einen Hinweis auf das Unterlassen - nämlich unsittlicher Handlungen.

Um das Schweigegebot im Eid richtig zu deuten, möchte ich es zitieren: „Was ich bei der Behandlung sehe oder höre oder auch außerhalb der Behandlung im Leben der Menschen, werde ich - soweit man es nicht ausplaudern darf - verschweigen und solches als ein Geheimnis betrachten“. Entscheidend ist hier der Nebensatz „soweit man es nicht ausplaudern darf“. Gemeint ist die Pflicht des Arztes, über all das Stillschweigen zu bewahren, das dem Kranken oder wieder Gesundeten schaden könnte, wenn es öffentlich bekannt würde. Daß dieser Grundsatz nicht spannungsfrei zu erfüllen ist, möchte ich an dem folgenden Beispiel erörtern: Zu Beginn dieses Jahres hatte ich einen 60jährigen Kranken zu behandeln, der über Schmerzen zwischen den Schulterblättern klagte. Es zeigte sich schnell, daß es sich um Wirbelkörpermetastasen handelte und daß der Primärtumor ein Bronchialkarzinom war. Der Kranke war ein selbständiger Unternehmer mit einem kleinen Betrieb, den er mit mehreren Teilhabern leitete; unter diesen befand sich auch ein Sohn. Über die Krankheit habe ich den Patienten schrittweise aufgeklärt. Er sprach mit mit oft über die Entwicklung seines Geschäftes, mehr als über die Prognose seines Krankseins. Sein Sohn besuchte ihn oft, suchte aber nie den direkten Kontakt zu mir. Ich habe ihn nie kennengelernt. Der Vater muß aber wohl in Andeutungen über die Schwere seines Leidens mit ihm gesprochen haben und auch über die Entwicklung seines Geschäftes. Denn der Sohn rief mich mehrfach an und verlangte von mir in drängender bis drohender Form schriftliche Berichte über den Fortgang der Diagnostik, die Therapie und den Verlauf. Ich habe ihm diese Auskünfte verweigert, auch als er sie schriftlich von mir forderte. Vielmehr habe ich ihn darauf verwiesen, daß er von seinem Vater alles erfahren könne was dieser ihm - dem Sohn - für mitteilungswürdig erachtete. Natürlich ist es möglich, daß der Vater den Umweg über den Sohn benutzte, um mehr oder sein Wissen Bestätigendes zu erfahren. Denn der Sohn veranlaßte seinen Vater zu einer schriftlichen Einverständniserklärung, die mich berechtigen sollte, dem Sohn alles die Krankheit betreffende zu sagen. Dennoch habe ich das nicht getan, sondern dem Vater immer wieder gesagt, es unterliege allein seiner Selbstbestimmung, anderen Auskünfte über seine Krankheit zu geben. Nun sind wir Ärzte nicht immer so zurückhaltend mit Auskünften an Angehörige wie in diesem Falle. Die besondere Begründung für meine strikte Zurückhaltung war der durch den Vater bestätigte Eindruck, daß die Teilhaber und sein Sohn Pläne für den Fortgang des Geschäftes für den Fall machten, daß der Vater nicht mehr mitarbeiten könnte oder sogar in absehbarer Zeit stürbe. Der Kranke zeigte sich deutlich beunruhigt darüber, daß hinter seinem Rücken bereits solche Erörterungen stattfänden. In diesem Falle war das Schweigen zwingend geboten, weil Mitteilung an so Interessierte Nachteile für den Kranken befürchten lassen mußten. Erfreulicherweise hatte die Bestrahlungsbehandlung sowohl der Metastasen wie des Primärtumors einen überraschend guten Erfolg. Der Patient konnte seine berufliche Tätigkeit bis jetzt wieder aufnehmen.

In der antiken Medizin hat das Gebot der Nichtbehandlung von als unheilbar erkannten Kranken den Rang einer sittlichen Norm. Jedoch muß man erkennen, daß eine Begründung für diese Norm das Ansehen, die Doxa des Arztes, war. Er soll lernen, Unheilbarkeit prognostisch richtig zu erkennen und rechtzeitig; er soll sich dann nicht an Unheilbarem versuchen; denn bei Mißerfolg würde er seinen guten Ruf verlieren und auch den Ruf seines Standes schädigen. In den hippokratischen Schriften ist dieser Gesichtspunkt, der die Norm erklärt, deutlicher als ein möglicher anderer, nämlich Achtung des Arztes vor dem natürlichen fatalen Verlauf schwerer Krankheiten. Zwischen diesen beiden die Norm begründenden Gesichtspunkten gibt es aber auch einen vermittelnden: Beachtung und Anerkennung der dem Arzt als Diener der Kunst, Diener der Natur und als Mensch gezogenen Grenzen.

Uns liegt die Begründung am nächsten, die ein Hippokratiker in der Schrift über die Einrenkung der Gelenke gibt: „Im Unheilbaren muß er sich auskennen, damit er nicht nutzlos quäle."

Einer „Ethik weittragender Verantwortlichkeit" (Jonas) sieht der Arzt sich bereits bei chronischem Kranksein gegenüber. Das Verhältnis Kranker – Arzt ist bei nicht-tödlicher Unheilbarkeit im Medium von Vertrauen und Verantwortung anders bestimmt als bei akutem Kranksein. Ich halte es für eine Pflicht, also ein moralisches Gebot, eine hohe Berufsnorm, bei chronischem Kranksein immer wieder den Versuch zu machen, dem Kranken Selbstverantwortung zurückzuübertragen, die er zu Beginn dem Arzt überantwortet hat. Der Weg dazu ist die Hilfe zu Selbstvertrauen, sei diese das Wort, das Medikament oder das Versprechen, jederzeit bereit zu stehen (Abb. 2). Die Aufforderung richtet sich aber nicht nur an Kranke und Arzt, sondern an alle, die zum Kranken in einer unmittelbaren mitmenschlichen Beziehung stehen. Eine Definition des Begriffs „bedingtes Gesundsein" hat einen deutlichen moralischen Gehalt, aus dem sich Normen und Regeln für das Verhalten aller Beteiligten ableiten lassen.

Die Alltagswirklichkeit ärztlichen Handelns lehrt uns zum Thema Ethik fol-

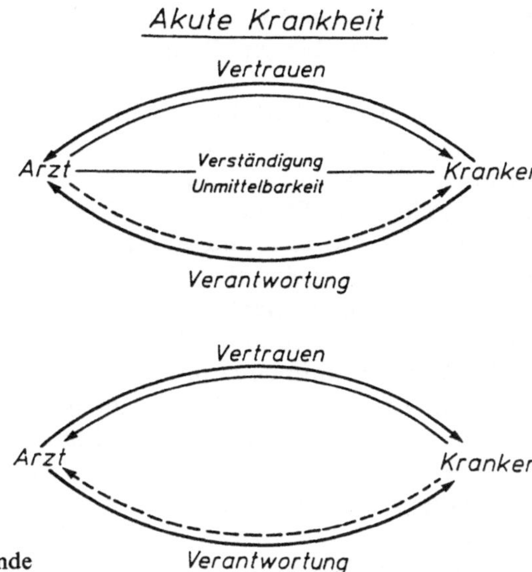

Abb. 2. Ziele des Studiums der Heilkunde

> *„Bedingtes Gesund-Sein"*
>
> *Gesund ist ein Mensch, der mit oder ohne nachweisbare oder für ihn wahrnehmbare Mängel seiner Leiblichkeit allein oder mit Hilfe anderer Gleichgewichte findet, entwickelt und aufrecht erhält, die ihm ein sinnvolles, auf die Entfaltung seiner persönlichen Anlagen und Lebensentwürfe eingerichtetes Dasein und die Erreichung von Lebenszielen in Grenzen ermöglicht, so daß er sagen kann: mein Leben, meine Krankheit, mein Sterben.*

gendes: Es gibt kein Handeln, das sittlich ohne Rest aufgeht; d.h. es bleibt immer ein Rest von Schuld, wenn auch nur des Schuldig-gebliebenseins: dem Kranken, den Angehörigen, der Gemeinschaft, - auch des Arztes gegen sich selbst. Das ist aber nicht berufstypisch. Nikolai Hartmann hat vom „Mut zum Schuldigwerden" gesprochen; gemeint ist der Mut, sich das Schuldiggewordensein oder Jemandem etwas Schuldiggebliebensein einzugestehen. Ähnliches muß Goethe gemeint haben: „Der Handelnde ist immer gewissenlos". Hans Jonas deutet das als Aufforderung zur „Bereitschaft zum Schuldigwerden". Schuld ist in beiden Aussagen natürlich gerade nicht im strafrechtlichen Sinne gemeint, sondern als Beunruhigung des Gewissens. Dieses ist notwendig, um dem Arzt jene Aufmerksamkeit und Sensibilität zu erhalten, die ihn zur Vorsicht, Rücksicht, Umsicht und oft auch zur Nachsicht veranlaßt.

Dazu bedarf es jenes Freiraums für Kranken und Arzt, den Horst Baier einfordert. Wie bedroht und eng er ist, zeigt sich an der Erfahrung in Ethik-

Diskussionen; sie gleiten schnell in Hinweise auf Gesetze und Rechtsprechung ab, als ob Gesetzgeber und Richter nicht des gleichen Vertrauens bedürfen wie der Arzt.

Für die ärztliche Ausbildung wird auch Unterricht in Ethik gefordert. Ziel solcher Elemente kann es nur sein, ein Problembewußtsein für die unausweichliche Wertbezogenheit ärztlichen Handelns zu wecken und zu fördern. Jedoch sollten die Ebenen dieser Werte unterschieden werden, damit nicht eine Fülle von Normen und Regeln den Blick auf die wenigen Grundprinzipien sittlichen Handelns eher verstellt als öffnet. Die folgende Abbildung gliedert deswegen das Wertgefüge ärztlichen Denkens und Handelns und gibt ihm eine hierarchische Ordnung. Diese enthält zugleich die Unterschiede der Verbindlichkeit der Normen (Abb. 3).

Was wir Erziehung zum Arzt nennen, ist eher ein unbewußter Vorgang im Umgang mit Wissen, Wissenschaft, Kranken, Pflegern, Ärzten, Hochschullehrern. Die Gliederung bezieht gleich die sozialen Kontrollen, denen nicht nur das Studium über Prüfungs- und Approbationsordnung unterliegt, sondern auch die Praxis des Arztes selbst mit ein. Auf deren öffentliche Bewertung durch die Patienten ist das Wertgefüge des Studiums angelegt, ohne daß dies ausdrücklich angesagt wird. Unübersehbar aber ist, daß das sich Einüben in das sittliche Spannungsfeld nur im Umgang mit Kranken und im Diskurs mit Ärzten verschiedener Erfahrungsstufen gelernt werden kann.

Die Vermittlung eines Kanons von Normen und Regeln, von Verhalten und Haltungen zu verlangen oder zu erwarten, wäre nur eine positivistische Fortsetzung des naturwissenschaftlichen Dogmatismus in den Bereich von Wertentscheidungen, das statistische Mittel von moralischem Handeln. Dieses aber ist als ethisches Minimum in den Gesetzen festgelegt. Ethik aber nutzt gerade den Freiraum zwischen allgemein gültigen Gesetzen und der besonderen Lage, in der ein Kranker und ein Arzt sich vorfinden. Deswegen hat sich Horst Baier in dem schon genannten Zeitungsartikel so entschieden für eine Sicherung, ja für eine Ausweitung dieses Freiraums unter den gegenwärtigen Bedingungen ausgesprochen.

Die einzig angemessene Methode, sich sittlicher Spannungslagen zu vergewissern und sie auf die jeweils bestmögliche Weise zu lösen ist der Dialog, die Argumentation – mit dem Kranken, den Angehörigen, den Kollegen und mit sich selbst – die selbstkritische Reflexion. Der Diskurs durch die Gesichtspunkte und ihr Gewicht wird der Dialektik der Sachverhalte und der zwischenmenschlichen Problemlagen am besten gerecht. Dazu ein letztes Beispiel.

Immanuel Kant hat seinem kategorischen Imperativ auch die folgende Form gegeben: „Handle so, daß Du die Menschheit in Deiner Person, als auch in der Person eines jeden anderen jederzeit zugleich als Zweck, niemals bloß als Mittel brauchest."

Diese relativistische Form des kategorischen Imperativs kann man auch eine pragmatische, handlungsleitende nennen. Sie wird z. B. sichtbar und wirksam am Problem der Einbeziehung von Kranken in den Unterricht zur Ausbildung

Abb. 3. Ziele des Studiums der Heilkunde

Inhalt	Wissen Können	Gewissenhafter Gebrauch von Wissen und Können	Gesinnung Haltung Menschlichkeit
Form Hochschullehrer	Unterrichten	Lehren, Bilden	Erziehung, Gelegenheit zu Entscheidungen in vielfältiger Situation
Studierende	Lernen und üben	Reflektierende Besinnung Zweifel	Übernahme von Verantwortung und stufenweiser Abbau von Anleitung und Aufsicht
Wert	Sorgfältige Auswahl Aneignung Ausführung Problem- u. Methodenbewußtsein Wissenschaftlichkeit	Menschengerecht Gesetze, Zwecke Gewissenhaftigkeit	Dem Einzelnen, seiner Lage, seiner Person, seinen Zielen angemessen (Krankenbezogen), in der Kultur gültige Werte und Ideale, persönl. Gewissen
Rollendruck öffentlicher Anspruch	Muß Das Notwendige	Soll Das Selbstverständliche	Kann Das Besondere
Art der Sanktion +	Anerkennung Kompetenzzuweisung	Vertrauen Sich-Verlassen	Ansehen, Schätzung, Verehrung
–	Kunstfehlerprozeß bis Entzug der Approbation	Sozialer Ausschluß, Vorwurf der Verletzung der Sorgfaltspflicht	Schlechter Ruf, Antipathie, Arztwechsel

von Ärzten: Vorstellung in der Vorlesung, Übungs-„Objekt" in Untersuchungskurs und Praktikum am Krankenbett. Der Kranke ist in diesem Fall nur Mittel zu einem Zweck, der außerhalb seiner Person liegt. Es sei denn, er selbst versteht sein Person-Sein auch als eine Beziehung über das Ich-Sein hinaus: auf andere Menschen der Gegenwart oder Zukunft; auch als Erinnerung an vor ihm Lebende, die sich als Mittel zur Ausbildung von Ärzten verstanden haben, deren Wissen und Können jetzt diesem gegenwärtigen Kranken zugute kommt. Die meisten Kranken bejahen dieses geschichtlich-soziale Personenverständnis; sie weigern sich fast nie grundsätzlich, auch wenn die aktuelle Zustimmung ihnen oft schwerfällt. Diese Bereitschaft ist ja nur ein Teil jener alltäglichen Erfahrungen, daß eine Generation aus den Erfahrungen der vorhergehenden lernt; das gilt vor allem auch für alle jene Selbsthilfepraktiken, mit denen Menschen in Krankheit sich zunächst selber und gegenseitig zu helfen versuchen, bevor sie den Arzt in Anspruch nehmen. Wir ziehen also täglich Gewinn aus den volks- und familienmedizinischen Erfahrungen derer, die vor uns lebten. Ich helfe mir in Zweifel und Unruhe auch dem Kranken auf folgende Weise: ich lege den Unterricht so an, daß der Kranke immer auch deutlich der Zweck bleibt und das spürt und nicht in die Rolle des reinen Mittels gesetzt wird: er soll bei Gelegenheit des Unterrichts über seine Krankheit und sein Kranksein hinzulernen; ich spreche deutsch und verständlich und dem Kranken zugewandt; er soll mehr und anderes, vor allem in umfassenderen Zusammenhängen, über seine Krankheit lernen, als das bei den täglichen Krankenvisiten üblich ist. Eine andere Hilfe ist, ihn bewußt zum Lehrer der Lernenden zu machen und sich selbst zurückzuhalten. Die hier angewandte Norm des kategorischen Imperativs ist als utilitaristisch von philosophischer Seite kritisiert worden; denn sie läßt es zu, Menschen auch als Mittel zu gebrauchen für Zwecke, die ihnen unmittelbar oder überhaupt nicht dienen. Jedoch soll die Handlung auch Vorteile für ihn haben.

Ich kehre zum Anfang zurück: der Ethik-Ansatz, den ich für wirklichkeitsgerecht und nützlich halte, könnte als eine Ethik des offenen Diskurses bezeichnet werden. Weil dieser grundsätzlich offen ist, bleiben Entscheidungen zum Handeln immer vorläufig, bruchstückhaft, mit unbefriedigenden Resten. Gerade diese Unbefriedetheit treibt den Diskurs weiter. In ihm begegnen sich Existenzen, Gesinnungen und Haltungen, Verantwortungen, Veranlagungen. Der Diskurs vollzieht sich aber im Vertrauen aller Beteiligten auf ein gemeinsames, ein Koinon, das als Natur des Menschen, für jedes individuelle Menschsein grundlegend ist: eine Freiheit von triebhaften Zwängen und Verhaltensmustern, der sog. ungerichtete Antriebsüberschuß, der dennoch allgemein menschlich geordnet ist als die fünffache Weise, in der der Mensch sich selbst zu übersteigen, ja zu überwinden vermag: in die Vergangenheit - Selbstvergewisserung; in die Zukunft - selbstvollendender Entwurf; nach innen - selbsterkennende Selbstfindung; auf den Mitmenschen - Selbstbestätigung und -überwachung; auf ein Höchstes - Hoffnung auf Selbstrechtfertigung. Wenden wir diese Diskursethik auf die Suche nach bestmöglichen Entscheidungen im ärztlichen Alltag zurück, so ist ihre Grundlage eben das alltägliche Gespräch mit Menschen, die Krankwerden befürchten, sich krank fühlen, an Krankheiten leiden. Ziel ist die Erfahrung, Erkundung der Gemeinsamkeiten elementarer Werte, die die Verständigung zu gemeinsamem Handeln tragen. Gegenüber diesem Diskurs ist der mit Kollegen zweitrangig. Er dient der Durchleuchtung und dem kritischen Vergleich mit anderen Erfahrungen; er kann den ersten Diskurs nicht ersetzen; das bezeichnet die Grenzen von Ethik-Kommissionen. Was man ärztliche Ethik nennt, ist nicht autonomes Geschäft des ärztlichen Standes. Sie ist auch nicht verfügbares Normengefüge eines einzelnen Arztes. Die dritte Ebene des Diskurses ist die öffentliche. Auch sie ist eine notwendige Hilfe der kritischen Selbstüberprüfung des Arztes. Bestehen kann er sie aber nur, wenn der Diskurs mit seinem Kranken stimmt - ohne Vorurteil und Eitelkeit. Die Nachrangigkeit des öffentlichen Diskurses, in dem der Arzt auch immer die Wertvorstellungen seiner Kranken mit vertritt, ergibt sich aus dem Sachverhalt, daß das Kennzeichen des Diskurses dieses ist: er wird mit überwiegend jüngeren Gesunden geführt, die allenfalls darum fürchten, krank zu werden und - wie es bei Jesus Sirach heißt - in die Hand des Arztes zu fallen. Trotzdem ist dieser Diskurs notwendig; denn er bringt die Wertvorstellungen potentieller Kranker, also aller am Diskurs beteiligten Menschen ans Licht, in Summa den Wert, den Gesundheit im Leben eines Menschen und einer Gemeinschaft hat. Dabei ist an jenen Aphorismus Friedrich Nietzsches zu erinnern, in dem er sagt, daß jeder Mensch seine Gesundheit hat und daß jeder Mensch im Laufe seines Lebens mehrere Gesundheiten durchmacht, besser, als Lebensleistung ständig erzeugt.

Paracelsus hatte diese sittlich bedeutsame Einsicht so ausgesprochen: „Wir grünen für und für und haben viel tausenderlei Gesundheiten".

Literatur

1. Doerr W, Jakob W, Laufs A (Hrsg) (1982) Recht und Ethik in der Medizin. Springer, Berlin Heidelberg New York
2. Gross R, Hilger HH, Kaufmann W, Scheurlen P (Hrsg) (1978) Ärztliche Ethik. Schattauer, Stuttgart New York
3. Jonas H (1979) Das Prinzip Verantwortung. Suhrkamp, Frankfurt
4. Jonas H (1985) Technik, Medizin und Ethik. Suhrkamp, Frankfurt
5. Illhardt F J (1985) Medizinische Ethik. Springer, Berlin Heidelberg New York Tokio
6. Magin M N (1981) Ethos und Logos in der Medizin. Alber, Freiburg München
7. Piechowiak H (Hrsg) (1985) Ethische Probleme der modernen Medizin. Matthias-Grünewald-Verlag, Mainz
8. Rössler D (1977) Der Arzt zwischen Technik und Humanität. Piper, München
9. Ströker E (Hrsg) (1984) Ethik der Wissenschaften? Schöningh, Paderborn
10. Schäfer H, Unschuld P U (1983) Medizinische Ethik. Fischer, Heidelberg
11. Schipperges H, Seidler E (1978) Krankheit, Heilkunst, Heilung. Alber, Freiburg München

Der Tierversuch in der medizinischen Forschung

Christoph Weiss

Früh in der Kulturgeschichte des Abendlandes schon hat Platon gelehrt, daß die physische Welt unbeständig und unvollkommen sei, die geistige dagegen stetig und perfekt. Der Mensch stehe gleichsam mit einem Bein in der realen, imperfekten, mit dem anderen – seinem Geist, seinem Verstand, seinem Bewußtsein in der perfekten, der geistigen Welt. Höchstes moralisches Ziel sei die Vergeistigung, die Überwindung der Bedürfnisse des Körpers durch den Geist, seine Herrschaft über den Körper.

Die Beherrschung der körperlichen, der „animalischen" Triebe, ihre Unterwerfung durch den Geist ist auch Bestandteil christlicher Lehre. Der Körper des Menschen als physisches Substrat des Animalischen galt wenig, wurde kasteit und verachtet.

Bibelworte wie: Macht Euch die Erde untertan! und die Tatsache, daß nach der Lehre der Kirche einzig der Mensch über eine unsterbliche Seele verfüge und sich allein daraus sein personales Recht auf Leben und Unversehrtheit ableite, hat die Selbsteinschätzung des abendländischen Menschen den Tieren gegenüber entscheidend geprägt. Da half es offenbar wenig, daß nach der biblischen Schöpfungsgeschichte auch die Tiere Gottes Geschöpfe sind und Kirchenmänner wie der heilige Franz von Assisi die Tiere als brüderliche Geschöpfe der Obhut und Fürsorge des Menschen empfahlen.

Es spricht – nicht zum Ruhme des Menschen – einiges dafür, daß er sich zur Befriedigung vitaler Bedürfnisse Tiere solange bedenkenlos zunutze macht, bis er andere, für ihn günstigere Möglichkeiten gefunden hat, diese Bedürfnisse zu befriedigen. Erst dann scheinen ihn ernsthaftere Zweifel an der „Rechtmäßigkeit" seiner bisherigen skrupellosen Ausbeutung von Tieren zu überkommen. Warum aber entwickelt er solche Zweifel überhaupt? Die Tiere sind ihm doch ohnehin schutzlos ausgeliefert. In einem Zitat aus Kants Metaphysik der Sitten von 1797 bietet sich eine Erklärung an: „In Ansehung des lebenden, obgleich vernunftlosen Teils der Geschöpfe ist die Pflicht der Enthaltung von gewaltsamer und zugleich grausamer Behandlung der Tiere der Pflicht des Menschen gegen sich selbst weit inniglicher entgegengesetzt, weil dadurch das Mitgefühl an ihrem Leiden im Menschen abgestumpft und dadurch eine der Moralität, im Verhältnisse zu anderen Menschen, sehr diensame natürliche Anlage geschwächt und nach und nach ausgetilgt wird ... – Selbst Dankbarkeit für lang geleistete Dienste eines alten Pferdes oder Hundes (gleich als ob sie Hausgenossen wären) gehört indirekt zur Pflicht des Menschen, nämlich in Ansehung dieser Tiere, direkt aber betrachtet ist sie immer nur Pflicht des

Menschen gegen sich selbst." (Kant) Kant also fordert „menschliches" Verhalten gegen Tiere, weil „unmenschlicher" Umgang mit ihnen den Menschen abstumpft und schließlich auf die Art seines Umganges mit seinesgleichen durchschlägt. Schopenhauer, der sich an anderer Stelle (s. u.) engagiert für die Rechte der Tiere einsetzt, hat diesen anthropozentrischen Aspekt sehr klar ausgedrückt, wenn er schreibt: „Denn gränzenloses Mitleid mit allen lebenden Wesen ist der festeste und sicherste Bürge für das sittliche Wohlverhalten. Wer davon erfüllt ist, wird zuverlässig Keinen verletzen, Keinen beeinträchtigen, Keinem wehe thun, vielmehr mit Jedem Nachsicht haben, Jedem verzeihen, Jedem helfen, soviel er vermag, und alle seine Handlungen werden das Gepräge der Gerechtigkeit und Menschenliebe tragen". (Schopenhauer) An anderer Stelle: „Mitleid mit Thieren hängt mit der Güte des Charakters so genau zusammen, daß man zuversichtlich behaupten darf, wer gegen Thiere grausam ist, könne kein guter Mensch seyn." (Schopenhauer)

Wer hat nicht schon als Kind erlebt, daß ihn ein Mensch, den er mit Tieren brutal umgehen sah, in Furcht und Mitleid versetzte. Die Furcht beruhte auf der unausgesprochenen Erwartung, daß so ein Mensch, wenn er nur ungestraft bliebe, alle Schwächeren, also auch ein Kind, entsprechend behandeln würde. Dient das erwünschte „Mitleid mit allen lebenden Wesen" etwa vornehmlich dazu, den Menschen zu sozialverträglichem Verhalten zu bewegen? Liegt hier vielleicht eine versteckte Quelle tierschützerischer Impulse, die auf das Wohl des Menschen und nicht primär auf das der Tiere ausgerichtet sind?

Die physische Beschaffenheit des Menschen, der Bau seines Verdauungstraktes, macht ihm zu einem „Allesfresser". Das Töten von Tieren zu Nahrungszwecken ist ihm als ein ihm selbstverständlich zustehendes Recht erschienen, bis die tagtägliche Befriedigung des elementaren Nahrungsbedürfnisses mit fortschreitender Zivilisation zu einer unproblematischen Selbstverständlichkeit wurde. Um sich den „Luxus" leisten zu können, moralische Hemmungen gegen das Töten von Tieren zu entwickeln, hat es eines langen, insbesondere auch technisch-naturwissenschaftlichen Zivilisationsprozesses bedurft, der - zumindest für die heute im abendländischen Kulturkreis lebenden Menschen - vorerst den Hunger abgeschafft hat. Ähnliches gilt, wenn auch nicht für das Töten, so doch für das Ausnutzen der physischen Kräfte von Tieren. Bis zur Erfindung der Dampfmaschine war der körperlich relativ schwache Mensch auf die Hilfe von Tieren bei der Bewältigung von Aufgaben angewiesen, die größere Kräfte als die seinen erforderten. Was haben Pferd, Esel, Rind, Elefant, Ziegenbock und Schlittenhund als lebende Kraftmaschinen nicht für den Menschen geleistet, welche Leiden hat ihnen die Menschheit dabei aufgebürdet. Erst gegen Ende des 18. Jahrhunderts hat James Watt seine Dampfmaschine endlich in Gang setzen können und ist damit zu einem der größten Tierschützer geworden.

Es ist in diesem Zusammenhang nicht zu übersehen, daß der Umgang mit Tieren - von religiös bestimmten Verhaltensweisen in einigen Kulturkreisen abgesehen - in manchen Ländern der Erde, in denen das tägliche Sich-sattessen-können und die Verfügung über Kraftmaschinen keine Selbstverständlichkeiten sind, nach unseren heutigen Maßstäben bestenfalls kalt, oft rücksichtslos, nicht selten grausam erscheint.

Sicher jedoch ist es nicht allein die Verfügbarkeit über genügend Nahrung und Maschinenkraft, die unsere Einstellungs- und Verhaltensänderung Tieren gegenüber bewirkt hat und noch bewirkt.

Seit dem Beginn der Aufklärung, besonders intensiviert durch das rasche Anwachsen biologischer Kenntnisse, am stärksten gefördert schließlich durch die Ideen Darwins, hat sich zunehmend die Auffassung verbreitet, daß der Mensch zwar das in Hinsicht auf seine intellektuellen Fähigkeiten am weitesten entwickelte irdische Lebewesen darstellt, daß er aber keine absolute Sonderstellung im Reich der belebten Natur in dem Sinne innehat, daß es zwischen ihm und dem Rest der belebten Welt keine unmittelbaren Beziehungen gäbe. Schopenhauer schreibt in diesem Zusammenhang aufgebracht: „Die vermeinte Rechtlosigkeit der Thiere, der Wahn, daß unser Handeln gegen sie ohne moralische Bedeutung sei oder, wie es in der Sprache jener Moral heißt, daß es gegen Thiere keine Pflichten gebe, ist geradezu eine empörende Roheit und Barbarei des Occidents ... In der Philosophie beruht sie auf der aller Evidenz zum Trotz angenommenen gänzlichen Verschiedenheit zwischen Mensch und Thier ..." Und weiter: „Man muß wahrlich an allen Sinnen blind, ... oder total chloroformirt sein, um nicht zu erkennen, daß das Wesentliche und Hauptsächliche im Thiere und im Menschen das Selbe ist, und daß was beide unterscheidet, nicht im Primären, im Princip, im Archäus, im innern Wesen, im Kern beider Erscheinungen liegt, ... sondern allein im Sekundären, im Intellekt, im Grad der Erkenntnißkraft, welcher beim Menschen, durch das hinzugekommene Vermögen abstrakter Erkenntniß, genannt Vernunft, ein ungleich höherer ist, ..." Wieder an anderer Stelle: „Da sollten am Ende gar die Thiere sich nicht von der Außenwelt zu unterscheiden wissen und kein Bewußtseyn ihrer selbst, kein Ich haben! Gegen solche abgeschmackte Behauptungen darf man nur auf den jedem Thiere, selbst dem kleinsten und letzten, innewohnenden gränzenlosen Egoismus hindeuten, der hinlänglich bezeugt, wie sehr die Thiere sich ihres Ichs, der Welt oder dem Nicht-Ich gegenüber, bewußt sind."

Daß der Mensch zu den Säugetieren gehört, weiß heute jedes Schulkind. Sein Körperbau, seine Organfunktionen und die der Zellen, aus denen sein Körper besteht, belegen seine enge Verwandtschaft zu den Tieren und weisen die großen Affen als seine nächsten stammesgeschichtlichen Verwandten aus.

In dem Maße, in welchem sich diese Erkenntnisse durchsetzten und verbreitet wurden, nahm die Bereitschaft zu, auch Tieren viele der bis dahin nur dem Menschen zugerechneten Eigenschaften und Fähigkeiten zuzubilligen. Besonders die moderne vergleichende Verhaltensforschung hat Belege für die Intelligenz von Tieren, ihre Lernfähigkeit, Schmerzempfindlichkeit, die Fähigkeit, Furcht und Freude und so etwas wie Kummer, Sehnsucht und Anhänglichkeit zu empfinden, erbracht. Sie hat gezeigt, daß zwischen dem Menschen und den ihm am nächsten stehenden Tieren in dieser Hinsicht offenbar keine grundsätzlichen qualitativen sondern in erster Linie quantitative Unterschiede bestehen.

Das folgende Zitat stammt aus einem 1878 von einem Physiologen publizierten Buch.

„... man hat vielfach die Meinung ausgesprochen und sogar in großen gesetzgebenden Körpern ist sie laut geworden und hat Berücksichtigung gefunden, daß die physiologischen Versuche der Aerzte an lebenden Thieren, die sog. Vivisectionen, eitle, die Wissenschaft ebensowenig wie die speciellen Heilzwecke fördernde Grausamkeiten seien. Das ist ja unzweifelhaft, daß Versuche und Experimente an lebenden Wesen als grausam unbedingt verdammt und verpönt werden müßten, wenn sie wirklich nur aus einer sträflichen Neubegier der Experimentatoren geübt würden. Es ist das aber keineswegs der Fall. Wie mancher Frosch, „der stille Freund der Physiologen", mußte geschlachtet werden, um die Gesetze des Galvanismus und dessen Bedeutung für das gesunde und kranke Leben zu erforschen; aber das Resultat für die Wissenschaft und Technik, die heilsamen Erfolge für die leidende Menschheit haben diese Blutopfer der Physiologie und Physik als nicht vergeblich geschlachtet, auch für den naturwissenschaftlichen Laien unwiderleglich erwiesen ... wie stünde es mit unserer Kenntniß des Lebens der Nerven und mit den ärztlichen Bemühungen, ihre gestörte Thätigkeit bei dem Menschen wieder zum Normalen zurückzuführen, wenn nicht Galvani jenes Grundexperiment angestellt hätte, indem er an dem Eisengitter seines Landhauses zur Beobachtung der elektrischen Gewitterwirkungen den praeparirten Frosch befestigte? ...

Aber nicht weniger in die Augen springend sind die praktischen Erfolge der gewiß grausam erscheinenden physiologischen Experimente über Bluttransfusion bei lebenden Thieren. Wie viele Menschenleben konnten schon gerettet werden in Anwendung der durch dieses Experiment an Thieren gewonnenen wissenschaftlichen Erfahrungen! Und zwar sind es gerade kleine, dem Nichteingeweihten vielleicht sogar kleinlich erscheinende Fortschritte der Technik der Bluttransfusion, die nur aus zahlreich angestellten Experimenten abgeleitet werden konnten, welche den Erfolg für den Menschen ... endlich darboten." (Ranke)

Immerhin 1878 hat ein Physiologe, ein Mann also, der selbst Tierversuche machte, die Leidensfähigkeit von Tieren und ihr prinzipielles Recht auf Leben und Unversehrtheit durchaus anerkannt. Auch die Frage, ob beim Umgang mit Tieren der Zweck die Mittel heilige, wirft er implizit auf, um sie dann allerdings, angesichts der Güterabwägung hie menschliche Gesundheit - da Leiden und Tod von Tieren, eindeutig zu Ungunsten der Tiere zu entscheiden. Der deutlich erkennbare Rechtfertigungscharakter des Textes legt die Vermutung nahe, daß er unter dem Eindruck der damals, zunächst in England, später auch auf dem Kontinent aktiven antivivisektionistischen Bewegung entstand.

Während die Antivivisektionisten des vorigen Jahrhunderts vornehmlich aufgeklärte Intellektuelle waren, die, gering an Zahl, eine kleine, aktive Elite darstellten, hat der Tierschutzgedanke seither weite Kreise der Bevölkerung erfaßt und entsprechende Veränderungen des kollektiven Bewußtseins und der Gesetze und Bestimmungen bewirkt, die unseren Umgang mit den Tieren regeln.

Bei Diskussionen um Fragen des Tierschutzes wird von Tierversuchsgegnern oft übersehen, daß Schmerzen und Leiden, denen das einzelne Versuchstier heute durch den Versuch ausgesetzt wird, gegenüber den Zeiten der frühen Antivivisektionisten ganz erheblich vermindert, nicht selten völlig ausgeschaltet sind. Der Grund dafür ist die durch die Untersuchungen des französischen Physiologen P.J.M. Flourens um 1840 geförderte Einführung der Narkosetechnik. Der Gerechtigkeit halber sei angemerkt, daß Narkose und andere schmerzstillende Maßnahmen von den Forschern im Tierversuch schon praktisch ausnahmslos eingesetzt wurden, lange bevor es das Tierschutzgesetz zwingend vorschrieb. Was das in der medizinischen Forschung nicht selten vorkommende rasche und möglichst wenig schmerzhafte Töten von Tieren zur Gewinnung von überlebenden Organen, oder ihre Tötung in Narkose am Ende eines unter Narkose abgelaufenen Versuches, anbetrifft, bleibt zu erklären, weshalb so viele Menschen hieran Anstoß nehmen, das Fortbestehen von Schlachthöfen jedoch nicht beanstanden. (Creutzfeldt)

Ein kritischer Rückblick auf die in den letzten hundert Jahren besonders erfolgreichen biologischen und medizinischen Forschungsmethoden zeigt eindeutig, daß wir nicht nur die meisten, sondern auch die wichtigsten der z.T. spektakulären Fortschritte der Heil- und Behandlungsmöglichkeiten, die auch entscheidend zur Verlängerung der durchschnittlichen Lebenserwartung beigetragen haben, dem Tierversuch verdanken.

Die Entwicklung und die Prüfung neuer Heilmittel, insbesondere der hochwirksamen Chemotherapeutika und Antibiotika, die die Bedrohung durch die klassischen Infektionskrankheiten weitgehend beseitigt haben, die Ausarbeitung neuer Operationstechniken zum Organersatz und zur -transplantation, die Möglichkeiten zur Früherkennung von Chromosomenschäden in menschlichen Keimen, die quantitativen Kenntnisse über die Schädlichkeitsgrenzen von Verunreinigungen der Luft, des Wassers, der Nahrungsmittel und vieles mehr verdanken wir der Verwendung von Tieren als „Menschenersatz" in der Forschung.

Sind nun Tierversuche weiterhin unabdingbar für jeden Fortschritt bei der Bekämpfung von Krankheit und Schmerz, bei der Prävention von Mißbildungen und von Entwicklungsschäden? – Nein, nicht für jeden Fortschritt. Es gibt immer mehr Beispiele dafür, daß Erkenntnisse auf medizinisch wichtigen Gebieten auch ohne Tierversuche mit Hilfe neuentwickelter Alternativmethoden gewonnen werden konnten. Selbstverständlich muß die Weiterentwicklung solcher Verfahren mit größter Intensität gefördert werden. Und nicht nur das Tierschutzgesetz, sondern auch Verstand und Gewissen der Forscher fordern, daß bei jedem biologischen oder medizinischen Forschungsprojekt, für das Tierversuche geplant sind, durch ein unabhängiges, sachverständiges Gremium geprüft wird, ob nicht alternative Versuche an lebenden, nicht schmerzfähigen Zellen oder Zellverbänden die erstrebte Information ganz oder wenigstens teilweise liefern können.

Es kann aber leider kein Zweifel daran bestehen, daß wegen der überaus komplizierten Verschaltung der meisten menschlichen und tierischen Funktionssysteme viele der zur Behandlung und Prävention nötigen Informationen bisher nicht an un- oder wenig vernetzten, lebenden Zellen oder einfachen Zellsystemen gewonnen werden können. Wichtige Fragen nach dem Zusammenwirken verschiedener Organe und Funktionssysteme und nach ihrer gegenseitigen Beeinflussung durch therapeutische Maßnahmen lassen sich vorerst nur am intakten Gesamtorganismus sinnvoll untersuchen.

Auch wenn wir z. B. mit Hilfe der sogenannten Computersimulation Informationen über Funktionsabläufe in komplex vermaschten biologischen Systemen gewinnen wollen, brauchen wir zunächst Detailinformationen über die funktionelle Architektur der tierischen Organ- und Reaktionssysteme, die uns der Computer nicht vorgeben kann. Für die Gewinnung solcher, bisher von vielen medizinisch wichtigen Gebieten nur bruchstückhaft, von manchen gar nicht bekannten Basisdaten sind wir vorläufig noch auf Untersuchungen am Tier angewiesen, das hier deshalb als Menschenersatz dienen kann, weil – insbesondere bei den Säugetieren – nicht nur die Komplexität der verkoppelten Funktionssysteme, sondern auch deren anatomischer Aufbau und deren Funktionsabläufe mit denen des Menschen vielfach übereinstimmen.

Wo stehen wir heute? Immer noch bewegt uns die Frage, ob beim Tierversuch der Zweck die Mittel heilige. Ob die Gesundheit, das (längere) Überleben des Menschen ein so überwertiges Gut ist, daß es Leiden und Tod jedes anderen Lebewesens aufwiegt und rechtfertigt? Die schlichte Tatsache, daß die Zahl derer, die diese Frage stellen, heute viel größer ist als früher, bedeutet schon einen großen Fortschritt im Sinne der Tiere. Denn der, dem sich diese Frage stellt, ist bereit, Tieren ein grundsätzliches Recht auf Leben und Unversehrtheit zuzubilligen, und sie u. U. vor einem völlig ungehemmten Egoismus des Menschen in Schutz zu nehmen.

Wie nun die Frage nach Zweck und Mittel konkret vom Einzelnen beantwortet wird, hängt stark von seiner aktuellen Lebenssituation und von seiner Einschätzung des Wertes von Tierversuchen für die Gesellschaft ab. Entscheidend wird seine Einstellung davon beeinflußt, ob und wie weit er den Wissenschaftlern glaubt, daß vorerst noch bestimmte, wichtige Informationen nur durch Tierversuche gewonnen werden können.

Es ist nicht zu übersehen, daß in den letzten Jahrzehnten die Glaubwürdigkeit der Wissenschaftler in der öffentlichen Meinung stark abgenommen hat. Zu oft hat sich gezeigt, daß die Konsequenzen von Forschungsergebnissen sich hinsichtlich ihres Nutzens als ambivalent, nicht selten sogar als bedrohlich für Mensch und Natur herausstellten. Im Gegensatz auch zu der naheliegenden Erwartung, daß mit jedem Erkenntniszuwachs und jedem methodischen Fortschritt die Natur und ihre Gesetze für alle leichter verständlich würden, hat der Fortschritt der Wissenschaft – übrigens nicht nur für die Außenstehenden – ihr Verständnis und ihre Durchschaubarkeit nicht selten erschwert und die Vorhersagbarkeit der Richtung ihrer Weiterentwicklung vermindert. Das läßt Forschung für immer mehr Menschen zu einem fremden, bedrohlichen Bereich menschlicher Tätigkeit werden, den man mit Mißtrauen und Sorge betrachtet. Es kommt hinzu, daß offenbar dem einzelnen Forscher durchaus zugetraut wird, aus Karrierestreben und/oder materiellen Interessen Forschungsergebnisse um jeden Preis, bis hin zu bewußter Verletzung ethischer und moralischer Normen, gewinnen zu wollen. Es liegt auf der Hand, daß man der Stichhaltigkeit von Argumenten für die Notwendigkeit von Tierversuchen, die von solchen Menschen vorgetragen werden, wenig vertraut. Hier ist Sachinformation die wichtigste Voraussetzung für eine Entemotionalisierung, für den Abbau von Mißtrauen und Sorge. So schwierig es auch immer sein mag, die oft überaus komplizierten Sachverhalte, Zusammenhänge, Ziele und Risiken wissenschaftlicher Forschung dem Außenstehenden verständlich zu machen, diese Aufgabe muß weit intensiver und weit wirkungsvoller wahrgenommen werden als bisher üblich.

In vollem körperlichen und seelischen Wohlbefinden, mit gesunder Familie, gesunden Freunden und Nachbarn sind Menschen eher bereit, kompromißlose Idealforderungen zu stellen. – Tierversuche müßten gänzlich verboten werden, der Mensch habe nicht das Recht, andere Lebewesen stellvertretend für sich leiden zu lassen –.

Ein schwerkrankes Kind in der Familie, eine Nachbarin, die seit Monaten langsam und qualvoll an einem metastasierenden Tumor stirbt, führt bei vielen Menschen zu einer anderen Beantwortung der Frage nach der grundsätzlichen Zulässigkeit von Tierversuchen.

Was Wunder, daß es unter Ärzten, denjenigen also, die beruflich tagtäglich mit menschlichem Leiden und Tod zu tun haben, praktisch keine „absoluten" Tierschützer gibt. Sie wissen am besten, was wir den für die medizinische Forschung geopferten Tieren an erspartem menschlichen Leiden, an gewonnener individueller Lebenszeit und an kollektiver Lebenszeiterwartung zu verdanken haben. Müssen wir uns schämen, wenn uns Leben und Gesundheit auch eines fremden Menschen schließlich doch näher stehen, als Leben und Gesundheit selbst des liebsten Tieres?

Diese Frage kann nur jeder für sich beantworten.

Bei denen, die sich kompromißlos für die Tiere entscheiden, wird sich ihr Gewissen spätestens dann mit Zweifeln melden, wenn sie z. B. einem sterbenden Krebskranken begegnen. Die anderen, die – unter bestimmten Bedingungen – Tierversuche vorerst weiterhin für nötig halten, werden ihr Leben lang Tieren gegenüber Schuldgefühle haben, weil auch an ihnen die Erkenntnis der nahen Verwandtschaft von Mensch und Tier und die der Verantwortlichkeit des Stärkeren gegenüber dem Schwächeren nicht spurlos vorübergegangen ist.

Literatur

1. Kant Immanuel (1983) Werke in zehn Bänden. In: Weischedel W. (Hrsg) Metaphysik der Sitten; Tugendlehre § 17, Darmstadt
2. Schopenhauer Arthur (1977) Werke in zehn Bänden. Zürcher Ausgabe, Zürich, Bd. 6, Preisschrift über die Grundlage der Moral, 4, S 275

3. Schopenhauer Arthur (1977) Werke in zehn Bänden. Zürcher Ausgabe, Zürich, Bd. 6, Preisschrift über die Grundlage der Moral, 7, S 281
4. Schopenhauer Arthur (1977) Werke in zehn Bänden. Zürcher Ausgabe, Zürich, Bd. 6, Preisschrift über die Grundlage der Moral, 7, S 278
5. Schopenhauer Arthur (1977) Werke in zehn bänden. Zürcher Ausgabe, Zürich, Bd. 6, Preisschrift über die Grundlage der Moral, 7, S 280
6. Schopenhauer Arthur (1977) Werke in zehn bänden. Zürcher Ausgabe, Zürich, Bd. 6, Preisschrift über die Grundlage der Moral, 7, S 279
7. Ranke Johannes (1878) Das Blut, eine physiologische Skizze. Oldenbourg, München
8. Creutzfeldt Otto Detlev (1985) Exkurs über die Ursache der besonderen Kritikanfälligkeit der wissenschaftlich-technischen Nutztierverwendung S 17–18. In: Gesundheit und Tierschutz; Ullrich K J und Creutzfeldt O D (Hrsg), Econ, Düsseldorf

Weiterführende Literatur

ASE/IOB/UFAW (1984) The use of animals and plants in school science. Association of Science Education. Institut of Biology and Universities Federation for Animal Welfare. Biologist, 31/4:215–216

Bretschneider H (1962) Der Streit um die Vivisektion im 19. Jahrhundert. Fischer, Stuttgart

Bruhin H, Gelzer J (1985) Tierschutz und wissenschaftliche Tierversuche in öffentlicher Debatte. Swiss Pharma Nr 1–2

Deutsche Physiologische Gesellschaft eV (1984) Grundsätze und Richtlinien für wissenschaftliche Tierexperimente. München

DFG (1981) Tierexperimentelle Forschung und Tierschutz. Mitteilung III der Kommission für Versuchstierforschung der Deutschen Forschungsgemeinschaft. Boldt Verlag, Boppard

Gärtner K Auf Tierversuche kann noch nicht verzichtet werden. Wie sinnvoll ist eine bundesdeutsche Versuchstierstatistik? Umschau 83, 7:213–218

Home Office (1985) Scientific Procedures on Living Animals. Cmnd 9521. HMSO. London

Hörnicke H (1984) Kriterien für die Beurteilung des unerläßlichen Maßes bei Eingriffen und Behandlungen an Tieren im Rahmen der Aus- und Fortbildung. In: Tierärztl Umschau 39:853–862

IOB (1984) Guidelines on the use of living organisms in education. Institute of Biology, London

Lasch H G (1985) Mehr Wissen zum Schutz des Menschen. forschung – Mitteilungen der DFG 3–4

Markl H (1985) Kontrolle im Tierschutz nicht als Selbstzweck. forschung – Mitteilungen der DFG 3–4

Max-Planck-Gesellschaft (1984) Bad Nauheimer Erklärung zur Frage Tierschutz und biomedizinische Forschung. München

Max-Planck-Gesellschaft (1981) Tierversuche in der Forschung, Berichte und Mitteilungen 1

Messent P, Horsfield St (1983) Pet population and the pet-power bond. International Symposium on the human-pet-relationship on occasion of the 80th birthday of Nobel prize winner K Lorenz, Wien 27./28. Oktober

National Research Council (1978) Guide for the Care and Use of Laboratory Animals. Committee on Care and Use of Laboratory Animals. 2101 Constitution Av NW, Washington/DC 20418 (USA)

Norling I (1983) Vergleich zwischen Hundebesitzern einer Großstadt (Göteborg) und einer ländlichen Gemeinde (Härryda). International Symposium on the human-pet-relationship on occasion of the 80th birthday of Nobel prize winner K Lorenz, Wien 27./28. Oktober

Patzig G (1983) Ökologische Ethik - innerhalb der Grenzen bloßer Vernunft. Vortragsreihe der niedersächs Landesregierung zur Förderung der wissenschaftlichen Forschung in Niedersachsen. Heft 64. Vandenhoeck und Ruprecht, Göttingen

Patzig G (1985) Ethische Aspekte von Tierversuchen. In: Hardegg W (ed) Tierversuche und Medizinische Ethik. ECON-Verl

Schweitzer A (1963) Die Entstehung der Lehre der Ehrfurcht vor dem Leben und ihre Bedeutung für unsere Kultur. Gesammelte Werke 5:172. Ex Libiris, Zürich

Shaw GB (1982) Preface on doctors. In: The doctor's dilemma. Penguin Plays, Harmondsworth. S 9-87

Singer P (1976) Are all animals equal? In: Animal rights and human obligations. Regan T, Singer P (eds), Englewood Cliffs, NJ Prentice-Hall

Tierexperimentelle Forschung und Tierschutz (1984) Mitteilung III der Kommission für Versuchstierforschung der DFG. Deutsche Forschungsgemeinschaft (Hrsg) VCH Verlag, Weinheim

Ulrich K J, Creutzfeldt O D (Hrsg) (1985) Gesundheit und Tierschutz. Wissenschaftler melden sich zu Wort. Econ, Düsseldorf

Weibel E R (1983) Das ethische Problem der Tierversuche. Schweiz Ärztezeitung 64:939-942

Weibel E R (1985) Der ethische Konflikt des Tierversuchs. Zschr für Evangel Ethik 29:174-189

Wissenschaftsrat (Hrsg) (1984) Entschließung zu Fragen der tierexperimentellen Forschung und des Tierschutzes, Wissenschaftsrat, Köln

Wittke G (1983) Das Tierexperiment in der medizinischen Ausbildung. Tierärztl Wschr 96, Berl Münch, S 113-116

Gedanken zur Ethik in der Pathologie

UDO LÖHRS

Der Titel dieses Beitrags sollte besser lauten „Gedankensplitter zur Ethik in der Pathologie", um von vornherein angesichts der Komplexität des Inhalts keine zu großen Erwartungen zu wecken. Bevor ich in diesem Sinne einige Anmerkungen mache, erlauben Sie mir ein paar allgemeine Bemerkungen, um in Anknüpfung an die vorausgegangenen Beiträge den Faden wieder aufzunehmen.

Die Existenz einer speziellen medizinischen Ethik oder gar einer sogenannten ärztlichen Standesethik ist fragwürdig, besonders wenn dabei nur Verhaltensnormen beschrieben werden. Ethisches Verhalten entfaltet sich vornehmlich in solchen Bereichen, die nicht durch gesetzliche Vorschriften geregelt sind, d.h. Ethik und Recht sind nur partiell kongruent. Ethik in der Medizin als einer Handlungswissenschaft kennzeichnet die Ethik einer besonderen Situation, in der sich die Frage von „sollen" oder „nicht sollen", „dürfen" oder „nicht dürfen" stellt. Es geht um die Anwendung allgemeiner ethischer Vorstellungen und Normen auf besondere Entscheidungssituationen, vor die sich der Wissenschaftler oder Arzt gestellt sieht (z.B. Ankermann 1987, Gruber 1956, Schäfer 1982, 83). Das gilt auch für die Pathologie. Betrachtungen zur Ethik in der Medizin haben dabei nicht nur das Verhalten des in ihr tätigen Wissenschaftlers oder Arztes, sondern auch die Realität des Kranken mit seiner ethischen Einstellung und seiner ethischen Kompetenz sowie das Verhalten seiner gesellschaftlichen Umgebung mit einzubeziehen (v. Engelhard 1987, Hartmann 1982, Schäfer 1982/82).

Wenn wir von Ethik in der Medizin sprechen, soll darunter nicht eine Deontologie des Verhaltens, d.h. kein Verhaltenskatalog verstanden werden. Ein derartiges Prinzip, welches sich dann als „medizinische Ethik" beschreiben ließe und einer „militärischen" oder „fiskalischen Ethik" entsprechen könnte, birgt die Gefahr, Ethik zu Etikette (Hartmann) degenerieren zu lassen.

Die Determinanten des ethisch kontrollierten Handelns liefert das Gewissen als eine erworbene Instanz der Selbstprüfung, für die der Mensch eine Veranlagung mitbringt, wie der Heidelberger Physiologe Hans Schäfer (1983) es formuliert hat, oder mit anderen Worten: das Gewissen ist das Organ der ethischen Haltung.

Ausgehend von diesen Prämissen ist zu prüfen, ob sich in der Pathologie aus ihrer besonderen Rollenfunktion im arbeitsteiligen Zusammenspiel der verschiedenen medizinischen Disziplinen fachspezifische ethische Fragen stellen.

Zur Orientierung erscheint es notwendig, zuvor kurz auf die Frage einzugehen: was ist Pathologie? – Diese Frage läßt sich in wenigen Sätzen nicht erschöpfend beantworten, daher die Beschränkung auf einen sehr grob gestrichelten Umriß: Pathologie als „Lehre von den Krankheiten" ist in diesem Wortsinn kaum zu begrenzen. Verschiedenste Denk- und Forschungsansätze, z. B. markiert durch die von Rokitansky (1804 bis 1878) begründete Humoralpathologie („Säftelehre") oder Virchow's (1821–1902) Zellularpathologie, münden in eine allgemeine Pathobiologie. In neuerer Zeit hat der Heidelberger Pathologe Wilhelm Doerr sich in Betrachtungen zu einer Theoretischen Pathologie mit den unterschiedlichen Denkansätzen auseinandergesetzt (Doerr et al. 1979, Doerr und Schipperges 1979, Doerr 1979). Von der Allgemeinen Pathologie abzugrenzen, wenngleich untrennbar mit ihr verbunden und in ihr verwurzelt, ist die Spezielle oder Klinische Pathologie, die sich mit einzelnen Krankheiten oder Gewebsveränderungen befaßt, deren Entstehungsursachen (Pathogenese) definiert und auf ihren Krankheitswert hin untersucht.

Diese sehr unscharfen und weit gezogenen Grenzen werden dadurch eingeengt und schärfer gezeichnet, daß die Pathologie zur Lösung der aufgeworfenen Fragen vornehmlich morphologische Untersuchungsmethoden benutzt. Diese bestimmen auch die praktische, ärztliche Tätigkeit des Pathologen bei der Obduktion und in der bioptischen, histologischen und zytologischen Begutachtung. Ethische Probleme können sich daher für den Pathologen grundsätzlich auf verschiedene Ebenen ergeben: In seiner Rolle als naturwissenschaftlich arbeitender Forscher, der mithilfe morphologischer Methoden im Rahmen der Pathologie Grundlagenforschung betreibt, sie können sich ihm stellen als diagnostisch tätigem Arzt, als Gutacher oder auch als Hochschullehrer. Im folgenden möchte ich versuchen, zu einem Teil dieser Felder einige Anmerkungen zu machen, wenngleich von vorneherein gesagt werden sollte, daß eine scharfe Trennung von Problemen der Allgemeinen oder Speziellen Pathologie wegen ihrer engen gegenseitigen Verflechtung nicht möglich ist.

Die Pathologie gehört in der Gegenwart nicht zu den wissenschaftlichen Bereichen, in denen sensationsträchtige, die Öffentlichkeit aufrührende Forschungsergebnisse erzielt werden, die etwa mit den Schlagworten Gen-Technologie, Embryo-Transfer oder künstliche Insemination genannt seien.

Forschung in der Pathologie vollzieht sich beobachtend, messend und registrierend, insoweit mit naturwissenschaftlicher Methodik. Sie greift damit aber nicht verändernd in das prospektive Geschehen ein, wie dies auf einigen Gebieten der Bio-Wissenschaften und der technischen Wissenschaften möglich zu sein scheint. Abgesehen von der traditionell selbstverständlichen wissenschaftlichen Pflicht zur Strenge und zur sauberen, ehrlichen Arbeit, wird jedoch grundsätzlich auch dem naturwissenschaftlich arbeitenden Pathologen Verantwortung für sein Tun im Hinblick auf mögliche Wirkungen über die Grenzen seines Forschungsgebietes hinaus abverlangt. Er hat gemäß dem von Hans Jonas formulierten Prinzip der Verantwortung (1979, 1985) den externen Bezug seiner Arbeit zu beurteilen und zu bedenken. Das kann für den experimentierenden Pathologen etwa dann Gültigkeit gewinnen, wenn er vor der Anwendung allerdings meist nur kleiner Mengen von radioaktiven Substanzen nach alternativen Methoden suchen sollte - und mit Erfolg gesucht hat. Seine Verantwortung für die Gesellschaft kann auch aus Beobachtungsergebnissen resultieren. Dies gewinnt z. B. dann Bedeutung, wenn der Pathologe im Rahmen der klinischen Krankheitsforschung eine Häufung bestimmter Erkrankungen feststellt und sich dabei die Frage nach möglichen Umwelteinflüssen zu stellen hat. Hier sei auch nur kurz auf die Verantwortung des Pathologen hingewiesen, der an wissenschaftlichen Programmen zur Entwicklung neuer Methoden etwa zur Behandlung Krebskranker beteiligt ist. In der Abwägung von Nutzen und potentiellen oder beobachteten Nebenwirkungen oder Schäden durch die Therapie fällt ihm eine wesentliche Rolle zu (vgl. Grundmann 1982).

Im weiteren Sinne resultiert aus dem Postulat der Verantwortungsethik für den wissenschaftlich tätigen Pathologen, ebenso wie für Forscher auf anderen Gebieten, die Pflicht, kritisch zu prüfen, ob von ihm erarbeitete neue Ergebnisse und Methoden einen Fortschritt der Erkenntnis oder der Erkenntnisfähigkeit mit sich bringen. Er hat sich des Risikos bewußt zu sein, daß neue Methoden nicht nur Gewinn in der Erforschung von Krankheiten und ihrer Pathogenese, sondern zu einer letztlich ineffektiven, wirtschaftlich keineswegs neutralen Aufblähung des methodischen Arsenals führen können. Dieser Hinweis ist nicht als Anregung zu einer Beschränkung der tätigen Neugier des Forschers besonders in der Grundlagenforschung zu verstehen, die nur in Freiheit und nicht mit der Begrenzung auf praktische, scheinbar naheliegende Ziele erfolgen kann. Der kritische Pathologe wird sich aber fragen müssen, ob jedes der in der Grundlagenforschung gewonnenen Ergebnisse auch in die Praxis, also in die praktische morphologische Diagnostik umgesetzt werden muß. Dieser Zusammenhang unterstreicht die enge Verknüpfung von Grundlagenforschung und klinischer Anwendung in der Pathologie.

Aus dem bisher Gesagten ergibt sich insbesondere für den heutigen, wissenschaftlich tätigen Pathologen noch eine andere bis zu einem gewissen Grade auch ethisch relevante Problematik. Sie resultiert aus dem Interessenkonflikt zwischen der Notwendigkeit und dem Willen zur Forschung auf der einen und der Pflicht zur ärztlichen Tätigkeit in der Pathologie auf der anderen Seite. Dies erklärt sich daraus, daß sich die Pathologen heutzutage mit hohen quantitativen und qualitativen Anforderungen durch die klinische Diagnostik konfrontiert sehen, die einen großen Teil ihrer zeitlichen und personellen Kapazitäten beanspruchen. Hier kann sich ein Konflikt dann ergeben, wenn die ärztliche Arbeit auf Kosten der wissenschaftlichen Tätigkeit zu kurz kommt oder umgekehrt. Zwischen diesen Klippen den richtigen Kurs zu steuern, ist für die Pathologie heutzutage weltweit ein Dilemma, welches meist nur durch Kompromisse lösbar ist.

Der experimentierende Pathologe wird sich mit der Frage von *Tierversuchen* auseinanderzusetzen haben. In einer Zeit, in der die Polemik gegen Tierversuche hohe Wellen schlägt, muß dieses Thema in diesem Zusammenhang wenigstens kurz erwähnt werden. Der experimentierende Mediziner, hier speziell der Pathologe, wird sich die Intentionen eines vernünftigen Tierschutzes uneingeschränkt zu eigen machen, weiß er doch, daß der ernsthafte Tierschutz seine Antriebe wohl im wesentlichen aus dem Analogverständnis bezieht, in dem Tier einen Teil jener Kreatur und der Natur zu sehen, der er selber angehört (vgl. Schäfer 1983). Ein polemischer, fanatischer und ideologisch verbohrter sogenannter Tierschutz, der zu der aus humaner Sicht perversen Konsequenz zu führen droht, daß Menschenversuche leichter ermöglicht und durchgeführt werden könnten als möglichst schonende Experimente mit und an einem Tier, ist dagegen nicht akzeptabel.

Pathologen haben es auch mit dem Tod zu tun, nämlich mit dem Versuch, die Krankheiten zum Tode zu klären (Doerr 1982). Über lange Zeit bestimmte hauptsächlich die *Obduktion* die Tätigkeit des Pathologen. Dies hat sich heute zwar entscheidend geändert, dennoch hat die Obduktion trotz aller Fortschritte in der klinischen Diagnostik als umfassende Möglichkeit zur Synopsis von Krankheitszuständen und als Möglichkeit der Qualitätskontrolle sowohl für die diagnostische Tätigkeit des Pathologen selber als auch für die diagnostischen und therapeutischen Maßnahmen in der Klinik ihre unverzichtbare Funktion behalten (z. B. Becker 1987, Eder 1981, Dhom 1980). Dies gilt ganz besonders auch für den studentischen Unterricht, da die Obduktion die umfassendste Möglichkeit bietet, die sich als Krankheit äußernden pathophysiologischen Störungen mit den zugrunde liegenden oder auf sie folgenden Zell- oder Organveränderungen zu korrelieren.

Vor diesem Hintergrund wird allgemein und nicht nur von den Pathologen als Alarmsignal registriert, daß in der Bundesrepublik heutzutage im Durchschnitt nicht mehr als 10% der Verstorbenen obduziert werden. Dagegen kommen z. B. in Österreich etwa 70% der Verstorbenen (Holzner 1979) zur Obduktion, nachdem von Maria Theresia (1740–1780) auf Anregung ihres Leibarztes van Swieten die allgemeine Obduktionspflicht eingeführt worden war. In der DDR liegt die Obduktionsquote bei über 80% (David 1979). Die niedrige Sektionsfrequenz in der Bundesrepublik wird von vielen nachdenklichen Ärzten deshalb beklagt, weil nach zahlreichen internationalen Erhebungen zwischen klinischer Diagnose und den bei der Obduktion erhobenen Befunden mindestens in 10% (Thomas und Jungmann 1985), überwiegend in etwa 20 bis 40% (z. B. Sandritter et al., 1980) Differenzen oder Defizite registriert werden.

Die Ursachen für die in unserer Gesellschaft verbreitete Ablehnung lassen sich vielleicht pauschal mit einem Wort des Pathologen Letterer (1965) interpretieren, daß nämlich seit 2000 Jahren das Pendel zwischen Logos und Mythos, oder anders ausgedrückt, zwischen Rationalität und Irrationalität hin- und herschwingt, und eine Reihe von Beobachtern der Meinung ist, daß unsere Zeit trotz oder wegen der Dominanz der Naturwissenschaften zunehmend von Irrationalität bestimmt wird.

Zur Illustration der mit der Frage der Obduktion zusammenhängenden Problematik zunächst eine Kasuistik:

Ein 23jähriger, kurz vor der Promotion stehender Jura-Student ist an einer schweren Allgemeininfektion erkrankt. Sein Zustand ist so beängstigend, daß ihm die Sterbesakramente gereicht werden. Zur Überraschung seiner Umgebung antwortet er auf die Frage seines Mentors, wo und wie er gegebenenfalls bestattet werden möchte, man möge seinen Körper den Ärzten und Chirurgen übergeben. Zitat: „Es wird mir bei meinem Tode eine Erleichterung sein zu wissen, daß ich als Toter noch der Allgemeinheit etwas nützen werde, nachdem ich im Leben zu nichts nutze war, und daß ich wenigstens diesmal die Streitereien verhindern werde, die zwischen Eltern der Verstorbenen und den Studierenden der Medizin vorkommen."

Die Schilderung der Umstände und insbesondere der letzte Satz vermittelt, daß sich dieser Vorgang nicht in unserer Zeit ereignet haben dürfte. Schauplatz der Geschichte (siehe Böckle 1983) war Padua im Jahre 1590, wo 50 Jahre zuvor Andreas Vesalius aus Brüssel als Professor gewirkt und mit seinem Werk „De corporis humani fabrica" (1543) die moderne Anatomie begründet hatte. Der Jura-Student war Franz von Sales, der übrigens die erwähnte Erkrankung überlebt hat und 32 Jahre später als Bischof von Genf im Ruf der Heiligkeit starb, wo sich allerdings niemand mehr seines früheren Vermächtnisses bezüglich seines Leichnams erinnerte.

Der letzte Satz aus den Worten des Franz von Sales erinnert an die bekannte Tatsache, daß in der damaligen Zeit die Leichen häufig von den lernbegierigen Studenten geraubt wurden. Das ging verständlicherweise nicht ohne Streit mit den Angehörigen ab. Bräuche dieser Art können als überwunden gelten. Der Grund dafür ist wohl nicht in dem geringeren Lerneifer der heutigen Medizinstudenten zu suchen.

Im übrigen wirft die Geschichte bereits im wesentlichen die Fragen auf, die sich auch heute noch im Zusammenhang mit der Obduktion stellen. Im Zentrum steht die Frage nach dem rationalen Umgang mit der sterblichen Hülle eines Menschen und seiner Verpflichtung der Allgemeinheit gegenüber, in dem Sinne, den der Spruch über dem Eingang der alten Anatomie in Heidelberg meint: „Hic gaudet mors succurrere vitae" (hier hilft der Tod freudig dem Leben).

Der Bonner Moraltheologe Franz Böckle, der die Geschichte des Jura-Studenten Franz von Sales referiert, hat sich in einem Aufsatz mit der Überschrift „Pietät oder Nächstenliebe? - zur sittlichen Bewertung der medizinischen Obduktion" 1983 dahingehend geäußert, daß die in der Überschrift formulierte Fragestellung falsch sei, da es in Fragen der klinischen Obduktion nicht um den Gegensatz zwischen einer Pietäts- und Liebespflicht gehe. Vielmehr handelt es sich um die Abwägung von Ehrfurcht gegenüber dem Toten und unserer Verantwortlichkeit für Gesundheit und Leben unserer Mitmenschen. Die Berufung auf die Totenruhe und die körperliche Unversehrtheit, kurz die Pietät, gehören sicherlich zu den Urformen der Sittlichkeit. Unversehrtheitsvorstellungen sind indessen aus der christlichen Religion nicht abzuleiten, d.h. die Unversehrtheit des Leichnams hat im Christentum nicht den Rang eines Tabus. Es ist in der heutigen Zeit, die nach Transparenz aller Vorgänge ruft, erstaunlich, daß die innere Leichenschau, welche letztlich am besten geeignet ist, die Spuren von Krankheitsvorgängen sichtbar und durchschaubar zu machen, aus diesem Bestreben ausgespart bleiben soll. Die Inkonsequenz macht auch bei denjenigen Juristen nicht halt, die für eine Sanktionierung der klinischen Obduktion plädieren. Dies ist um so erstaunlicher, als die zur juristischen Beweissicherung oder Bestandsaufnahme oder gar die aus versorgungsrechtlichen Gründen im Zusammenhang mit einer Rentenbegutachtung durchgeführte Obduktion diesem Verdikt nicht unterliegen soll. Die Frage erscheint berechtigt, wieso einer solchen Haltung ethische Erwägungen zugrunde liegen sollen. Die Ehrfurcht vor dem Leben kann es wohl nicht sein.

Selbstverständlich wird der ausdrücklich zu Lebzeiten geäußerte Wunsch eines Verstorbenen vor allen anderen Meinungsäußerungen von Menschen aus seiner Umgebung nach Eintritt seines Todes zu respektieren sein. Selbstverständlich wird der Arzt, hier speziell der Pathologe, die aus welchen Quellen auch immer gespeiste Sorge eines nahen Angehörigen anerkennen, die sich in einem Einspruch gegen die Obduktion äußert.

Die Diskussion um die Berechtigung der klinischen Obduktion gewinnt an Brisanz, wenn man sie in bezug auf die sogenannte *Organentnahme* durchleuchtet. Hier geht es im wesentlichen um die Entnahme von Gehörknöchelchen oder von Hornhaut. Beide sind geeignet, anderen Menschen durch Implantation entweder das Gehör oder das Sehvermögen wiederzugeben. Es wird geschätzt, daß in der Bundesrepublik jährlich etwa 3000 bis 4000 Transplantate dieser Art benötigt werden. Angesichts dieser Tatsache und unter Berücksichtigung des bisher Gesagten ist die in den Medien fast periodisch rollende Polemik gegen die Organentnahme oder besser gesagt gegen die Organspende von Toten nicht verständlich. Von den Kirchen liegen sehr positive Stellungsnahmen vor. Bereits 1956 hat sich Papst Pius XII. in einer berühmten Rede (vgl. Seiler 1982) positiv zur Frage der Hornhautübertragung geäußert und ausdrücklich darauf hingewiesen, daß ein einzelner über seinen Leichnam verfügen und ihn zu erhabenen Zwecken, nämlich kranken und leidenden Menschen zu helfen, bestimmen kann. In der evangelischen Kirche ist von offizieller Seite die Organspende als eine Christenpflicht bezeichnet worden. Nach Meinung des katholischen Moraltheologen Böckle gebietet die Nächstenliebe es den Christen, keinen Widerspruch gegen die Organspende einzulegen, wenn diese zum Wohle der Allgemeinheit oder zur Rettung eines anderen Menschen oder von dessen Gesundheit notwendig ist.

Diese Gesichtspunkte sind deshalb auch für den Pathologen in Ausübung seines Berufes bedeutungsvoll, weil nach geltendem Recht der Leiter eine Prosektur in einem Krankenhaus oder eines Institutes für Pathologie oder Rechtsmedizin an einer Hochschule der „Gewahrsamsherr" ist und damit unmittelbar mit der Frage der Durchführung einer Obduktion oder dem Verzicht auf sie befaßt ist. Über die Rechtsnatur der Leiche besteht keine Einigkeit (vgl. Pribilla 1987). Auf der einen Seite existiert in der Rechtslehre die Auffassung, daß der Leichnam „Relikt eines Persönlichkeitsrechts" des Verstorbenen sei oder aber, daß aus Pietätsgründen von einem in der Leiche verkörperten „Rest der Persönlichkeit" gesprochen werden müsse. Nach anderer Auffassung kann die Leiche juristisch als „Sache“ betrachtet werden. Der Unterschied zur eigentlichen Sache besteht darin, daß man an der Leiche kein Eigentum erwerben, sie nicht erben oder verkaufen kann. Die überwiegende juristische Meinung scheint dahin zu gehen, daß der Leichnam juristisch als eine „herrenlose Sache“ zu betrachten sei, deren Aneignung unzulässig ist und an der Eigentum nicht begründet werden kann.

Diese Situation macht exemplarisch deutlich, daß ethische Implikationen vor allem aus Lücken der Gesetzgebung resultieren können, wie das auch in den vorangegangenen Vorträgen dieser Reihe bereits mehrfach angeklungen ist. Darüber hinaus beleuchtet das Beispiel der Obduktion sehr deutlich die Relationen zwischen ärztlichem Tun und dem gesellschaftlichen Umfeld.

Kommen wir zurück zur Tätigkeit des Pathologen und den dabei möglichen ethischen Problemen. Dazu noch einmal ein Blick auf die Rolle der Pathologie, hier der *klinischen Pathologie,* im Ensemble der verschiedenen ärztlichen Disziplinen. In der Weiterbildungsordnung für Ärzte heißt es vereinfachend: „Die Pathologie umfaßt die Beratung und die Unterstützung der in der Vorsorge und bei der Krankenbehandlung tätigen Ärzte bei der Erkennung von Krankheiten und ihren Ursachen, bei der Überwachung des Krankheitsverlaufs und bei der Bewertung therapeutischer Maßnahmen durch die Beurteilung übersandten morphologischen Untersuchungsguts oder durch die Obduktion, auch bei versicherungsmedizinischen Zusammenhangsfragen.“

Nicht die Obduktion steht heute im Vordergrund der ärztlichen Tätigkeit des Pathologen sondern die histologische und zytologische Begutachtung von Biopsiematerial, die etwa 70 bis 80% seiner ärztlichen Tätigkeit ausmacht (Eder 1981). Bei der diagnostischen Beurteilung von Gewebsproben erbringt der Pathologe eine eigene persönliche Leistung, die trotz aller Bemühungen auch in absehbarer Zukunft nicht durch automatisierbare Labormethoden wird ersetzt werden können. Auf eine Erörterung der Gründe dafür soll hier verzichtet werden. Die Beurteilung durch den Pathologen ist daher in nicht unerheblichem Ausmaß subjektiv bestimmt, daß heißt sie ist, wie auch in anderen Bereichen der ärztlichen Tätigkeit, insbesondere der Diagnostik, mit aller Vorsicht als „ärztliche Kunst“ zu charakterisieren. Ich möchte den Begriff „ärztliche Kunst“ deshalb nur mit großer Vorsicht benutzen, weil dieser Begriff nicht das Alibi liefern darf für eine Vernachlässigung der ratio oder des Wissens, und nicht die Tür öffnen sollte zu willkürlichem, irrationalem Verhalten. Dies gilt selbstverständlich nicht für den Pathologen allein. Das Ethos der wissenschaftlichen Rationalität und Ehrlichkeit, das Ethos eines hohen Grades an Sachkenntnis erscheint deshalb für den Pathologen so bedeutungsvoll, weil er sich im Vergleich mit anderen Ärzten in einer besonderen Situation befindet. In der Regel nimmt er keinen unmittelbaren Kontakt zu den Patienten auf, der Pathologe ist der Partner des behandelnden Arztes, er ist der „Arzt im Hintergrund“ genannt worden. Das diagnostische Urteil des Pathologen bestimmt häufig maßgeblich das Vorgehen des behandelnden Arztes, den er bei einem etwaigen Fehler ohne dessen Zutun mit in Schuld verstricken kann. Das Gebot des hippokratischen Eides (s. bei Müri 1979), nach bestem Vermögen und Urteil zu handeln oder, mit anderen Worten, nach besten Wissen und Gewissen, gilt daher für den Pathologen in besonders hohem Maße.

Dem Pathologen stehen dabei manchmal nur wenige Zellen oder winzige Gewebestückchen von Patienten zur Verfügung, an denen er eine möglicherweise schicksalbestimmende diagnostische Entscheidung treffen soll. Dies kann er nur, wenn er den zeitlichen und räumlichen Abschnitt aus einem dynamischen, sich in der Zeit abspielenden, d. h. also historischen Prozeß einer Krankheit hinsichtlich ihrer auslösenden Ursachen (Ätiologie) ihrer Entstehungsweise (Pathogenese) und ihrer Formvarianten kennt, einschließlich der auch im Verlauf einer Krankheit noch variierenden Gewebsveränderungen. Für ihn gilt dabei das, was Hippokrates als Aufgabe des Arztes ansieht: das, was vorausgegangen ist, zu erklären, das Gegenwärtige zu erkennen und das Kommende vorauszusagen (s. bei Müri 1979). Das bedeutet, der Pathologe gibt in dem Augenblick, in dem er eine Diagnose stellt, in vielen Fällen ein Urteil über die Prognose einer Krankheit, d. h. über die Zukunft ab. Naturgemäß besonders häufig eingeschaltet in die Diagnostik von gutartigen oder bösartigen Geschwülsten, entscheidet er nicht selten in hohem Maße über das weitere Schicksal der Patientin oder des Patienten.

Es besteht kein Zweifel darüber, daß die diagnostische Beurteilung durch den Pathologen in vielen Fällen die Weichen stellt für die folgende Therapie. Hieraus erwächst seine besondere Verantwortung, weil gerade bei den malignen Geschwülsten wirksame Therapien nicht indifferent sind und ihrerseits unvermeidlich vorübergehend eine erhebliche Beeinträchtigung der Persönlichkeit des betroffenen Patienten verursachen können. Im Augenblick seiner Diagnosestellung muß daher der Pathologe sich klar sein über die Konsequenzen seines diagnostischen Tuns, er muß sich deshalb nicht nur seinem eigenen Fach, sondern auch hinsichtlich der meisten klinischen Fächer auf einem ausreichend hohen Wissensstand halten. Nur so ist es ihm möglich, seinen Dienst am Patienten, gemeint ist dies im Sinne von dienen und nicht im Sinne von Service für den behandelnden Arzt, getreu dem Motto: „Salus aegroti suprema lex" wahrzunehmen.

Diese Bemerkungen seien nicht als idealisierende Selbstbetrachtung oder Autosuggestion eines Pathologen, sondern als Begründung für die Pflicht zum ständigen Lernen verstanden, mit dem Ziel, einen hohen Grad an Sachkenntnis zu erhalten. Vielleicht läßt sich diese Absicht an einem Beispiel illustrieren:

Ein 17jähriger junger Mann hat unterhalb seines rechten Kniegelenks einen Knoten im Unterhautgewebe festgestellt. Aus der klinischen Diagnostik ergibt sich der Verdacht auf einen malignen Tumor, der möglicherweise vom Knochen ausgeht. Der Pathologe wird erstmals dadurch mit dem Fall konfrontiert, daß er ein etwa 1×1 cm großes Gewebsstück erhält, begleitet von einem schriftlichen Untersuchungsantrag mit der Bitte um intraoperative Sofort-, d. h. Schnellschnittuntersuchung. Dem Untersuchungsantrag ist außer dem Alter des Patienten die Angabe zu entnehmen, daß der Verdacht auf einen Knochentumor bestehe. Die 15 Minuten nach der Gewebeentnahme vorliegenden

Gefrierschnitte zeigen ein bröckliges Gewebsmaterial. Der Pathologe hat nun am Mikroskop zu entscheiden, ob es sich um eine bösartige Geschwulst, um einen gutartigen Tumor oder vielleicht nur um eine reaktive Veränderung handelt, die infolge eines von dem Patienten gar nicht registrierten Bagatell-Traumas entstanden sein könnte. Die therapeutischen Konsequenzen wären sehr verschieden voneinander. Bei der gutartigen Veränderung würde wahrscheinlich in der gleichen Narkose eine Entfernung im Gesunden durchgeführt werden, die Angelegenheit wäre mit Abschluß der Wundheilung als erledigt, der Patient als geheilt zu betrachten. Bei einem bösartigen Knochentumor, z. B. Osteosarkom, würde unter Nutzung der heute zur Verfügung stehenden und von zunehmenden Erfolgen begleiteten therapeutischen Möglichkeiten vermutlich zunächst eine Chemotherapie durchgeführt werden, um später eine Amputation mit prothetischem Extremitätenersatz anzuschließen. Eine reaktive Veränderung, ein sogenannter Kallus, würde möglicherweise zu keinerlei oder nur zu korrigierenden operativen Maßnahmen veranlassen. Die differentialdiagnostische Unterscheidung dieser drei Möglichkeiten kann prinzipiell schwierig sein. In dem geschilderten Fall war eine sichere Differentialdiagnose zwischen einer gutartigen Geschwulst und einem malignen Tumor im Schnellschnittverfahren auch nach sekundärer Heranziehung der Röntgenbilder und telefonischer Erörterung des Befundes mit dem operierenden Kollegen nicht möglich. Trotz des verständlichen Drängens des Chirurgen sah sich der Pathologe wegen der evtl. schwerwiegenden Folgen einer Fehlinterpretation nicht in der Lage, an den intraoperativen Gefrierschnitten eine eindeutige Diagnose zu stellen. Die sorgfältig aufbereiteten, frühestens am nächsten Tag zu erwartenden histologischen Schnittpräparate mit verschiedenen Färbungen mußten abgewartet werden.

Die Konsequenz: Die in lokaler Blutleere begonnene Operation mußte abgebrochen, die Durchblutung der Extremität wiederhergestellt werden. Ein zumindest geringes Risiko, daß durch die Blutströmung aus dem eingeschnittenen, das heißt artefiziell verletzten, möglicherweise bösartigen Tumor Zellen mit dem Kreislauf verschleppt werden, mußte dabei in Betracht gezogen werden. Nach sorgfältiger Aufarbeitung des Materials und konsiliarischer Beratung des schwierig zu deutenden Befundes mit einem weiteren Pathologen wurde der Tumor in dem geschilderten Fall letztlich als gutartig diagnostiziert. Da die Entfernung der Geschwulst notwendig war, mußte der Patient nochmals operiert werden. Dies hätte ihm bei einer sofortigen intraoperativen Entscheidung erspart werden können.

Dennoch erscheint das Verhalten des Pathologen in diesem Fall richtig. In der Güterabwägung zwischen einer möglichen aggressiven Chemotherapie oder gar einer Beinamputation gegenüber dem potentiellen Risiko einer Tumorzellverschleppung muß nach heutigen Kenntnissen das letztere als geringer angesehen werden. Der gesamte geschilderte Vorgang führte zu keinerlei Mißverständnissen zwischen dem chirurgischen Kollegen und dem Pathologen, da beiden die Problematik vertraut war, und im Dialog eine Übereinstimmung in der Güterabwägung zwischen den verschiedenen Risiken erzielt wurde. Das für die Zusammenarbeit notwendige Vertrauen und das menschliche Verständnis für die jeweiligen fachspezifischen Schwierigkeiten auf beiden Seiten war nicht gestört, die gesunde Arbeitsbasis blieb erhalten. In bezug auf den Pathologen illustriert der Fall, daß dieser gelegentlich auch den Mut zu dem Eingeständnis haben muß, eine Entscheidung zumindest im Augenblick nicht fällen zu können und dabei bei einem nicht so gut informierten Partner wie in dem geschilderten Fall möglicherweise in den Ruf einer fachlichen Inkompetenz zu kommen. Der Fall mag illustrieren, daß der allzu forsche, allzu selbstsicher und schnell reagierende, dabei vielleicht seine Unsicherheit überspielende Diagnostiker wegen des Schadenrisikos fehl am Platze wäre, so willkommen er dem klinischen Kollegen wegen seiner vordergründig klaren Aussage manchmal sein kann. Am anderen Ende des Persönlichkeits-Spektrums ist der ewige Zauderer, der sich zwar in langen Beschreibungen ergeht, sich aber nicht zur Übernahme der Verantwortung durchringen kann, für den behandelnden Arzt und vor allem auch für den Patienten problematisch (vgl. Dhom 1986). Das rechte Maß, die Ausgewogenheit und die im richtigen Moment trotz aller Anteilnahme notwendige distanzierte Rationalität sind gefragt.

Ein weiteres, längere Zeit zurückliegendes Beispiel soll eine anders gelagerte Problematik beleuchten. In der Probeentnahme aus einer Brustdrüse einer 32jährigen Frau findet der Pathologe eine Veränderung, die als sogenanntes Carcinoma lobulare in situ bezeichnet wird und als Praecancerose (Krebs-Vorerkrankung) gilt. Dies bedeutet in dem genannten Fall ein nicht unerhebliches Risiko, da bei derartigen Veränderungen statistisch in einem Prozentsatz von bis zu etwa 20% im Laufe der nachfolgenden 15 Jahre in der gleichen oder in der gegenseitigen Brustdrüse der betroffenen Patientinnen ein voll entwickelter Brustkrebs auftreten kann. Die Problematik für Patientinnen und Ärzte besteht darin, die richtige Therapieform zu finden. Das eine Extrem würde bedeuten, beide Brustdrüsen prophylaktisch zu entfernen, um jeglichem Entartungsrisiko zu entgehen, das andere Extrem, gar nichts zu tun und alles dem Schicksal zu überlassen. Trotz aller Regeln kann der richtigere Weg im Einzelfall nur unter Würdigung zahlreicher verschiedener Faktoren, insbesondere der Gesamtpersönlichkeit der Patientin, aber auch der von ihr erreichbaren ärztlichen Versorgung gefunden werden. In unserem Fall kannte der Pathologe den mit ihm seit längerem zusammenarbeitenden Chirurgen als jemanden, der lange fern medizinischer Zentren in einem ländlichen Gebiet gearbeitet hatte und dort aufgrund fehlender medizinischer Infrastruktur dazu neigte, verhältnismäßig radikale Therapieformen zu bevorzugen, um möglichst viel Sicherheit für das weitere Leben seiner Patienten zu gewinnen. Aufgrund eines ähnlichen Falles befürchtete der Pathologe, daß der Chirurg der Patientin eine Brustdrüsenamputation wie bei einem vollentwickelten Carcinom vorschlagen würde. Er hielt dies wegen der möglichen psychischen Konsequenzen für die ihm persönlich nicht bekannte Patientin für eine zu weit gehende Behandlungsmaßnahme. Er stand vor der Frage, wie eine nach seiner Meinung evtl. zu ausgedehnte Operation zu vermeiden wäre. Sollte er das Problem semantisch lösen, etwa dadurch, daß er in der Begutachtung den Gewebsbefund durch eine nur ihm oder einem eingeweihten Fachkollegen verständliche Umschreibung herunterspielte, sollte er den Befund kommentarlos mitteilen und damit seine Pflicht als erfüllt ansehen, oder sollte er seine Beurteilung mit einem entsprechenden, durch ein Gespräch unterstützten Kommentar abgeben? - Die dritte genannte Möglichkeit, d.h. das ausführliche Gespräch, unterstützt durch Literaturhinweise führte zum Erfolg.

Betrachtet man die zwei anderen genannten Verhaltensweisen, so sind sie beide allerdings nicht unproblematisch.Eine nicht eindeutig abgefaßte, sprachlich heruntergespielte diagnostische Beurteilung hätte möglicherweise dazu geführt, daß weitere diagnostische und therapeutische Maßnahmen unterblieben und die Patientin dem Risiko ausgesetzt worden wäre, daß ein sich evtl. später entwickelndes Carcinom nicht frühzeitig, sondern in einem für die Heilung ungünstigen Stadium erfaßt worden wäre. Unabhängig von dem Einzelschicksal wäre es ein bedenkliches Verfahren, einen erhobenen Befund nicht korrekt wiederzugeben, weil damit der Willkür nach allen Seiten der Weg bereitet würde und der Pathologe dem prinzipiellen Gebot der wissenschaftlichen Ehrlichkeit zuwider handeln würde. Ein juristisch nicht angreifbares Verfahren hätte darin bestehen können, den Befund lakonisch mitzuteilen. Der Pathologe hätte dann aber einen Teil seiner Mitverantwortung an dem Schicksal der Patientin nicht wahrgenommen.

Der soeben angedeutete Fall wirft darüber hinaus die Frage auf, ob der Pathologe Therapieempfehlungen geben soll. Dhom (1986) hat kürzlich auf diese von ihm ebenfalls gestellte Frage geantwortet: „Ich meine: Ja - aber!"

Das „aber" bezog er auf die günstige Konstellation, daß die Kollegen in der Klinik über viele Jahre mit „ihrem" Pathologen zusammenarbeiten und die gegenseitigen Sprachregelungen bekannt sind, nicht zuletzt etwa aus regelmäßigen Klinisch-Pathologischen oder Onkologischen Konferenzen. Mit anderen Worten: Soweit der Pathologe auch zur Therapie eine Meinung äußert, sollte er es mit größter Vorsicht tun, zumal er primär Diagnostiker und nicht Therapeut ist und in der Regel die Gesamtsituation der Patientin oder des Patienten nicht kennt.

Den beiden zuvor genannten Beispielen könnten zahlreiche weitere hinzugefügt werden aus der Zusammenarbeit mit den meisten klinischen Disziplinen, wobei es keineswegs immer um die Tumordiagnostik geht. Andere Krankheiten, wie z.B. die entzündlichen Nieren-, Darm- oder Lebererkrankungen oder Fragen in Zusammenhang mit der Organtransplantation, bieten fachlich zwar andersartige, grundsätzlich aber eine ähnliche Konstellation in der interkollegialen Zusammenarbeit. Wie bereits ausgeführt, ergibt sich dies aus der besonderen Stellung des Pathologen im Arzt-Patient-Verhältnis, in dem er primär zwar der Vertragspartner des behandelnden Arztes ist, sich aber gleichzeitig auch als Arzt des Patienten verstehen muß.

Ich hoffe, zumindest angedeutet zu haben, daß fachspezifische ethische Fragen in der Pathologie existieren. Sie haben nicht den spektakulären Charakter wie auf einigen anderen modernen wissenschaftlichen Gebieten. Es sind eher

Alltagsfragen. Für den Pathologen gelten grundsätzlich die Regeln, wie sie auch für die auf anderen Gebieten arbeitenden Wissenschaftler und Ärzte Gültigkeit haben. Die besondere Situation des ärztlich tätigen Pathologen beruht auf seiner nur mittelbaren Beziehung zum Patienten und auf der unmittelbaren Beziehung zu dem behandelnden Arztes. Dieser erwartet von ihm klare, unzweideutige Aussagen, um daraus eindeutige Handlungskonsequenzen ableiten zu können. Die Probleme erwachsen aus unklaren Situationen, in denen die Risiko- und Güterabwägung ein wesentliches Postulat darstellt. Das Risiko einer Fehlentscheidung wird dabei um so kleiner, je größer die Sachkenntnis des Pathologen und je umfassender seine - erlauben Sie mir, dies so zu formulieren - Persönlichkeitsbildung (vgl. Toellner, 1987) ist, mit anderen Worten: je höher sein Wissen und Gewissen entwickelt sind. Im Spannungsfeld zwischen dem Ethos der Rationalität oder der wissenschaftlichen Sachlichkeit und dem Ethos der Barmherzigkeit sollten die Gewichte möglichst ausgewogen sein. Auch ein hoch entwickeltes Gewissen ohne ein sehr hohes Maß an Wissen ist dem kranken Menschen nicht dienlich. Diese Aussage gilt für die gesamte Medizin, meine ich; sie klingt banal, stellt aber eine stete Herausforderung dar.

Literatur

Ankermann E (1987) Ärztliches Handeln im Dialog zwischen Ethik und Recht. In: Schlaudraff U (Hrsg). Ethik in der Medizin, Seite 93. Springer-Verlag Berlin Heidelberg New York

Becker V (1987) Selbstverständnis und Standort der Pathologie. Eröffungsrede des Vorsitzenden. Verh Dtsch Ges Pathol 71:XXXIII-XL

Böckle F (1983) Pietät oder Nächstenliebe? Zur sittlichen Bewertung der medizinischen Obduktion. Pathologe 4:1-2

Braun W (1972) Zur Frage der Schweigepflicht des Pathologen. Beitr Pathol 160:93-96

Büchner F (1957) Der Mensch in der modernen Medizin. Münch Med Wschr 18:637-642

Cramer F (1974) Forscher zwischen Wissen und Gewissen. Springer-Verlag Berlin Heidelberg New York

David H (1979) Aufgaben und Stellung der Pathologie in medizinischer Wissenschaft und Praxis. Zbl Pathol 123:413

Doerr W, Hofmann W, Linzbach AJ, Rother K, Seitelberger F (1981) Neue Beiträge zur Theoretischen Pathologie. Schipperges F (Hrsg). Springer-Verlag Berlin Heidelberg New York

Doerr W, Jacob W, Laufs A (Hrsg) (1982) Recht und Ethik in der Medizin. Springer-Verlag Berlin Heidelberg New York

Doerr W, Schipperges H (Hrsg) (1979) Was ist Theoretische Pathologie? Springer-Verlag Berlin Heidelberg New York

Doerr W (1979) Was ist Theoretische Pathologie? I. Aus der Sicht der konventionellen Pathologie. In: Doerr W, Schipperges H (Hrsg) Was ist Theoretische Pathologie? Springer Berlin Heidelberg New York, S 4

Doerr W (1982) Rechtliche Grundlagen aus der Sicht des Pathologen. In: Doerr W, Jacob W, Laufs A (Hrsg) Recht und Ethik in der Medizin. Springer Berlin Heidelberg New York, S 126

Doerr W (1985) Grundlagen der Pathogenese. In: Gross R (Hrsg) Geistige Grundlagen der Medizin. Springer Berlin Heidelberg New York Tokyo, S 56

Dhom G (1980) Aufgaben und Bedeutung der Autopsie in der modernen Medizin. Dtsch Ärzteblatt 11:669–672

Dhom G (1986) Ethische Aspekte bei der Behandlung Krebskranker aus der Sicht des Pathologen. 7. Oberaudorfer Gespräch: Ethik in der Krebsbehandlung S 94–99

Eder M (1981) Eröffnungsrede des Vorsitzenden. 65. Tagung der Dtsch Gesellschaft für Pathologie 1981. Verh Dtsch Ges Pathol, Gustav Fischer Stuttgart New York

Engelhardt D von (1987) Dauer und Wandel in der Geschichte der medizinischen Ethik. Ein Beitrag zur Prüfung der Paradigmawechsel des Thomas S. Kuhn in der Medizin. In: Schlaudraff U (Hrsg) Ethik in der Medizin. Springer Berlin Heidelberg New York, S 35

Fridell MT (1974) Does surgically removed tissue have rights? Int Surg 59:261

Fuchs C (1987) Erziehung zur Ethikfähigkeit. Verantwortung für die Medizinische Ausbildung. In: Schlaudraff U (Hrsg) Ethik in der Medizin. Springer Berlin Heidelberg New York, S 27

Gross R (Hrsg) (1985) Geistige Grundlagen der Medizin. Springer Berlin Heidelberg New York Tokyo

Gross R, Hilger HH, Kaufmann W, Scheuerlen PG (Hrsg) (1978) Ärztliche Ethik. Schattauer Stuttgart New York

Gruber GW (1956) Arzt und Ethik. Walter de Gruyter Berlin

Grundmann E (1982) Möglichkeiten und Grenzen der Onkologie aus der Sicht des Pathologen. - Neue Gesichtspunkte für die Intensivmedizin? In: Lavin P, Huth H (Hrsg) Grenzen der ärztlichen Aufklärungs- und Behandlungspflicht. Georg Thieme Stuttgart New York, S 149

Hartmann F (1982) Wertkonflikte im Krankheitsgeschehen. In: Doerr W, Jacob W, Laufs A (Hrsg) Recht und Ethik in der Medizin. Springer Berlin Heidelberg New York, S 178

Holzner JH (1979) Die modernen Aufgaben der Obduktion in der Kontrolle des öffentlichen Gesundheitswesens. Virchows Arch A 333:69

Illhardt FJ (1985) Medizinische Ethik. Springer Berlin Heidelberg New York

Jonas H (1982) Philosophische Betrachtungen über Versuche an menschlichen Subjekten. In: Doerr W, Jacob W, Laufs A (Hrsg) Recht und Ethik in der Medizin. Springer Berlin Heidelberg New York, S 3

Jonas H (1986) Das Prinzip Verantwortung. 5. Aufl Inselverlag Frankfurt

Jonas H (1987) Technik, Medizin und Ethik. Zur Praxis des Prinzips Verantwortung. 2. Aufl Inselverlag Frankfurt

Lavin P, Huth H (Hrsg) (1982) Grenzen der ärztlichen Aufklärungs- und Behandlungspflicht. Georg Thieme Stuttgart New York

Letterer E (1982) Entwicklung, Stand und Wandel der Pathologie. Nova Acta Leopoldina NF 30:261 (1965) (Zitiert Doerr 1982)

Luther E (1986) Ethik in der Medizin. VEB Verlag Volk und Gesundheit, Berlin

Mitscherlich A, Mielke F (Hrsg) (1978) Medizin ohne Menschlichkeit. Dokumente des Nürnberger Ärzteprozesses. Fischer Taschenbuch-Verlag Frankfurt/M

Müri W (Hrsg) (1979) Der Arzt im Altertum. 4. Aufl Heimeran München

Piechowiak H (1985) Ethische Probleme in der modernen Medizin. Matthias-Grünewald Mainz

Pribilla O (1986) Sektion. In: Biske F (Hrsg) Lehrbuch für Krankenpflegeberufe. Georg Thieme Stuttgart New York

Pribilla O (1987) Plädoyer für die Medizinische Sektion. Ärztl Praxis 24:3–12

Sailer M (1982) Medizin in christlicher Verantwortung. Ferdinand Schöningh Paderborn München Wien Zürich

Sandritter W, Stäudinger M, Drexler H (1980) Autopsy and clinical diagnosis. Path Res Pract 168:107

Schäfer H (1982) Medizinische Ethik: Ein gesellschaftliches Problem. In: Doerr W, Jacob W, Laufs A (Hrsg) Recht und Ethik in der Medizin. Springer Berlin Heidelberg New York, S 187

Schäfer H (1983) Medizinische Ethik. Fischer Heidelberg

Schlaudraff U (Hrsg) (1987) Ethik in der Medizin. Springer Berlin Heidelberg New York
Thomas C, Jungmann D (1985) Die klinische Obduktion. Med Welt 36:684–687
Toellner R (1987) Medizinische Ethik im Alltag der Hochschule. Erfahrungen aus der Praxis der ärztlichen Ausbildung. In: Schlaudraff U (Hrsg) Ethik in der Medizin. Springer Berlin Heidelberg New York
Troschke J von, Schmidt H (Hrsg) (1983) Ärztliche Entscheidungskonflikte. Ferdinand Enke Stuttgart
Virchow R (1983) Was die „medicinische" Reform will. Nachdruck von „die medicinische Reform (1884)" (zitiert bei von Engelhardt 1987)

Spezielle ethische Fragen in der Humangenetik

EBERHARD SCHWINGER

„Die Forderung, daß defekten Menschen die Zeugung anderer, ebenso defekter Nachkommen unmöglich gemacht wird, ist eine Forderung klarster Vernunft und bedeutet in ihrer planmäßigen Durchführung die humanste Tat der Menschheit. Sie wird Millionen von Unglücklichen unverdiente Leiden ersparen, in der Folge aber zu einer steigenden Gesundung überhaupt führen." Dies ist ein Zitat aus Hitlers „Mein Kampf" und im Vorwort zu dem 1934 erlassenen Gesetz zur Verhütung erbkranken Nachwuchses heißt es dann weiter „Das Gesetz ist demnach als eine Bresche in das Geröll und die Kleinmütigkeit einer überholten Weltanschauung und einer übertriebenen selbstmörderischen Nächstenliebe der vergangenen Jahrhunderte aufzufassen".

Dieses Gesetz zur Verhütung erbkranken Nachwuchses war bereits 5 Monate nach der Machtergreifung verkündet und entsprang nicht nur nationalsozialistischem Wahn vom Primat des Staates, sondern war Folge einer weltweiten Bewegung der Eugenik, die Ende des vergangenen Jahrhunderts und zu Beginn dieses Jahrhunderts wissenschaftlich und sozialpolitisch gestützt und gefördert wurde. Die Paradigmen dieser Bewegung basierten auf wissenschaftlichen und parawissenschaftlichen Grundzügen eines Geschichtsbildes, in welchem dem Staat, dem Volk oder der Rasse Untergang durch Degeneration drohe. Degeneration werde vor allem hervorgerufen durch Rassenvermischung, aber auch dadurch, daß kranke Gene als Folge der zivilisatorischen Veränderung wegen des nachlassenden Selektionsdruckes nicht mehr eliminiert würden, sondern sich innerhalb einer Population ausbreiten könnten (z.B. Down-Syndrom). Die Vorstellungen hatten durchaus religiösen Charakter, so schreibt der berühmte Genetiker Galton Ende des letzten Jahrhunderts: „Sie (die Eugenik) hat tatsächlich einen starken Anspruch darauf, einmal ein orthodoxer, religiöser Glaubenssatz der Zukunft zu werden; denn die Eugenik arbeitet mit dem Wirken der Natur zusammen, indem sie sicherstellt, daß die Menschheit durch die tüchtigeren Rassen vertreten wird." Und dann heißt es weiter: „Ich halte es nicht für ausgeschlossen, daß die Eugenik ein religiöses Dogma der Menschheit wird".

So war es nicht verwunderlich, daß sich als Folge dieses Biologismus der damaligen Zeit die Bewegung für Rassenhygiene und Eugenik, wie man sie zu Beginn dieses Jahrhunderts nannte, in allen damaligen hoch entwickelten Ländern ausbreiten konnte und von politischen Strömungen – insbesondere dem Nationalsozialismus – aufgenommen wurde. Diesem blieb es dann vorbehalten, die Anschauungen rigoros in die Tat umzusetzen. Recherchen von Müller-

Hill (1984) haben ergeben, daß aufgrund des eingangs zitierten Gesetzes ca. 250000 Zwangssterilisationen im damaligen deutschen Reich durchgeführt wurden. Man hatte klein begonnen, humanitäre und religiöse Einwände abgetan und immerhin Strömungen aufgegriffen und verarbeitet, die in wissenschaftlichen Kreisen und Schichten des Bürgertums vorhanden waren. Indem die Trennungslinie zwischen Mensch und Tier systematisch verwischt und der Mensch in die Sphäre des tierischen einbezogen worden war, war die verhängnisvolle Konsequenz angebahnt: Die Billigung alles Grausamen als von der Natur gegeben und somit gerechtfertigt. Die später einsetzende Vernichtung sogenannten „unwerten Lebens" und der Massenmord an Juden erfolgte dann nicht mehr aufgrund von Gesetzgebung, sondern allein aufgrund von Verordnungen.

Nach dem Zusammenbruch des Dritten Reiches hat sich die deutsche Humangenetik und Anthropologie nur sehr langsam nach der Verstrickung in Eugenik und Rassenhygiene erholen können. Worin unterscheidet sich die heutige Humangenetik von der eugenischen Bewegung in der ersten Hälfte des 20. Jahrhunderts? Indem wir zunächst diese Frage untersuchen, wird uns die unterschiedliche wissenschaftliche und ethische Einstellung der heute tätigen Humangenetiker besonders klar werden können.

Die wissenschaftlichen Grundlagen der eugenischen Bewegung und damit die wissenschaftlichen Grundlagen des Gesetzes zur Verhütung erbkranken Nachwuchses waren, wie wir heute wissen, teilweise falsch (Schwinger et al. 1988). Die genetische Komponente bei zahlreichen Krankheiten, die zu einer Zwangssterilisation führen konnten, wurden bewußt oder unwissentlich stark überschätzt. So wurden z. B. für Psychosen, die Gruppe der Epilepsien, für die Alkoholkrankheit und angeborene Fehlbildungskomplexe monogene, das sind durch einzelne Gene bedingte Erbgänge angenommen und somit hohe Weitergaberisiken behauptet. Darüber hinaus wurde die Bedeutung spontaner Neumutationen wenig beachtet. Wir wissen heute, daß der Anteil spontaner Neumutationen an der Entstehung einzelner genetisch bedingter Erkrankungen bis zu 80% ausmachen kann. Die Beeinflussung der Gene in einer Bevölkerung ist daher, wenn dies angestrebt wird, bestenfalls eher über den Versuch der Veränderung der Neumutationsrate möglich als über eugenische Maßnahmen. Viel fundamentaler aber unterscheiden sich die ethischen Grundvorstellungen über genetische Beratung damals und heute. Nicht die Verbesserung des Genpools, sondern das individuelle Schicksal einer Familie kann und soll beeinflußt werden. Nicht ökonomische Aspekte stehen im Vordergrund, sondern der Versuch, individuelle Erkrankung zu vermeiden. Genetische Beratung heute ist absolut freiwillig, sie soll nicht-direktiv, d. h. wertneutral, ohne Tendenz und ohne Einfluß auf die Entscheidung erfolgen. Eventuelle Konsequenzen nach genetischer Beratung werden einzig und allein nach Aufklärung und Risikomitteilung durch den genetischen Berater von den ratsuchenden Partnern bestimmt (Pander und Schwinger, 1989). Da unterschiedliche Ehepartner bei gleicher Risikolage zu ganz unterschiedlichen Schlüssen gelangen können, kann genetische Beratung heute nicht durch ein Gesetz geregelt oder durch das Aufstellen von Indikationslisten bestimmt werden und insbesondere können die möglichen Konsequenzen nicht vorgeschrieben werden. Eine praktizierte Eugenik mußte zu Zwangsmaßnahmen führen und ist damit aus heutiger Sicht neben den falschen wissenschaftlichen Grundvoraussetzungen abzulehnen. Soweit mir bekannt, sind in allen westlichen Ländern frühere Gesetze mit eugenischer Zielsetzung aufgehoben.

Das Handeln des ärztlichen genetischen Beraters hat sich demnach am ärztlichen Standesethos zu orientieren, die Verschwiegenheit ist wegen der häufigen Familiarität des Krankheitsbildes besonders wichtig, die Freiwilligkeit und die Verpflichtung zur wahrheitsgemäßen aber auch einfühlsamen und schonenden Aufklärung leitet sich aus dem Gesagten ab. Der Respekt vor der Autonomie der Entscheidung der Ratsuchenden ist hohes Gebot (Schroeder-Kurth, 1985), auch wenn bei der Beurteilung des Schweregrades genetisch bedingter Krankheitsbilder unterschiedliche Ansichten bestehen können.

Man wird mit Recht fragen, wo sind da sittliche Normen, wo ist da Ethik erkennbar. Genetische Beratung ist freiwillig, der Arzt muß nur nach den Regeln der ärztlichen Kunst handeln und beraten und jede Konsequenz ist sowieso in die Entscheidung des Ratsuchenden übertragen. Besteht nicht die deutliche Gefahr, daß sich ärztliche Verantwortung und die Autonomie des Ratsuchenden unüberbrückbar gegenüberstehen?

Einige Beispiele mögen dokumentieren, daß solche Situationen in der Tat sehr schwierig sein können. Verständlicherweise sind Konsequenzen aus freiwilliger genetischer Beratung, wenn keine Schwangerschaft vorliegt, eher ohne Probleme. Es kann die unterschiedlichsten Gründe für Ehepartner geben, auf eigene Kinder verzichten zu wollen, darunter natürlich auch Gründe, die aus der Sorge um genetisch bedingte Risiken bei eigenen Kindern herrühren. Häufig findet genetische Beratung aber im Zusammenhang mit einer Schwangerschaft statt und nicht selten im Rahmen einer Pränataldiagnostik, bei der sich dann eine mögliche Konsequenz bei einer für die Ratsuchenden ungünstigen Aussage schnell abzeichnen kann.

Hierzu einige Beispiele:

1. Bei einer 37jährigen Frau wird in der 16. Schwangerschaftswoche durch den Gynäkologen Fruchtwasser zur kindlichen vorgeburtlichen Chromosomenanalyse zum Ausschluß einer schwerwiegenden Chromosomenstörung entnommen. Das bekannteste chromosomal verursachte Krankheitsbild ist das Down-Syndrom, oder wie man früher sagte der Mongolismus. Die Ursache dieser Störung ist Folge einer Triplikation eines Chromosoms 21. In der Vorstellung der Ratsuchenden geht es bei vorgeburtlicher Chromosomendarstellung primär um die Bestätigung, daß ein Down-Syndrom, welches mit zunehmendem mütterlichen Alter häufiger auftritt, ausgeschlossen wird. Nun werden aber in dem Kollektiv der älteren Schwangeren nicht nur schwere chromosomale Aberrationen gefunden, wie das eben erwähnte Down-Syndrom, sondern es gibt auch gehäuft geschlechtschromosomale Abweichungen, die nur eine leichte Risikoerhöhung für das heranwachsende Kind bedingen. So werden z. B. nicht selten überzählige X-Chromosomen bei männlichen und weibli-

chen Feten gefunden. Diese Chromosomenanomalien sind sehr gut als Klinefelter-Syndrom im männlichen Geschlecht und Triple-X-Syndrom bei der Frau bekannt. Während beim Klinefelter-Syndrom des Erwachsenen Infertilität und Hochwuchs obligat sind, gibt es bei der Frau mit 3 X-Chromosomen keine konstante pathognomonische Symptomatik. Die Intelligenzentwicklung scheint in beiden Fällen normal verteilt zu sein, wobei aber eine leichte Verschiebung der Verteilungskurve nach rechts, also zur Minderbegabung hin angenommen wird. Anders ausgedrückt, es gibt unter Trägern mit einem überzähligen X-Chromosom weniger Hochbegabte und mehr Minderbegabte. Diese Aussage wird bestätigt durch epidemiologische Untersuchungen. Während unter Neugeborenen ein überzähliges X-Chromosom bei Knaben und Mädchen je einmal auf ca. 600–1000 Geburten beobachtet wird, zeigen Reihenuntersuchungen unter minderbegabten Männern und Frauen diese Chromosomenanomalie in einer Frequenz zwischen 1–2%, welches einer Risikoerhöhung für Minderbegabung um den Faktor 6–20 entspricht.

Wenn nun ein solcher abnormer Chromosomensatz pränatal festgestellt wird, kann der genetische Berater den ratsuchenden Eheleuten nicht sagen, daß ein normaler Chromosomensatz bei dem heranwachsenden Kind vorliegt. Er wird die Eheleute zur Beratung einbestellen, ihnen die zu erwartende geringe klinische Symptomatik schildern und die Risikoerhöhung für Minderbegabung nicht verschweigen dürfen. Zahlreiche Ehepartner akzeptieren eine solche Risikoerhöhung für Minderbegabung, andere akzeptieren diese nicht und wünschen einen Schwangerschaftsabbruch.

Unabhängig von der religiös begründeten Diskussion um den Schwangerschaftsabbruch bei schwerer angeborener, nicht heilbarer Störung, schreibt der § 218 Abs. 2 Nr. 1 als Voraussetzung der Straffreiheit eines Schwangerschaftsabbruches bis zur 24. Schwangerschaftswoche vor, daß „dringende Gründe für die Annahme sprechen müssen, daß das Kind infolge einer Erbanlage oder schädlicher Einflüsse vor der Geburt an einer nicht behebbaren Schädigung seines Gesundheitszustandes leiden wird, die so schwer wiegt, daß von der Schwangeren die Fortsetzung der Schwangerschaft nicht verlangt werden kann". Die Kommentare sagen, daß die Art der Schädigung des Kindes ohne Bedeutung ist. Entscheidend ist allein, daß ein spezifisches Krankheitsbild und nicht lediglich eine Störung des allgemeinen Wohlbefindens diagnostizierbar sein muß und daß die Schädigung dieses Gesundheitszustandes nicht behebbar sein kann. Die dringenden Gründe werden dann angenommen, wenn eine 25%ige Wahrscheinlichkeit für die angeborene Störung besteht.

Zwei Bemerkungen in diesem Zusammenhang erscheinen mir außerordentlich wichtig: 1. Der Schwangerschaftsabbruch ist in einem solchen Fall nicht erlaubt, sondern er bleibt für den ausführenden Arzt nach besonderen Voraussetzungen straffrei. Dies ist sicherlich ein feiner Unterschied, der in der heutigen Zeit und in der Diskussion um den § 218 sehr verwischt worden ist. 2. Der Begriff einer kindlichen oder gar eugenischen Indikation für die Anwendung des § 218 Abs. 2 Nr. 1 ist absolut falsch und irreführend und hat immer wieder dazu geführt, daß Pränataldiagnostik mit Eugenik in Verbindung gebracht worden ist. Es sei noch einmal zitiert: „An einer nicht behebbaren Schädigung seines Gesundheitszustandes leiden würde, die so schwer wiegt, daß von der Schwangeren die Fortsetzung der Schwangerschaft nicht verlangt werden kann". Es liegt also nichts anderes als eine Notlagenindikation der Ehepartner vor, wobei die Notlage der Schwangeren in diesem Fall darin besteht, daß das heranwachsende Kind mit einer bestimmten Wahrscheinlichkeit nicht heilbar erkrankt sein wird. Diese auf die Schwangere bezogene Notlage wird auch im Fall des eben gebrachten Beispiels dazu benutzt, die rechtliche Begründung für einen Schwangerschaftsabbruch zu geben, auch wenn das Risiko für eine erhebliche geistige Behinderung des heranwachsenden Kindes mit überzähligem X-Chromosom nicht gravierend ist.

In solchen Fällen kann der genetische Berater Schwierigkeiten haben, die Autonomie der Ratsuchenden voll und ganz zu akzeptieren. Da auch nach Pränataldiagnostik mit normalem Chromosomensatz natürlich niemals sichergestellt ist, daß das heranwachsende Kind sich später geistig und psychisch normal entwickeln wird, erscheint mir persönlich eine Risikoerhöhung in dem hier geschilderten Ausmaß als Folge eines überzähligen X-Chromosoms im allgemeinen kein hinreichender Grund zu sein, über einen Schwangerschaftsabbruch nachzudenken. Aber, vor allem im Beginn der Pränataldiagnostik, sind auch einige durch unsere genetische Beratung betreute Schwangerschaften bei diesem Sachverhalt abgebrochen worden. Dies hat sich in den letzten Jahren geändert. Die pränatale Diagnostik von überzähligen X-Chromosomen mit nachfolgendem Austragen der Schwangerschaft und die genaue Verfolgung der Neugeborenen mit dieser Chromosomenanomalie über längere Jahre hat dazu geführt, daß heute genaue Entwicklungsprofile für Kinder mit dieser Chromosomenanomalie bekannt sind und eine genetische Beratung unter Einbeziehung dieser Kenntnis die Entscheidung zum Erhalt der Schwangerschaft erleichtern kann.

Ein anderes Beispiel:

Die Mukoviscidose ist die häufigste genetisch bedingte schwere Stoffwechselstörung in Mitteleuropa. Sie führt als Folge einer Dysfunktion exokriner Drüsen sehr häufig trotz der intensiven Behandlung der pulmonalen und intestinalen Störungen innerhalb der ersten 20 Lebensjahre zum Tode. Wenn ein Ehepaar ein Kind mit Mukoviscidose geboren hat, ist es seit einigen Jahren möglich, eine hinreichend sichere vorgeburtliche Diagnostik durch Enzymbestimmungen aus dem Fruchtwasser oder, in neuerer Zeit, durch DNA-Untersuchung kindlicher Zellen anzubieten. Während der überwiegende Anteil der betroffenen Eltern eine solche Pränataldiagnostik wünscht, zeigen, wie ich aus Diskussionen weiß, Pädiater dafür nicht immer Verständnis. Der Humangenetiker hat, seitdem eine hinreichend sichere Pränataldiagnostik möglich ist, weniger Probleme mit der Indikation zum Schwangerschaftsabbruch bei gesicherter homozygoter Anlageträgerschaft des heranwachsenden Kindes. Er respektiert hier die Autonomie der betroffenen ratsuchenden Eltern, die das Schicksal eines erkrankten Kindes als große psychische und pflegerische Belastung durchlebt haben und erfahren mußten, daß allen pflegerischen und therapeutischen Bemühungen Grenzen gesetzt sind. Der Humangenetiker geht z.Zt. nicht davon aus, daß es sich bei der Mukoviscidose um eine behandelbare Krankheit handelt. Es gibt sicherlich keinen Rechtsanspruch auf ein gesundes Kind. Aber ein Ehepaar mit einem mukoviscidosekranken Kind ist nicht nur durch die Aufzucht eines zweiten ebenfalls erkrankten Kindes möglicherweise trotz aller angebotenen Hilfen bald überlastet, sondern es hat den sicherlich begründeten und berechtigten Wunsch, ein Kind zu bekommen, das nicht an dieser schweren Krankheit leidet.

Diese beiden Beispiele mögen zeigen, daß, und dies sei noch einmal betont, unabhängig von der generellen Diskussion um einen Schwangerschaftsabbruch, eine ethische Problematik im Rahmen der Pränataldiagnostik dann entstehen kann, wenn es um die Frage geht, was ist normal und was ist nicht normal. Wie groß muß eine Risikoerhöhung für eine angeborene kindliche Störung sein, damit dieses zusätzliche Risiko für die werdende Mutter untragbar wird? Was ist eine angeborene Störung, was ist eine behandelbare Erkrankung? Wann ist eine angeborene Störung schwer? Alle diese Normierungen sind äußerst schwierig, in meinen Augen unmöglich. Insofern kann nur die individuelle Verarbeitung einer gegebenen Problematik nach eingehender genetischer Beratung durch die Ehepartner die einzig sinnvolle Leitlinie sein.

Eine völlig neue Problematik und eine völlig neue Diskussion um ethische Fragen ist auf die Humangenetik im Zusammenhang mit DNA-Technologien hinzugekommen. Wir wollen im Folgenden unter DNA-Technologie nur das verstehen, was damit gemeint ist, nämlich die Untersuchung und möglicherweise eine zukünftige Beeinflussung des menschlichen Genoms. Nichts oder nur indirekt etwas zu tun hat mit DNA-Technologie die Reproduktionsbiologie. Insofern werden ethische Fragen im Zusammenhang mit in vitro-Fertilisation oder von Klonierungsexperimenten und der homologen oder der heterologen Insemination hier nicht behandelt. Dieses wären Problemkreise, die vom Gynäkologen und Geburtshelfer bzw. Reproduktionsbiologen behandelt werden müßten. In der politischen, ethischen und juristischen Diskussion werden diese Gebiete, ja sogar die Pränataldiagnostik ständig durcheinander gebracht und miteinander vermischt, wodurch die Diskussion leider nicht klarer und einfacher wird.

Z.Zt. ist die molekularbiologische Forschung dabei, die Anatomie des menschlichen Genoms aufzuklären. So wie die Struktur des menschlichen Körpers, die Morphologie des Gehirns, die Feinstrukturen der Zellen vom Anatomen beschrieben wurde, wird heute die Anordnung der 4 Milliarden Basenpaare des menschlichen Genoms erarbeitet. Einzelne Gene sind bereits in ihrer Basensequenz erkannt und sind einer direkten Gendiagnostik zugänglich geworden, andere Gene können durch DNA-Markierer in ihrer unmittelbaren Nähe lokalisiert werden. Die Vererbung einzelner Gene innerhalb einer Familie kann durch solche Markierer bei einzelnen Anlageträgern verfolgt werden. Diese sogenannte indirekte Gen-Diagnostik hat bei einzelnen Krankheitsbildern bereits große Bedeutung gewonnen.

Hierzu ein Beispiel:

Die Muskeldystrophie Duchenne ist eine schwere Muskelerkrankung. Der Basisdefekt der Erkrankung scheint im Fehlen oder in verminderter Produktion eines Proteins, welches Dystrophin genannt wird, zu liegen. Der Erbgang ist wie bei der Bluterkrankheit geschlechtsgebunden rezessiv, d.h. die Krankheit wird durch Frauen, die zwei X-Chromosomen haben, übertragen. Das eine X-Chromosom mit dem gesunden Gen verhindert die Ausprägung einer Muskeldystrophie bei der Frau. Wird das X-Chromosom mit dem defekten Gen auf einen Knaben übertragen, dieser hat ja kein zweites X-Chromosom, sondern vom Vater das Y-Chromosom, bricht die Krankheit aus. Diese führt bereits im zweiten Lebensjahr zum Nachlassen der körperlichen Leistungsfähigkeit, die Kinder sind häufig früh an den Rollstuhl gebunden und nach einem häufig schweren Leidensweg tritt der Tod in der Regel innerhalb der ersten 20 Lebensjahre ein. Früher wurde im Fall der Anlageträgerschaft der Frau für diese Erkrankung eine vorgeburtliche Geschlechtsdiagnostik durchgeführt und sehr häufig auf Wunsch der Eltern bei männlichem Geschlecht die Schwangerschaft abgebrochen. Man wußte dabei, daß die Hälfte der Knaben das X-Chromosom mit dem normalen Gen der Mutter geerbt hatten und gesund gewesen wären. Heute kann nun mittels DNA-Analyse in fast allen Fällen bereits nach Chorion-zottenpunktion in der 9. Schwangerschaftswoche festgestellt werden, ob ein heranwachsender Knabe das X-Chromosom mit dem Duchenne-Gen ererbt hat, und nur in diesem Fall der angeborenen Krankheit kann die Schwangerschaft sehr früh abgebrochen werden. Dies ist ganz zweifellos ein enormer Fortschritt für die betroffenen Familien, die diese vorgeburtliche Diagnosemöglichkeit gerne annehmen und es entspringt für mein Empfinden schon eher einer chauvinistischen ethischen Haltung, in solchen Fällen Familien die Geburt eines kranken Kindes zuzumuten, wobei in den meisten Fällen die Familienangehörigen die Schwere der Krankheit kennen.

Nun gibt es innerhalb unserer Bevölkerung eine große Sorge um die Unheimlichkeit von DNA-Untersuchungen. Man hat Angst davor, daß immer mehr Merkmale eines Menschen erfaßt werden könnten und die Anlagen eines jeden Menschen analysiert und gespeichert würden. Insbesondere der verschwommene Begriff der „Genmanipulation" hat sich zu einem Reizbegriff entwickelt, Politiker aller Färbungen denken heute über rechtliche Vorschriften in diesem Zusammenhang nach. Verfolgen wir das eben erwähnte Beispiel der Muskeldystrophie Duchenne weiter.

Die allermeisten Eigenschaften des Menschen werden durch eine Vielzahl von zusammenwirkenden Genen ausgeprägt. Monogene, d.h. durch ein Gen vererbte Merkmale und Krankheiten sind selten; die Krankheit Muskeldystrophie Duchenne gehört dazu. Man könnte sich nun vorstellen, daß - wenn einmal die Basensequenz des Gens für die Muskeldystrophie Duchenne aufgeklärt ist - man versuchen könnte, eine Gentherapie durchzuführen. An diesem Punkt könnte sich einmal eine Genmanipulation, und nichts anderes würde eine solche Gentherapie sein, und Reproduktionsbiologie berühren. Denn eine

Gentherapie, von der man freilich überhaupt nicht weiß, wie sie funktionieren könnte, müßte das Erbgut einer Eizelle verändern, die dann nach in vitro-Fertilisation wieder zurückgeführt werden müßte. Es sei nochmals betont: Man befindet sich hier im Gebiet reinster Spekulation. Es ist bisher nicht gelungen und es zeichnet sich auch nicht ab, wie eine genetische Veränderung in einer Eizelle gezielt und funktionell richtig wirksam durchzuführen ist. Dennoch wird unsere öffentliche Diskussion um diese Frage von solchen futuristischen Phantasien gezeichnet. Sollte eine solche Gentherapie für angeborene schwere genetisch bedingte Erkrankungen einmal nebenwirkungsfrei möglich sein, könnte diese z. B. bei Muskeldystrophie Duchenne eine außerordentlich segensreiche Entwicklung einleiten. Wenn es gelingen würde, eine kausale Behandlung am Gen selbst durchzuführen, könnten Schwangerschaftsabbrüche wie zur Zeit durchgeführt, vermieden werden. Wer erlebt, wie schwer Schwangere an Schwangerschaftsabbrüchen tragen, nachdem eine Schädigung des heranwachsenden Kindes erkannt worden ist, weiß, daß eine primäre Prävention, nämlich in diesem Fall die Gentherapie selbst, ein hohes Ziel sein kann.

Wenn derzeit Gesetze in Vorbereitung sind, die jede Beeinflussung von Zellen einer Keimbahn prinzipiell verbieten, wird hier m. E. das Kind mit dem Bade ausgeschüttet und evtl. segensreiche Forschungen unterbunden. Es ist zu fragen, ob dies notwendig ist, weil - und hier sind wir wieder an dem Punkt der Grenzziehung - eine solche evtl. einmal denkbare Manipulation bei einer schweren Krankheit auch Manipulationen in anderen Bereichen ermöglichen könnten. Es muß noch einmal betont werden, daß es seltene und wenige Krankheiten sind, die monogen verursacht werden. Anlagen, wie z. B. Intelligenz, psychische Eigenschaften, Empfindsamkeit, Antrieb und Durchsetzungsvermögen werden durch eine Vielzahl von unbekannten Genen, und die Beeinflussung durch die Umwelt ausgeprägt. Selbst wenn einmal krankhafte Einzelgene technisch verändert werden könnten - man muß das „technisch" dabei immer wieder in Frage stellen - für eine Manipulation dieses komplexen Systems von vielen Genen und Umwelteinflüssen sind gar keine Anhaltspunkte erkennbar. Man muß ganz klar sehen: Es gibt heute sehr effiziente Manipulationsmöglichkeiten anderer Art. Wir haben das selber in unserer jüngsten politischen Vergangenheit erlebt und wir erleben es selbst durch Beeinflussung unserer Interessen und Verhaltensweisen. Es erscheint meiner Meinung nach müßig, ethische, biologische und rechtliche Fragen einer eventuellen Genmanipulation jetzt durch ein vielleicht ganz „schickes Gesetz" regeln zu wollen, um später Manipulationsmöglichkeiten generell zu unterbinden.

Es wurde eben am Beispiel der Muskeldystrophie Duchenne gezeigt, daß eine DNA-Diagnostik auch vorgeburtlich mit Hilfe dieser Technik nicht abzulehnen ist. Nun gibt es genetisch bedingte Erkrankungen, die als Folge einer autosomal dominanten Anlage in einem Stammbaum klar verfolgt werden können, die aber erst mit 30 oder 40 Jahren zu Störungen führen. Eine solche Erkrankung ist die Chorea Huntington, eine neurologisch und psychische Erkrankung mit Koordinationsstörung und geistigem Abbau. Eine andere Erkrankung mit spätem Einsetzen ist eine Form der polycystischen Nierendegeneration, bei der die Nierenfunktion eingeschränkt wird.

Es gibt für diese beiden Krankheiten eine relativ sichere indirekte Gendiagnostik, die Aussagen darüber machen kann, ob ein Mensch Anlageträger ist oder nicht und ob er im Laufe seines späteren Lebens an einer dieser Krankheiten leiden wird. Nun gibt es Ehepartner, die über das Krankheitsbild, den Erbgang und die späte Erstmanifestation der ersten klinischen Zeichen sehr exakt informiert sind. Wenn solche noch völlig gesunden Ehepartner eigene Kinder wünschen, hat der Anlageträger ein 50%iges Risiko, die Anlage weiterzugeben. Es gibt daher zahlreiche Ehepartner, die entweder auf eigene Kinder verzichten oder nach den Risiken für eigene Kinder fragen. Diese letzte Frage muß aber sofort umgestellt werden. Sie muß nämlich lauten: Ist der Ratsuchende Anlageträger, ohne daß er bereits Krankheitszeichen zeigt oder nicht? Wenn die 50%ige Wahrscheinlichkeit eingetreten ist, daß Anlageträgerschaft vorliegt, besteht auch für eigene Kinder wiederum ein 50%iges Risiko. Wenn die Anlage nicht ererbt wurde, haben auch die Kinder kein erhöhtes Risiko, später einmal an dieser Krankheit zu leiden. Insofern kommt es, wenn man in diesen Fällen eine Feststellung der Anlageträgerschaft betreibt, zu einer präsymptomatischen Diagnostik. Darf man so etwas? Darf man einem 20jährigen, der es wünscht, sagen, daß er so wie seine Mutter und sein Großvater an Chorea Huntingteon leiden wird? Wie groß ist die Suizidgefahr in solchen Fällen? Wie wird sich das Leben durch diese Aussage verändern? Welche psychologischen Hilfen können angeboten werden und gibt es überhaupt vernünftige psychologische Hilfe im Rahmen eines solchen Vorgehens?

Dies sind konkrete Fragen und Probleme, die im Zusammenhang mit der modernen DNA-Analytik entstanden sind und die innerhalb der Humangenetik, und innerhalb der einzelnen medizinischen Disziplinen sehr intensiv diskutiert werden. Schlüssige Antworten auf diese Fragen kann man z. Zt. nicht geben, man wird lernen, mit diesen Problemen umzugehen. Sicherlich wäre es falsch, wenn man z. Zt. sagen würde, eine präsymptomatische Diagnostik ist wegen der eben angeschnittenen Probleme zu verbieten. Auch hier kann wieder nur oberstes Gebot die Autonomie des Ratsuchenden sein. Was sicherlich nicht sein darf, ist die unwissentliche oder unfreiwillige Untersuchung eines möglichen Anlageträgers. Wenn aber ein möglicher Anlageträger nach voller Aufklärung und Stützung durch genetische Beratung diese Untersuchung wünscht, wird sie langfristig auch durchgeführt werden. Man wird aber fragen, geht die Entwicklung nicht viel schneller vorwärts als es vielleicht auch die heutigen Humangenetiker wollen? Geht nicht gerade jetzt mit positivem Tenor durch die Presse, daß in Neapel erstmals ein Mädchen aufgrund des bei Zeugung festgelegten Geschlechts geboren sei? Technisch sind solche Dinge machbar, wie andere Dinge machbar sein werden, ohne daß sie praktiziert werden dürfen. Die Deutsche Gesellschaft für Humangenetik und Anthropologie hat sich eine zentrale Ethikkommission geschaffen, in der solche Fragen diskutiert werden und die für Humangenetiker dieser Gesellschaft Empfehlungen erarbeitet. So hat sich diese Ethikkommission z. B. dahingehend geäußert, daß im Rahmen der frühen vorgeburtlichen Diagnostik das Geschlecht des heranwachsenden Kindes nicht sofort mitgeteilt wird, damit keine Geschlechtsselektion durch selektiven Abort betrieben werden kann. Es gibt wohl in der Bundesrepublik keinen Humangenetiker, der, wie in anderen Kulturkreisen durchaus üblich, die Grundlagen für einen solchen selektiven Abort mitteilen würde.

Die Reflexion über das eigene Tun und Handeln, die Diskussion innerhalb einer wissenschaftlichen Fachgesellschaft und die Diskussion mit der interessierten Öffentlichkeit ist heute offener und intensiver als früher. Die Humangenetik hat in den letzten beiden Jahrzehnten durch die Entwicklung und Einführung diagnostischer Verfahren den wissenschaftlichen Elfenbeinturm verlassen. Sie sucht die Diskussion mit der interessierten Öffentlichkeit und stellt sich diesen Fragen. Sie ist interessiert am Zusammenwirken unterschiedlicher Gruppen bei der Erarbeitung von sinnvollen Richtlinien.

Prof. Hartmann hat in seinem Beitrag gesagt, daß ein wirklichkeitsgerechter Ethikansatz in der Medizin der eines offenen Diskurses sei. Dies scheint auch für die Humangenetik zu gelten; eine praktische Ethik immer unvollständig, immer offen zur Modifikation und damit immer unbefriedigend.

Literatur

Müller-Hill B (1984) Tödliche Wissenschaft. Rowohlt

Pander H-J, Schwinger E (1989) Humangenetische Beratung - Keine Eugenik unter neuem Namen! Dtsch Ärzteblatt 17

Schröder-Kurth T (1985) Ethische Probleme in der Pränataldiagnostik. Med Ethik 16 (Sonderbeilage Ärzteblatt Baden-Württemberg 7)

Schwinger H, Pander H-J, Flatz G (1989) Eugenik - Gab es eine wissenschaftliche Begründung? Med Welt 39

Sprechen und Schreiben im ärztlichen Alltag: Ein Beitrag zum Umgang mit der Wahrheit in der Inneren Medizin und Psychotherapie

HUBERT FEIEREIS

Medicina soror philosophiae.
Tertullian

oder:
Die Sprache ist die einzige Chimäre,
deren Trugkraft ohne Ende ist.
Karl Kraus

Einleitung

Dem unaufhaltsamen Fortschritt in Diagnostik und Therapie durch überprüfbare Verfahren verdanken - unbestritten - täglich zahllose Menschen Besserung und Heilung ihrer Krankheit oder gar ihr Leben. Findet sich nun der gleiche fortschrittliche Standard auch in unserem Umgang mit den Kranken, in unseren Gesprächen über Diagnose und Therapie? Wem obliegt, abgesehen von bemerkenswerten systematischen Analysen von Visitengesprächen (Bliesener und Köhle 1986, Rosumek 1987), die Qualitätskontrolle der Wirkung und Nebenwirkung verbaler und averbaler Intervention? Bleibt nicht auch der Dialog zwischen Arzt und Patient mehr und mehr in der Nüchternheit der Vermittlung von Labordaten und apparativen Befunden stecken und läßt damit die Mühe und gelegentlich auch die Last differenzierter Empathie und Verständigung vermissen?

Nirgendwo als in den Möglichkeiten der Sprache und des Sprechens mit dem Patienten wird offenbarer, ob die körperliche Objektdimension ihr unveräußerliches Korrelat in der psychischen Subjektdimension findet, das heißt, ob der Kontakt des Arztes zu seinem Patienten innerhalb der zeitlich begrenzten Begegnung den notwendigen Anspruch erfüllt.

Zu den philosophisch-anthropologischen (Bergson 1907), medizinhistorischen, philosophisch-ethischen und juristischen Abschnitten zum Thema dieses Buches sollen in diesem Kapitel aus internistisch-psychosomatischer Sicht negativ erlebte Beispiele in den Mittelpunkt gestellt werden, um auf Fehlverhalten aufmerksam zu machen, Assoziationen anzuregen und Anstöße zu geben, die eigene Position im Dialog mit dem Kranken zu bedenken. Die Reflexionen über ärztliches Sprechen und Schreiben sollen sich dabei auf einige wichtige Eckpunkte konzentrieren.

Die geschrumpfte Anamnese

Galt in früheren Jahrzehnten die Anamnese als der wichtigste Schlüssel zur Diagnose vieler Krankheiten, so ist sie allmählich im klinischen und praktischen Alltag oft auf das Ritual einer raschen Sammlung stichwortartiger Informationen verkürzt worden. Der Versuch, den Patienten nicht nur punktuell, symptomorientiert kennenzulernen, sondern ebenso den möglichen biographischen, familiären und psychosozialen Bezug seines Leidens zu erfahren, scheint mehr und mehr Zeitzwängen, vielleicht eigener Abwehr, zum Opfer zu fallen. Trotz aller Bemühungen, auch für die Anamnese Hauptgütekriterien wie Objektivität, Reliabilität, Validität und Nebengütekriterien wie Normierung, Vergleichbarkeit, Ökonomie, Nützlichkeit (Schmidt und Keßler 1976) auf der einen und das Konzept einer „bio-psychosozialen" (Adler und Hemmeler 1986, v. Uexküll und Wesiack 1988) Durchdringung auf der anderen Seite zugrunde zu legen, erfährt der Patient den Arzt oft reduziert auf das Bild eines Organexperten, dessen gezielte Fragen nur mit „ja" oder „nein" zu beantworten sind.

Anamnese = Erinnerung an etwas Vergangenes, das in die Gegenwart reicht, an Empfindungen und Gefühle, an eigene Vorstellungen über die veränderten körperlichen Vorgänge und damit verbundene psychische Resonanz („autoplastisches Krankheitsbild", Goldscheider) wird um so weniger ein Bestandteil des anamnestischen Dialoges, je „objektiver" der Befund erscheint und je umfangreicher die diagnostischen Möglichkeiten werden. Anamnese ist hingegen dennoch eines der wertvollsten Instrumente, nicht nur für die Analyse der Entstehung und Entwicklung und für die Diagnose der Krankheit, sondern ebenso auch für die Aufhellung der Vielfalt affektiver, psychosozialer und emotionaler Auswirkungen, vergleichbar einem bildgebenden Verfahren im umfassenden Sinne des Wortes. Ist gleichsam dieser erste Knopf in der Bindung zwischen Arzt und Patient schon falsch geknöpft, so sind weitere Störungen und Fehler in dieser Beziehung programmiert.

Dialog mit dem Patienten über die Diagnose

Das Gespräch mit dem Patienten über die festgestellten Befunde und somit über die Diagnose kann Mängel aufweisen, wie die nachfolgenden Beispiele deutlich machen sollen.

Diagnose ohne Untersuchung

Beobachtung 1

20j. Kosmetikerin B. C., bekommt am Ende ihrer Ferien in Spanien Schmerzen im Leib, schließlich Durchfälle mit Schleim und etwas Blut. Da auch nach ihrer Rückkehr eine symptomatische Therapie unwirksam bleibt, wird sie zu einer Spiegeluntersuchung überwiesen. Sie vermag ihre Beschwerden nur knapp zu schildern, erhält einen Untersuchungstermin und gleichzeitig eine Informationsschrift mit der Bemerkung: „Sie haben eine Colitis ulcerosa." Zu Hause liest sie darin: „Einmal Colitis, immer Colitis" und „die Colitis ulcerosa ist eine chronische Krankheit, dies besagt, daß sie einen lebenslangen Verlauf nehmen und immer wieder in Schüben auftreten wird." Voller Ängste denkt sie an Suizid angesichts der Vorstellung, nie wieder gesund zu werden.

Verunsicherung durch die scheinbare Diagnose

Beobachtung 2

38j. Handwerker L. I., seit 7 J. Kreislaufbeschwerden mit Schwindel und Schwächeanfällen, seit 2½ J. sehr verstärkt; seitdem Einnahme von Adumbran®, bis zu 3 Tabletten täglich. Überweisung zu uns mit der Frage einer Therapie des hyperkinetischen Herzsyndroms mit herzphobischer Entwicklung, bereits seit 6 Monaten arbeitsunfähig krank, „kann mich nicht mehr auf den Füßen halten". Klagen über Schmerzen, besonders in der linken Seite, mehrfach eingehende kardiologische Diagnostik und 5 Wochen stationäre Untersuchung und Behandlung in auswärtigem Krankenhaus. Bei der Ultraschalluntersuchung sagt man ihm, daß ein Erguß im Herzbeutel vorliege, bei einer weiteren Untersuchung, daß er nichts Krankhaftes am Herzen habe. Der Patient ist irritiert, von seiner Herzkrankheit nunmehr um so mehr überzeugt, erst recht, als bei der Entlassung aus dem Krankenhaus der Rat gegeben wird, mit dem Hausarzt zu besprechen, ob er wieder arbeiten oder die Rente einreichen solle.

Überinterpretation eines Befundes

Beobachtung 3

57j. Angestellter I. Qu., leidet seit vielen Jahren unter anfallsartig auftretendem Vorhofflimmern mit absoluter Kammerarrhythmie, ferner unter wechselnd häufig eintretenden Extrasystolen, schließlich unter Engegefühl in der Herzgegend und zunehmenden Ängsten mit verminderter Leistungsfähigkeit. „Die Geschichte zieht sich durch mein ganzes Leben und hat mir sehr geschadet." Daher sei er während der letzten Jahre auch arbeitslos gewesen, „Hausmann, meine Frau ist berufstätig". Nach einer AB-Maßnahme hofft der Patient jetzt, die vorzeitige Altersrente zu erhalten.

Bisher ist noch niemals eine eingehende biographische Anamnese erhoben worden. In ihr ließen sich aber viele Hinweise auf eine neurotische Entwicklung mit ausgeprägter Differenz zwischen hohem Leistungsanspruch und häufigem Versagen finden.

Wiederholte klinisch-kardiologische Untersuchungen ergaben jeweils keinen organpathologischen Befund; röntgenologisch geringe Linksverbreiterung des Herzens. Der Anlaß, nunmehr psychotherapeutische Hilfe zu suchen, war die Bemerkung eines Arztes, zu dem der Patient wegen einer Röntgenuntersuchung des Herzens geschickt worden war: „Sie sind ja ein ganz schön kranker Mann." Fortan zweifelt er an allen bisher gestellten Diagnosen, die Herzängste steigerten sich zu panikartigen Anfällen.

Beobachtung 4
45j. Sekretärin D. O., leidet unter Rückenschmerzen, besonders beim Bücken, ferner unter diffusen Leibschmerzen. Organisch kein pathologischer Befund, jedoch zeigte sich im Computertomogramm „eine unterschiedliche Ausbildung der unteren Lendenwirbel". Der Radiologe meint, es sei angeboren, die Beschwerden hätten schon mit 30 J. beginnen können. „Sie werden niemand finden, der darangeht; die Nerven sind wie im Schraubstock; vielleicht lassen Sie es mal besprechen." Der Orthopäde habe die Hände über dem Kopf zusammengeschlagen mit dem Bemerken: „Wie sieht die Wirbelsäule aus; nun haben Sie auch noch einen Wirbel mehr, Sie Ärmste!"

Die Patientin bekommt Ängste, zittert, erhält Adumbran®, danach Lexotanil® und fürchtet, abhängig zu werden.

Beobachtung 5
26j. Verkäuferin T. V., seit 5 J. unterschiedlich starker Schwindel, so daß sie schließlich nicht mehr aus dem Hause gehen kann. Sie wechselt viermal die Arbeitsstelle, da sie immer wieder längere Zeit krank geschrieben wird. Aus Angst, hinzustürzen, bewegt sie sich nur noch vorsichtig innerhalb der Wohnung, dennoch muß wiederholt der Notarzt gerufen werden. Trotz aller Bestätigung, organisch gesund zu sein, und psychischer Behandlungen bleiben die Ängste bestehen.

Bei erneuter kardiologischer Untersuchung wird „im Ultraschall eine Bindegewebsschwäche am Herzen" festgestellt und ihr bedeutet, daß dieser Prolaps unbedeutend sei. Als ein anderer Arzt den Befund liest, sagt er ihr: „Da ist ja ein Herzfehler, die Beschwerden können davon kommen." „Da dachte ich, da braucht man nicht mehr weiterzuleben; seitdem verfluche ich jeden Tag, an dem ich aufwache, am liebsten wäre ich tot."

Fragmentarischer und leichtfertiger Dialog

Beobachtung 6
49j. Hausfrau B. O., leidet seit vielen Jahren unter Kopfschmerzen, deshalb schon mit 13 J. erste Behandlung. Seit 15 J. habe sie Thomapyrin® genommen, zuletzt 10–12 täglich (!), „alles andere hat mir nicht geholfen, ich bin süchtig nach diesen Dingern". Wegen eines Nierenbefundes seien ihr die Tabletten verboten worden. Man sagte ihr nach der Untersuchung: „Lassen Sie mal schön die Tabletten weg." „Ich fragte mich aber, was mache ich dann. Dazu erfuhr ich nichts."

Beobachtung 7
35j. Sozialarbeiterin C. D., seit 2 J. leichte chronisch rezidivierende Dickdarmentzündung. Anläßlich einer Untersuchung sagt der behandelnde Arzt: „Jetzt machen wir eine Blutprobe, und dann werden wir sehen, wie weit die Entzündung ist, wieviel Zeit uns noch bleibt.“ Als die Patientin fragt, was er damit meine, antwortet er: „Ja, eventuell künstlicher Darmausgang.“ „Seitdem bin ich genervt und weiß nicht mehr aus noch ein und wem ich noch vertrauen soll.“

Der bagatellisierende Dialog

Beobachtung 8
39j. Lastwagenfahrer W. W., leidet an einer leichten labilen arteriellen Blutdruckerhöhung und zeitweise auftretenden Extraschlägen des Herzens, die zu panischen Ängsten führen, tot umzufallen. Schließlich wagt er sich nicht mehr aus dem Hause. Er ist krank geschrieben und nimmt 4–6 × 1 Tablette Bromazepam 6 mg (Lexotanil®)! In einem Kreiskrankenhaus wird er gründlich untersucht und zur Anfertigung eines Echokardiogramms ambulant in eine kardiologische Spezialklinik geschickt. Dort sagt man ihm: „Was wollen Sie, Sie sind kerngesund und können Leistungssport treiben!“ Der Patient reagiert erregt, fühlt sich nicht ernstgenommen, hyperventiliert und denkt an Suizid.

Beobachtung 9
47j. Hausfrau F. N., leidet seit mehreren Jahren unter Kopfschmerzen, Rükkenschmerzen infolge einer Verschleißkrankheit der Wirbelsäule und depressiven Verstimmungen. Als die Beschwerden erneut stärker werden, geht sie zu ihrem behandelnden Hausarzt. Das Ergebnis des Besuches ist für sie sehr unbefriedigend: „Der Hausarzt meinte, ich sei nicht behandlungsbedürftig, er gab mir Tropfen und bedeutete mir, daß er kränkere Patienten habe. Ich fragte ihn, was er von einem Check-up hielte, er sagte, es sei Geldschneiderei. ‚Was wollen Sie eigentlich, wollen Sie alt werden? Wollen Sie Tropfen?‘ Ja, sagte ich, aber ich fand die Frage schon so dumm.“ Als die Patientin dies schildert, muß sie heftig weinen.

Die destruktive Information

Beobachtung 10
42j. Beamtin I. C., seit 8 J. geschwürige Dickdarmentzündung. Mehrere stationäre Untersuchungen und Behandlungen; Heilverfahren vor einem Jahr in einer psychosomatischen Kurklinik. In einem der Einzeltherapiegespräche habe ihr der Therapeut gesagt: „Sie werden wahrscheinlich immer eine Dickdarmentzündung haben, so wie Sie denken und fühlen.“ Seitdem mache sie sich große Sorgen und habe oft Angst; sie verstehe das alles nicht, um so weniger,

als sie nunmehr seit 6 Monaten keine Spur Blut mehr im Stuhl sehe und keine Tabletten einnehme. Sie frage sich, ob eine Verbindung zwischen der Äußerung des Therapeuten und einer Empfehlung während einer Behandlung 3 J. vorher bestehe, als ihr gesagt wurde, sie solle sich alle 2 Jahre den Darm spiegeln lassen, wenn sie verantwortungsbewußt sei.

Beobachtung 11

38j. Hausfrau E. J., Untersuchung wegen des zweiten Schubes einer leichten Dickdarmentzündung. Der Hausarzt schickt sie ins Krankenhaus. „Dort hatte ich am ersten Tag eine Unterredung mit dem Stationsarzt, der das Übliche fragte und gleichzeitig ohne nähere Untersuchung eine Operation in Aussicht stellte. Durch diese Unterredung war ich schockiert. Am nächsten Tag wurde mir ein zentraler Venenkatheter gelegt, durch den ich Blutübertragungen erhielt. Bei der Visite teilte man mir mit, daß eine Operation notwendig werde, weil der Dickdarm überall entzündet sei und eine Besserung sich nicht mehr einstellen würde. Weiterhin wurde ich darauf hingewiesen, daß die Gefahr, Krebs zu bekommen, sonst viel größer werde. Auf meinen Einwand, daß ich 3 Jahre keine Entzündung hatte, meinte man, die Entzündung sei unterschwellig vorhanden gewesen, und man wolle mir nur helfen.

Bei den folgenden Visiten erzählten mir die Ärzte, daß es besser wäre, mich operieren zu lassen. Jeder hatte eine andere Version: Mein Darm wäre wie ein Wasserschlauch, ich könnte verbluten oder Krebs bekommen."

Beobachtung 12

63j. leitende Angestellte V. C., Schmerzen wegen Entkalkung der Wirbelsäule in Verbindung mit Verschleiß der Wirbelkörper und Bandscheiben bei angeborener Verbiegung der Wirbelsäule. Von dem Praxisvertreter ihres behandelnden Orthopäden erfährt sie eines Tages: „Sie müssen dringend ein Stützkorsett tragen, irgendwann müssen Sie auch evtl. unters Messer, ja, die Wirbelsäule sieht ja auch ganz schlimm aus, Sie werden ein Leben lang Schmerzen haben; Sie müssen sich vorstellen, ein Kind setzt Bauklötze aufeinander; diese sind auch nicht gerade, sondern verschoben, kommt ein Windhauch, fällt der Turm um. So müssen Sie sich Ihre Wirbelkörper vorstellen, die können sich auch verschieben. Daher ist das Stützkorsett notwendig." Und ein anderes Mal: „Was wollen Sie, es ist altersbedingt."

Beobachtung 13

45j. Hausfrau C. T., leidet unter Kopfschmerzen bei labilem Bluthochdruck. Sie wird deshalb mit einer Reihe von Tabletten hausärztlich behandelt, dennoch tritt keine wesentliche Besserung ein. Auf ihre wiederholten Klagen und die enttäuschten Hoffnungen auf eine Besserung sagt ihr der Arzt: „Ich hatte einen Infarkt und leide auch unter hohem Blutdruck und Kopfschmerzen; damit müssen Sie leben."

Beobachtung 14
54j. Hausfrau M. C., regelmäßige physikalische und medikamentöse Behandlung wegen verschiedener Verschleißzeichen an einzelnen Gelenken. Die Patientin ist besorgt hierüber; sie hat von Bekannten erfahren, daß die Gelenkveränderungen rasch schlimmer werden könnten, besonders, wenn sie entzündlicher Art seien. Sie äußert hierzu ihre Sorge dem Arzt gegenüber, der ihr antwortet: „Ja, das kann bis zur Steifheit gehen."

Beobachtung 15
40j. Juristin B. U., leidet unter verschiedenen funktionellen Körperstörungen, besonders Anfällen von Herzrasen. Deshalb wird sie mehrfach untersucht; schließlich sagt man ihr, sie solle sich alle 6 Monate kontrollieren lassen, die rechte Herzkammer sei nicht richtig durchblutet, man sehe das im Ekg, sie habe ein typisches Managerherz! „Da traute ich mich nicht mehr über die Straße, ich hatte das Gefühl, du kommst nicht mehr nach Hause. Ich dachte, wenn es so rast, macht es mal peng, und dann ist es aus."

Beobachtung 16
30j. Beamter K. C., verspürt Stiche in der Herzgegend, die er bisher noch nie hatte. Da sie so heftig sind, daß er denkt, sterben zu müssen, ruft man den Notarzt, der ein Beruhigungsmittel spritzt. Am anderen Tage wird er vom Hausarzt untersucht. Dieser nimmt eine Angina pectoris an und erläutert ihm hierzu: „Mein jüngster Herzinfarkt-Patient ist erst 39 Jahre alt, da brauchen Sie sich keine Sorgen zu machen. Sie gehören mit 30 Jahren noch nicht dazu. Sie können keinen haben." Der Patient grübelt seitdem oft darüber nach, daß er höchstens noch einige Jahre zu leben habe.

Beunruhigende Information

Beobachtung 17
24j. Angestellte B. L., die wegen einer Achselvenenthrombose behandelt wird, erhält die Information, daß die Gefahr einer Lungenembolie bestünde. Die Patientin, die seit dem 11. Lebensjahr unter anfallsartig auftretenden Ängsten leidet, erlebt unter dieser Vorstellung akuter Bedrohung und Lebensgefahr einen Rückfall in schwere Ängste mit Kloßgefühl im Hals, Herzrasen, Schweißausbruch und Schlafstörung. Schließlich „unerträgliche Todesangst", so daß sie nicht einmal mehr das Bett verlassen möchte. Im Laufe der Psychotherapie hebt die Patientin hervor, daß es ihr viel lieber gewesen wäre, „nicht aufgeklärt" worden zu sein, weil sie ohnehin mit ihren Ängsten genug zu tun habe.

Beobachtung 18
48j. Beamter O. T., hatte eine Herzkranzaderoperation (Bypass).
Als Kind schon Ängste und „Minderwertigkeitskomplexe", in der weiteren Le-

bensentwicklung dominieren „meine depressive Veranlagung, mein Pessimismus, das Unsicherheitsgefühl, die Furcht vor Versagen". Die koronare Herzkrankheit verstärkt diese Symptomatik, schließlich entwickelt sich ein hypochondrisch-depressives, herzphobisches Bild, so daß die Herztherapie um die Psychotherapie erweitert wird.

Nach eingetretener Besserung erneut tagelang Ängste und Befürchtungen vor der unaufhaltsamen Verschlechterung des objektiv voll kompensierten Herzleidens, als bei der kardiologischen Konsiliaruntersuchung durch einen Arzt, der den Patienten nicht näher kannte, beiläufig die Worte fallen: „Das letzte Mal war die Ausgangslage besser."

Beobachtung 19
47j. Hausfrau S. J., erkrankt an einem Infekt mit 40 Grad Fieber. Der untersuchende Arzt vermutet eine Lungenentzündung in Verbindung mit dem Infekt und äußert: „In Amerika sind schon eine ganze Reihe Leute an der Grippe gestorben."

Beobachtung 20
35j. Angestellter E. S., seit vielen Jahren häufig Ängste. „Ich bin bei vielen Internisten und Neurologen gewesen. Ein Internist sah in die Augen und sagte dabei: ‚Aha, da haben wir es schon, die rechte Niere funktioniert nicht.' Er gab Tropfen verschiedener Art und Tabletten. Ein anderer Internist stellte ‚einen zweiten Blutdruckwert zu hoch fest, 100 oder 105 sogar'."

Beobachtung 21
36j. Verkäuferin A. T., verspürt seit einiger Zeit ein Stolpern des Herzens, mitunter setze das Herz aus. Der Vater verstarb an einer Gefäßkrankheit, die Mutter leidet unter Kreislaufstörungen bei labilem Bluthochdruck. Der Arzt untersucht sie und schreibt ein Ekg, das er noch während der Untersuchung kommentiert: „Na, so eine junge Frau und solche Rhythmusstörungen, wie soll das nur werden!"

Beobachtung 22
56j. Lehrerin H. U., früher Behandlung wegen einer Herzangstkrankheit. Nunmehr wird eine Schwellung des Eierstockes festgestellt und auch im Computertomogramm bestätigt. Das diagnostische Gespräch beschränkt sich auf einen einzigen Satz: „Wenn ich Genauigkeitsfanatiker wäre, so würde ich aufmachen. Aber was soll es, wenn es harmlos ist, so ist es nicht nötig, wenn aber ein Krebs, so ist der Zug abgefahren."

Dem Patienten unterschlagene Diagnose

Beobachtung 23
36j. Beamter P. B., seit 14 J. Entzündung des Darmes (M. Crohn), deshalb dreimal Operation wegen eines Darmverschlusses und einer Bauchfellentzündung, vor 9 J. Anlage einer neuen Verbindung zwischen Dünn- und Dickdarm. Vor einem Jahr Feststellung eines Rückfalls, erneut Darmoperation wegen einer Verengung. Der Patient kommt jetzt wegen Leibbeschwerden zu uns, außerdem „komme ich mit mir und der Umwelt nicht mehr zurecht". Er müsse oft darüber nachdenken, warum er erst 1983, d.h. 8 J. nach der gestellten Diagnose, erfahren habe, an welcher Krankheit er leide: „Ich wußte nicht, daß bei mir eine chronische Entzündung des Darmes besteht. Als ich eine Analfistel hatte, sagte man es mir, es warf mich um."

Allen angeführten Beobachtungen gemeinsam ist, daß durch Mängel oder die Art der Mitteilung der Diagnose nachteilige Prozesse im Patienten freigesetzt werden: Verunsicherungen, Ratlosigkeit, Verzagtheit, Ängste bis zum Gedanken an Suizid. Es entstehen Zweifel an der Kompetenz ärztlicher Beratung. Der Patient wird nicht - wie es sein sollte - in seiner Not gestützt, sondern allein gelassen, wodurch sich sein Leidensgefühl vertieft.

Mitunter werden auch die Gefühle des Patienten vergessen über dem narzißtischen Bedürfnis des mit der Untersuchung befaßten Arztes wie im nächsten Beispiel:

Der Stolz über die Diagnose

Beobachtung 24
44j. Hausfrau L. P., Behandlung wegen reaktiver depressiver Verstimmung nach Operation der Hirnanhangsdrüse und der Nebenhöhlen. Über die im Röntgenbild erkennbare Vergrößerung der Hirnanhangsdrüse ist mit ihr zunächst nicht gesprochen worden. Man hält eine magnetresonanztomographische Untersuchung für notwendig. „Der untersuchende Arzt sagt mir voller Stolz: ‚Sind die Bilder nicht phantastisch geworden? Hier sitzt das weiße Ei, sehen Sie, wie schön der Tumor darauf zu sehen ist!'"

Er wußte nicht, daß die Patientin zum ersten Mal erfuhr, daß sie einen Tumor hat.

Fehlerhafte Bewertung eines Einzelbefundes im Dialog

Die Diagnose vieler Krankheiten setzt sich oft aus einer Summe von Einzelbefunden zusammen, die aus verschiedenen Fachgebieten und Teilgebieten stammen, d.h., von Spezialisten erhoben werden. Es bleibt nicht aus, daß bereits der Einzelbefund direkt dem Patienten kommentiert wird, in Unkenntnis weiterer Untersuchungsergebnisse, die erst eine synoptische Beurteilung ermöglichen.

Das zu kleine Gehirn im kranialen Computertomogramm

Beobachtung 25
30j. Handwerker C. U., seit der Kindheit Kopfschmerzen, deshalb etwa einmal in der Woche Einnahme von 7 Tabletten Thomapyrin®. Die Schmerzen bestehen nicht in der Arbeitszeit, sondern vor allem abends und am Wochenende, „besonders, wenn ich länger geschlafen habe". Der Patient möchte die Tabletten loswerden, daher eingehende neurologische Untersuchung. Als Ergebnis wird ihm mitgeteilt: „Es ist das Gehirn eines Fünfzigjährigen, von der Größe her, also der Leerraum ist gleichzusetzen einem Fünfzigjährigen, aber kein Tumor und keine Mißbildung, nur zu klein." Der Patient ist sehr beunruhigt, ratlos, verängstigt, „weil mir das gesagt wurde: aber kein Tumor." Er fragt sich, ob er nun mit einem vorzeitigen Greisenalter rechnen müsse und noch weiter arbeiten dürfe.

Beharren auf irrtümlicher Diagnose

Beobachtung 26
44j. Hausfrau S. M., vor 9 J. wegen Oberbauchbeschwerden Ultraschalluntersuchung: Feststellung eines „diffusen Leberparenchymschadens im Sinne einer überwiegenden Bindegewebsvermehrung". Bei der Bauchspiegelung stellt man eine „klein-mittelknotige Lebercirrhose" fest, histologisch „mäßige Lipofuszinose und Sternzellsiderose. Für Hepatitis oder Cirrhose kein Anhalt". Auch Laborbefunde o.B. Dennoch wird abschließend eine stationäre Lebercirrhose ohne Aktivitätszeichen schriftlich dokumentiert und auf die seit 15 J. anamnestisch angegebenen Spidernaevi hingewiesen. Bei der Entlassung aus dem Krankenhaus erfährt die Patientin, daß sie eine Lebercirrhose habe, unheilbar krank sei; die Lebenszeit betrage noch etwa 10 Jahre.

Bei stationärer Kontrolle 6 J. später in auswärtigem Krankenhaus laparoskopisch „Kapselfibrose, histologisch kein sicherer pathologischer Befund". Dennoch beobachtet sich die Patientin weiterhin ängstlich, vor allem die Hautsymptome, „das Zeichen für mein nahendes Ende, ich glaube nicht, daß ich keine Cirrhose habe". Die Patientin ist depressiv und antriebslos, verzweifelt, mehrere Arbeitsversuche werden nach wenigen Tagen abgebrochen; der Hausarzt schreibt sie seit 9 Jahren weiterhin krank.

Auch diese beiden Verläufe zeigen die fatale Auswirkung einer unvollständigen bzw. irrtümlichen Diagnose auf den Patienten, der unnötig in Verzweiflung und Hoffnungslosigkeit gestürzt wird.

Der konsiliarische Dialog

Viele, vor allem apparative und instrumentelle Untersuchungen der Patienten geschehen heutzutage durch eine Gruppe von Ärzten, sei es, weil die Schwierigkeit der Diagnose es erforderlich macht oder aus Gründen der Weiter- und Fortbildung. Der Untersuchungsgang und die während der Untersuchung erkennbaren Befunde lösen dann in Gegenwart des Patienten einen Fachdialog aus, der von diesem falsch interpretiert werden kann.

„Brennpunkte" möglicher Mißverständnisse und Fehldeutungen durch den Patienten sind z. B. Ultraschalluntersuchungen, Spiegeluntersuchungen und die verschiedenen Formen der Funktionsdiagnostik.

Auch die klassische Form des konsiliarischen Gesprächs, nämlich die Visite am Krankenbett, bietet Fallstricke durch Angst erzeugende und Vertrauen unterminierende Dialoge, worauf wiederholt und eingehend hingewiesen worden ist (Bliesener und Köhle 1986, Engelhardt et al. 1973, Geisler 1987).

Beobachtung 27

31j. Lehrer O. T., wird eingehend internistisch untersucht. Er schildert, wie die Ärzte bei einer Visite über die Schwankungen eines Laborwertes diskutieren. Schließlich erwähnt jemand, daß diese Proben in verschiedenen Laboratorien untersucht wurden und den Ergebnissen unterschiedliche Meßeinheiten zugrunde liegen, ohne daß dies im Protokoll vermerkt worden ist.

Der Patient nimmt diese Erörterung nicht nur voller Mißtrauen wahr und empfindet sie als beängstigend, sondern er macht sich auch Gedanken über mögliche Folgen solcher Fehler bei anderen Patienten.

So manches im konsiliarischen Dialog unbedacht ausgesprochene und bei dem Patienten haftengebliebene Wort erzeugt psychisch belastende Reaktionen, die je nach der Grundstruktur des Patienten lange anhalten können.

Die „Wahrheit" im Angesichte lebensbedrohender Krankheit

„Aufklärung kann niemals das Durchbrechen aller Dämme und Schutzwälle bedeuten, die der Mensch gerade dann braucht, wenn er mit der Aussicht auf den nahen Tod konfrontiert wird. Die Schutzwälle der Hoffnung, der Hilfsbereitschaft und der Zuwendung müssen unter allen Umständen erhalten bleiben" (Geisler 1987).

Wir haben uns weit davon entfernt, Kranke als unmündige Menschen behandeln zu wollen, die ihre Krankheit nichts angeht, wie es Thomas Mann im „Zauberberg“, Solchinizyn in seiner „Krebsstation“ und besonders Tolstoi in seiner Erzählung „Der Tod des Ivan Iljitsch“ beschrieben haben. Von vielen Autoren wird hervorgehoben, daß, im Gegensatz zu früherer Zeit, dem Patienten die uneingeschränkte Wahrheit über die zugrunde liegende, lebensbedrohende oder prognostisch infauste Tumorkrankheit mitzuteilen sei. Hierfür werden gewichtige Gründe (Glaus und Senn 1988, Köhle et al. 1986, Raspe 1982, Reimer 1985, Senn 1985) genannt, z. B. der, den Patienten nicht um wertvolle Lebenszeit zu betrügen.

Gibt es aber nicht gerade hier Barrieren psychischer und sprachlicher Art, die nicht blindlings übersprungen werden sollten, wollte man nicht in einem humanitätsfernen Formalismus erstarren? Besteht wirklich kein Zweifel an der Diagnose? In welcher Verfassung ist der Patient? Werden seine prämorbide und psychische Belastbarkeit und auch seine Einstellung zu Grundfragen menschlichen Lebens - Glauben, Hoffnung, Tod - genügend berücksichtigt? Und gilt Gleiches nicht auch für den Arzt? Muß er nicht eine vom Patienten signalisierte Abwehr gelten lassen, als Vorgang in seiner Seele betrachten und nicht als psychischen Defekt, sondern als Schutzreaktion auslegen, die es ihm ermöglicht, gegen Todesfurcht Hoffnung zu setzen, so daß „Todesfurcht nicht das letzte Wort sein muß“ (Fetscher 1988)? Dieser Abwehrvorgang kann so eine „unverzichtbare Hilfe für die Bewältigung einer sonst kaum erträglichen Realität“ (Geisler 1987) sein, durch die ihm das Wissen, sterben zu müssen, erleichtert wird (Ansohn 1969, Buchborn 1981, Eisenmann 1985, Eisenmann 1985, Feiereis 1980, Hoff 1969, Hoff 1976, Jantschek und Feiereis 1987, Mangold 1985). Häufig stehen zwei unterschiedliche Bewußtheiten nebeneinander: Die eine, sterben zu müssen, die andere, noch immer Hoffnung zu haben und diese auch zum Beispiel Angehörigen zu vermitteln. Geisler (1987) spricht in diesem Zusammenhang von einer psychischen „doppelten Buchführung“.

Was ist dem Patienten und seiner Lebenserwartung dienlicher: Aufklärung um jeden Preis mit der Gefahr der Unterminierung seiner Abwehrkräfte oder aber einfühlend auf seine Signale zu reagieren und sich danach zu verhalten - nachdem die Forderung nach schonungsloser Aufklärung des Patienten in der höchstrichterlichen Rechtsprechung sowieso eine Legende ist (Ankermann 1987)?

„Es gehört zu den sensibelsten Zonen der Krankenführung, hier das richtige Maß zu finden“ (Bünte 1988) und auf dem schmalen Grat zwischen „produktiver Lüge und destruktiver Wahrheit“ (Thielicke 1988) zur rechten Zeit das richtige Wort zu sprechen oder - anders ausgedrückt - unter „Aufklärung des Schwerkranken“ ein Angebot zwischen uneingeschränkter und eingeschränkter Information zu verstehen (v. Engelhardt 1987) und bei drohendem oder eingetretenem Verlust der psychischen und körperlichen Integrität des Patienten mit daraus resultierenden Realängsten, Sterbens- und Todesängsten, ebenso aktualisierten neurotischen Ängsten angemessen zu handeln (Bron 1987). Abwägendes Sprechen und evtl. auch Schweigen innerhalb der drei Dimensionen Informationsgehalt, Patientenzentriertheit und emotionale Wärme (Glaus und Senn 1988) sind ein Maßstab für die Dignität ärztlich-ethischen Verhaltens, der nicht hoch genug angesetzt werden kann.

Wie sich „falsche“ ärztliche „Wahrheiten“ auf den Patienten auswirken können, zeigen die nächsten Beispiele:

Eine „Augendiagnose“, der vermeintlich bösartige Tumor und der unvollständig gebliebene Dialog

Beobachtung 28

24j. Architektin M. G., leidet unter rezidivierenden depressiven Verstimmungen, die schon im jungen Erwachsenenalter aufgetreten sind. Sie beruhen auf häufigen Selbstwertkrisen infolge weit in die frühe Kindheit zurückreichender Enttäuschungen, die sie familiär und beruflich erlebte. Vor 3 J. geht sie zum Arzt, Schwerpunkt Naturheilkunde, wegen wechselnder Darmbeschwerden, da schon früher eine leichte Darmentzündung bestanden hatte. Sie ist außerdem beunruhigt, weil ein Heilpraktiker nach einer Augendiagnose gesagt habe, ihr Kopf gefalle ihm nicht. Der Arzt sieht in den Augen gelbliche Einlagerungen und bedeutet ihr, eine Parkinson'sche Krankheit stehe bevor, er gäbe ihr noch 3 Jahre Frist, dann müsse sie mit dem Tode rechnen. „Ich holte mir alle Informationen über diese Krankheit, und andererseits verdrängte ich sie“, daher erst nach 2 J. ambulante eingehende Untersuchung in einer Neurologischen Universitäts-Poliklinik mit dem Ergebnis, daß nicht der geringste Anhalt für diese Krankheit bestand.

Bei der Patientin tauchen zunehmend Erinnerungen an ein ähnliches Erlebnis vor 14 J. auf, das ihr lange Zeit Alpträume verursacht hat: Wegen chronischer Schmerzen in der rechten Kniegelenksregion wird in einer westdeutschen Großstadt röntgenologisch eine walnußgroße Verdichtung supracondylär festgestellt. Eine durch Trepanation gewonnene Knochenbiopsie ergibt die histologische Diagnose einer bösartigen Geschwulst, nämlich eines Chondrosarkoms. Mit dem Operateur werden das Für und Wider der Oberschenkelamputation oder der Einsatz eines künstlichen Kniegelenkes erörtert. Wenn sie sich nicht operieren lasse, werde es „ein ganz dickes Bein geben“.

Der Patientin geht nicht aus dem Kopf, wieviel Zeit sie wohl noch haben werde und was sie Sinnvolles tun könne. Aus ihren Aufzeichnungen liest sie später immer wieder: „Es ist möglich, daß nach 10–15 Jahren eine Neubildung entsteht an derselben Stelle, heißt es. Es ist aber auch möglich, daß ich mehr Herde im Knochen oder Körper habe und daß vorzeitig neue entstehen. Wenn ich recht verstanden habe, ist das Positive an diesem Sarkom: Es streut nicht unmittelbar ins Blut, aber im Blut oder Körper ist die Veranlagung dazu jederzeit gegeben. Ich muß also jeden Tag damit rechnen.“

Vor der erwogenen Operation wird auch das linke Bein geröntgt; hier findet sich symmetrisch eine ähnliche Verdichtung, deren Biopsie wiederum als

Chondrosarkom eingestuft wird, wenngleich „höher differenziert“. Die Patientin besteht darauf, dieses Material einem anderen Pathologen zu schicken, der die Befunde für ein altes, benignes Enchondrom hält (gutartige Knorpelzellgeschwulst).

Der weitere Verlauf mit Beschwerdefreiheit - jetzt bereits 14 Jahre lang - bestätigt diese Diagnose. Die Patientin fragt sich immer wieder, warum der Arzt, der beide Male die Diagnose eines bösartigen Tumors stellte, nichts von der Diagnose des Kollegen erfahren sollte. Die Begründung des Operateurs: „Ich bin ja abhängig von den Labors“ versteht sie nicht.

Der überinformative Dialog

Beobachtung 29

42j. Juristin W. S., Ängste seit dem Tode der Großmutter, die vor 8 Jahren an Krebs verstorben ist; „bei jedem Mückenstich denke ich, es sei Krebs“. Vor 2 J. Prämenopausen-Brustdrüsenkrebs. Klagen über Herzrasen, Kloßgefühl im Hals, Kopfschmerzen, „fürchterliche Angst, sterben zu müssen“. „Alle sagen, es sei gutgegangen, ich komme mir vor wie ein Karnickel, das am Zaun entlangläuft und ein Loch sucht, aber keins findet. Ich glaube es nicht, daß alles gesund ist, der Verstand sagt, es ist alles gut, aber das Gefühl steht dagegen.“ Eine Bekannte, die mit ihr im Krankenhaus wegen eines Gebärmutterkrebses lag, sei inzwischen gestorben, sie frage sich, wann sie nun dran sei. Schon immer hätten Ängste um den Ehemann und die Kinder bestanden, „ich habe gleich an Tod gedacht, es gab keinen Mittelweg. Jetzt aber habe ich mehr Angst um mich als um die Familie.“

„Drei Wochen nach der Operation bestellte mich die Frauenärztin zu sich. Ich wollte nichts davon hören, aber sie fing an, mir alles zu erklären. Dann machte sie die Bemerkung, man könne ja nie wissen, ob nicht doch so eine Zelle durch den Körper geistere. Nun denke ich oft daran und auch, daß mich der liebe Gott bestrafe, weil ich so undankbar bin.“

Gedanken, Empfindungen und Gefühle dieser Patientin spiegeln sich in dem von ihr gezeichneten Bild: Die Augen auf der linken Hälfte kennzeichnen die von Angst durchzogene Wachsamkeit, „um nur nichts verkehrt zu machen“. Die Tränen sind Merkmale der Trauer und Hoffnungslosigkeit. Rechts und unten sieht sie die Auffaserung ihrer Wurzeln, als ob sie langsam ausgerissen würden, „ich habe Angst, daß der Lebensfaden reißt und die Frucht (Maiskolben) zugrunde geht“. Zu den Wurzeln assoziiert sie den Halt an ihren Ehemann und die Nabelschnur an ihre Mutter. „Rechts oben zeigt alles Positive: Leben, Schönes, Symbol für Reiswein und Fruchtbarkeit, weiche Linien, Flexibilität: ‚Traum‘“ (Abb. 1).

Dieses Beispiel spricht für die Grundregel, daß „kein Patient weiter aufgekärt werden sollte, als er es selbst möchte“ (Geisler 1987).

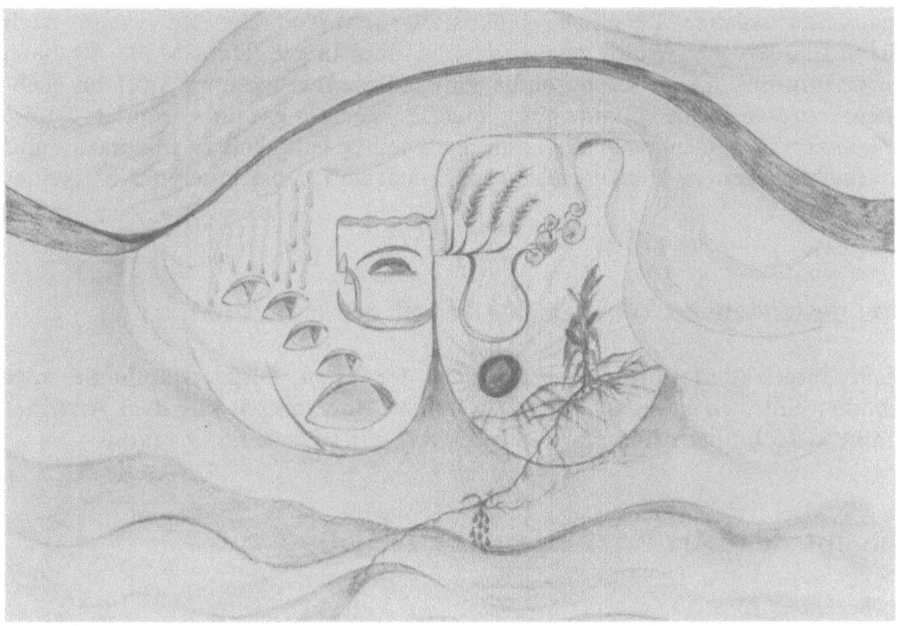

Abb. 1. Gedanken und Gefühle der 42j. Patientin (Beobachtung 29) nach überinformativem Dialog über das operierte Mammacarcinom (s. Text)

Dialog über Diagnose und Lebenserwartung

Beobachtung 30
53j. Kraftfahrer V. S., vor 5 J. Einweisung in ein Krankenhaus unter dem Verdacht auf Herzinfarkt. Hier wird die Diagnose einer chronisch-myeloischen Leukämie gestellt. Im diagnostischen Gespräch wird ihm mitgeteilt: „Sie erreichen das 60. Lebensjahr nicht." Seit dieser Zeit Kraftlosigkeit, Schlappheit, Gleichgewichtsstörungen, Neigung zum Grübeln. „Ich habe eine sehr fatalistische Zukunftseinstellung bekommen, ich werde wie ein Ping-Pong-Ball hin- und hergeschoben, ich will keine Therapie mehr." Bei der Untersuchung jetzt keine Hinweise für eine Akzeleration oder einen Blastenschub. Anzahl der Leukozyten seit 2 J. konstant um 40/nl ohne Therapie.

Beobachtung 31
42j. Landwirtin F. T., muß wegen eines Mammatumors operiert werden. Es wird ihr gesagt, der Tumor sei schon lange vorhanden gewesen, mit der Operation könne sie mehr als 20 Jahre leben. Nach der Operation und der Diagnose einer Absiedlung an einer Rippe erfährt sie: „Nein, das war zu viel gesagt, 4 Jahre noch, ist das nicht auch schön?" Seitdem leidet sie unter Schlafstörungen, Depressionen, Verzweiflung. Ihr Arzt hierzu: „Ob Sie schlafen können oder nicht, der Krebs wächst sowieso."

Angesichts solcher Beispiele stellt sich nicht so sehr die Frage nach „Schuld“ oder „Unschuld“ des Arztes, sondern in größerem Maße die nach seiner Einfühlsamkeit, nach seiner Fähigkeit wahrzunehmen, welche seelischen Prozesse er durch halbwahre, leichtfertige oder gar unbegründete Äußerungen zur Diagnose auslösen kann, nach seiner Fähigkeit zu phantasie- und wirkungsbezogenem Denken, also der Empathie für die inneren Nöte seines Patienten.

Das geschriebene Wort in der Hand des Patienten

Nicht unreflektiert darf bleiben, welche Gefahren, Mißverständnisse oder Schäden eintreten können, wenn der Patient unvermittelt aus dem Arztbrief erfährt, was ihn betroffen machen muß, z. B. erstmals seine Diagnose.

Die aus dem Arztbrief erfahrene Diagnose

Beobachtung 32
32j. Hausfrau R. I., vor 10 J. Magen-Darm-Beschwerden, schließlich aufgrund wiederholter röntgenologischer, jedoch nicht endoskopischer Untersuchungen Feststellung einer geschwürigen Darmentzündung. In den zahlreichen der Patientin mitgegebenen Befundberichten liest sie nun zu Hause, vor 10 J. sei eine Darmentzündung angenommen worden; in einem Brief ein Jahr später steht, daß ein M. Crohn der rechten Dickdarmhälfte vorliege. Sie ist erstaunt und besorgt, da sie diese Diagnose zum ersten Mal erfährt, und darüber hinaus über die Formulierung, daß „das schwere Krankheitsbild M. Crohn des Dickdarms und des unteren Dünndarms mit Verdacht auf Fistel“ bestehe. Die Patientin ist hochgradig verängstigt, um so mehr, als bereits vor 14 J. eine angstneurotische Entwicklung eingetreten war, die nun erneut mobilisiert wurde.

Ebenso tiefgreifend können die Auswirkungen sein, wenn der Patient schließlich erfährt, was ihm absichtlich verschwiegen wurde oder ihm erst jetzt Aufschluß gibt über die reale oder angenommene Schwere der Erkrankung.

Die nicht mitgeteilte Information

Beobachtung 33
50j. Sportlehrer V. I., leidet zunehmend unter depressiven Verstimmungen mit Leistungsschwäche und Befürchtung einer ernsten körperlichen Krankheit. Die Beschwerden konzentrieren sich besonders auf das Herz; „ich habe Angst um mein kaputtes Herz“. Im kardiologischen Bericht an seinen Hausarzt liest

der Patient, daß in seinem Ekg ein unvollständiger Rechtsschenkelblock vorliege.

Etwa zur selben Zeit wird während eines Urlaubs in den Bergen ein weiteres Ekg geschrieben. Der untersuchende Arzt schreibt als Diagnose „Angina pectoris" und verordnet Nitroglyzerin. Der Patient bricht die Reise ab. „Das war wie ein Hammer für mich, ich bekam Schweißausbrüche, Schwächeanfälle, meine Frau dachte: Herzinfarkt."

Die Untersuchung in zwei verschiedenen kardiologischen Kliniken bestätigt ein voll leistungsfähiges Herz unter einer Ergometrie bis 225 Watt. Schließlich auch Kontrastuntersuchung der Herzkranzadern: ohne krankhaften Befund.

Der Patient bekommt die Epikrise der Befunde nach einer weiteren Untersuchung in einem Umschlag für seinen Hausarzt mit und liest u. a.: „Um ihn nicht weiter zu stigmatisieren, habe ich ihm nicht mitgeteilt, daß inzwischen die QRS-Gruppe sich auf 0,12s verbreitert hat." Reaktion des Patienten: „Dieser eine Satz machte mich weiter unruhig, weil ich nicht unterscheiden kann zwischen unvollständigem und vollständigem Rechtsschenkelblock. Ich fing an, mich reinzubohren in medizinische Dinge. Und warum steht darin, daß er es mir nicht mitgeteilt habe?"

Formulierung der Schwere von Diagnose und Prognose

Beobachtung 34

28j. Hausfrau C. I., erkrankt an mäßig ausgeprägter rezidivierender geschwüriger Dickdarmentzündung. In dem der Patientin offen mitgebenen Arztbrief einer Klinik liest sie: „Insgesamt besteht die schwerste Entzündung, die ich je gesehen habe. Das Problem bei dieser Form ist, daß hier mit Sicherheit eine erhöhte Neigung zur Bösartigkeit besteht; ob man jedoch relevante Biopsien aus dem insgesamt chaotischen Bild erhält, ist fraglich. Ich befürchte, daß man um einen operativen Eingriff eines Tages nicht herumkommen wird. Bis dahin sollte man maximal therapieren."

Die Patientin kommt erregt und depressiv zugleich zur Behandlung und äußert ihre Suizidgedanken; erst allmählich gelingt es im Verlaufe der Behandlung, sie davon zu überzeugen, daß sich die angenommene Schwere ihrer Krankheit nicht bestätigen läßt.

Im Arztbrief diskutierte Lebenserwartung

Beobachtung 35

21j. Soldat R. L., Sohn eines Arztes, wird in einer gastroenterologischen Abteilung untersucht, weil bei dem beschwerdefreien Patienten zufällig leicht erhöhte Enzymaktivitäten festgestellt worden waren. Die eingehende Diagnostik ergibt den Verdacht auf eine beginnende sklerosierende Gallengangsentzündung. In der Beurteilung wird ausführlich dargelegt: „Die Befunde wiesen hin auf eine entzündliche Erkrankung der Gallenwege. Hier waren zu diskutieren eine chronisch-destruierende Cholangitis, für die jedoch der Nachweis antimitochondrialer Antikörper und JgM-Erhöhungen zu fordern wäre, und eine Pericholangitis bzw. eine sklerosierende Cholangitis, die gehäuft bei jungen Männern mit chronisch-entzündlicher Darmerkrankung gefunden wird. Hierfür ergab sich jedoch kein Anhalt. Sollte sich die Diagnose chronisch-destruierende Gallengangsentzündung bestätigen, wäre die Prognose deutlich getrübt. In der Literatur werden mittlere Überlebenszeiten von 10 Jahren angegeben. Im Falle einer Frühform der sklerosierenden Gallengangsentzündung wäre die Prognose etwas günstiger. Hier läge die mittlere Lebenserwartung bei etwa 20 Jahren.“

Der Patient liest den Brief und wird seitdem den Gedanken nicht mehr los, daß er höchstens 40 Jahre alt werden könne.

Der Arztbrief war lange Zeit, wie vollständig oder unvollständig, genau oder ungenau auch immer abgefaßt, ausschließlich eine schriftliche kollegiale Information. Der Adressat besprach, wenn er es für notwendig hielt, das Wesentliche daraus mit dem Patienten oder gab den Inhalt auszugsweise an Vertrauensärzte, Krankenkasse oder Rentenversicherung weiter.

Im Zuge des dem Patienten zugestandenen Rechtes, auch die schriftlichen Aufzeichnungen über ihn vollständig einsehen zu können, scheuen sich nur wenige Ärzte, dem uneingeschränkt zu folgen. Nicht nur der Patient bekommt - zufällig oder gezielt, offen oder verschlossen - den „Arzt“-brief in die Hand, sondern mehr und mehr auch Krankenkassen, Versicherungen, Behörden, meistens mit dem Vermerk der pauschalen Entbindung von der Schweigepflicht durch den Patienten.

Mit Recht wird empfohlen (Heckl 1983), im Arztbrief auch das psychische Bild und die Persönlichkeitsmerkmale detailliert zu beschreiben; der klinische Brief an Allgemeinärzte enthält in 73% kein Wort darüber (Huppmann et al. 1988). Da aber noch immer psychische Befunde oder Krankheiten weithin mißverstanden, abgewertet und diskreditiert werden, beginnt die Kette höchst unerfreulicher Interaktionen, sobald eine im Arztbrief enthaltene Formulierung eines psychischen Befundes oder Krankheitsverlaufes offenbart wird. Manchmal kann man sich des Eindruckes nicht erwehren, daß dem Patienten gerade diese Inhalte mitgeteilt bzw. vorgelesen werden. - Zu wessen Nutzen wohl?

Hier soll nur hingewiesen werden auf negative Auswirkungen für den Patienten und unerwünschte Begleitumstände dieser geübten Praxis. Niemand weiß, welche Menschen und Institutionen zukünftig Einblick in den Arztbrief haben werden. Tür und Tor stehen weit offen, es scheint, um so offener je mehr auf anderen Gebieten, z. B. dem des Datenschutzes und der Schweigepflicht, von den entgegengesetzten Zielen gesprochen wird.

Ärztliche Information in Broschüren für Patienten?

Immer häufiger werden Informationsschriften über Krankheiten verfaßt, die dem Patienten mehr oder weniger kommentarlos in die Hand gegeben werden (s. auch Beobachtung 1) oder zur Mitnahme in Praxen, Polikliniken oder Apotheken ausliegen. Zu wenig wird bedacht, wie sich die eine oder andere „Information" auf den einzelnen Patienten auswirken kann.

Beobachtung 36
73j. Rentnerin R. I., erleidet einen Hinterwandinfarkt, der komplikationslos überstanden wird. Da weiterhin anginöse Herzbeschwerden bestehen, wird ihr gesagt, jederzeit könne ein neuer Infarkt eintreten; er sei nicht vorhersehbar. Von nun an schränkt die Patientin ihren Bewegungsradius immer mehr ein, traut sich nicht mehr aus dem Hause, wird depressiv und kann sich nicht damit abfinden, das ihr bisher gewohnte aktive und selbständige Leben nicht fortsetzen zu können.

Der behandelnde Arzt empfiehlt ihr das Buch zweier weithin bekannter Autoren über den Herzinfarkt, in dem sie liest: „Zuweilen werden wir von Infarktkranken während der Früh-Rehabilitationsphase fast aggressiv gefragt, ob wir nun garantieren könnten, daß ein Reinfarkt durch unsere Maßnahmen zu verhindern wäre. Wir pflegen dann zu antworten - und diese Antwort macht erst manchen nachdenklich -, daß wir eher in der Lage wären, das Gegenteil zu versprechen. Ist es nicht fast eine tröstliche Aussicht, statt an einer Krebskrankheit eher einen plötzlichen Herztod zu sterben?"

Die Patientin fühlt sich mit dieser „tröstlichen Aussicht" allein gelassen, eine angstneurotische Entwicklung bahnt sich an, die der Psychotherapie bedarf.

Dialog über die somatische Therapie

Standen bisher Sprechen und Schreiben über die Diagnose im Mittelpunkt, so ist nicht weniger das therapeutische Gespräch ein weiterer Schlüssel, um den Zugang zum Vertrauen des Patienten zu finden und hierbei Gefahren, Fehler und Hemmnisse zu vermeiden (Feiereis 1985). Wie sehr die Bereitschaft des Patienten zu einer notwendigen Behandlung von Form und Inhalt dieses Dialoges abhängen kann, sei wiederum an folgenden Beispielen erläutert:

Das therapeutische Gespräch ohne Alternative

Beobachtung 37
40j. Angestellte T. T., kommt zu uns mit einem Konglomerattumor im rechten Unterbauch infolge eines seit 20 J. bestehenden M. Crohn mit Fistel und Stenosen. Deshalb 8- bis 9mal stationäre Behandlungen. Anläßlich einer gastroenterologischen Untersuchung vor 7 J. sei ihr gesagt worden, sie müsse

operiert werden, die Voraussetzung aber sei eine sechswöchige Sondennahrung über die Nase. „Das hat mir einen solchen Schock versetzt, daß ich schleunigst wieder zu arbeiten anfing und möglichst wenig zum Arzt ging, wegen der Angst. Fortan ging es mir lange Zeit besser, besonders auch in der ersten Schwangerschaft vor 1½ J." Komplikationslose Geburt. Nunmehr ist sie zur Operation bereit, die nach kurzer Vorbereitung erfolgt; 14 Tage später Entlassung in weitere ambulante Behandlung. Volle Arbeitsfähigkeit.

Beobachtung 38
40j. Laborantin F. S., soll wegen eines Knotens in der Brust operiert werden. Vor der Operation erklärt der Chirurg in allen Einzelheiten, wie er dann die Schnitte erweitern würde, wenn sich der Knoten als bösartig herausstellte. Er halte dies für besser, es gleich anschließend zu machen, um eine weitere Narkose zu vermeiden. Ebenso spricht er über die nachfolgende mögliche Strahlenbehandlung. Die Patientin ist schockiert, als sie schon von einer Bestrahlung hört, bevor überhaupt irgend etwas geklärt ist. Darüber hinaus fühlt sie sich so gesund, auch eine zweite Narkose zu ertragen, um so mehr, da für die Probeentnahme nur eine Kurznarkose nötig ist.

Die von jeher bestandene Ängstlichkeit der Patientin ist offensichtlich bei der Erläuterung über den geplanten Eingriff völlig unberücksichtigt geblieben.

Gelungener und dann doch mißlungener Dialog

Beobachtung 39
17j. Patientin B. F., leidet an einer Lymphogranulomatose im fortgeschrittenen Stadium mit rezidivierenden Fieberschüben. Da sie noch nicht volljährig ist, werden ihr in Gegenwart der Mutter und des Stiefvaters die Einzelheiten der Krankheit und die Schritte zur Therapie eingehend erklärt. Die Patientin und ebenso die Eltern willigen ein. Die ersten medikamentösen Therapiekurse verlaufen ohne Schwierigkeiten, von der fünften chemotherapeutischen Serie ab wird sie jedesmal hochgradig erregt, wenn sie eine Injektion bekommen soll, schlägt und beißt um sich, schließlich kann die Therapie nur unter sehr großen Schwierigkeiten oder einer Narkose fortgesetzt werden. Der Therapieverlauf verzögert sich erheblich. Nur mit Hilfe des onkologisch sehr erfahrenen Arztes und der auf der Station tätigen Psychologin, zu der die Patientin Vertrauen gefunden hat, ist es möglich, die Behandlung zu Ende zu führen.

Im weiteren Verlauf tritt dennoch ein Tumorrezidiv ein; mit intensivierter Behandlung gelingt weitgehend eine Teilremission. Nunmehr soll sich eine Knochenmarktransplantation anschließen. Der hierzu notwendige Eingriff an der Halsvene, um einen Katheter zu implantieren, gelingt ebenfalls nur unter einfühlendem, kontinuierlichem Zuspruch und Begleitung des Onkologen und der Psychologin bis zur Einleitung der Narkose. Die Patientin weiß, daß die Transplantation die einzige noch verbleibende Therapiechance ist, sie bedeutet mehrfach, dies auch so verstanden zu haben.

Im Transplantationszentrum angekommen, wird sie erneut über mögliche Komplikationen aufgeklärt. Vor der Gabe der zytostatischen Medikamente wird sie nunmehr gebeten zu unterschreiben, daß im Falle ihres Todes eine Autopsie vorgenommen werden dürfe. An diesem Gespräch haben der ihr vertraute Onkologe und die Psychologin nicht teilnehmen können. Die Patientin reagiert erneut äußerst erregt, sie wird als nicht transplantationsfähig aus dem Zentrum entlassen und in die onkologische Abteilung zurückgeschickt.

Fehlender Dialog über die Therapie

Beobachtung 40

70j. Rentner T. F., rezidivierende Angina pectoris-Anfälle bei ausgeprägter koronarer Herzkrankheit, die tags mit einer Nitrat-Dauermedikation behandelt wird. Da er auch nachts weiterhin über Anfälle klagt, wird ihm bei der Visite gesagt, daß ihm „Nitroglyzerinkapseln zum Zerbeißen" abends auf den Nachttisch gelegt würden. Nach etwa einer Woche berichtet der Patient morgens unverändert über seine nächtlichen Herzattacken, die Kapseln jedoch hat er bisher nicht angerührt. Auch eindringliche Ermahnungen führen nicht weiter. Erst nach weiteren 1–2 Wochen stellt sich heraus, daß der Patient früher hauptberuflich Sprengmeister gewesen ist und daher die ganze Zeit befürchtet hat, sich mit dem Zerbeißen dieser Kapseln verletzen zu können. Nachdem ihm diese Angst genommen werden konnte, teilt er später einem anderen Arzt seine Vorstellung über die Wirkung des Medikamentes, die er in der Zwischenzeit sehr positiv erlebt hat, mit: „Ich weiß, daß meine Herzgefäße verkalkt und deswegen zu eng sind. Jedesmal, wenn ich jetzt eine solche Kapsel zerbeiße, kommt es dann in den Gefäßen durch das Medikament sozusagen zu kleinen Explosionen, die die Gefäße wieder erweitern. Dann kann das Blut besser fließen."

Zur Information über die notwendige Therapie gehört häufig auch die sozialmedizinische Beratung (Feiereis 1985), die nicht weniger gründlich erwogen werden muß, besitzt sie doch mitunter Weichenfunktion für das weitere berufliche Leben des Patienten. Auch hier erfordert der Dialog das sorgfältige Abwägen zwischen krankheitsbezogen Notwendigem und individuumbezogen Möglichem:

Ungenügend begründeter sozialmedizinischer Dialog

Beobachtung 41

21j. Student P. K., seit 1½ J. Verdauungsbeschwerden mit wechselnder Konsistenz des Stuhlganges. Endoskopisch wird der Verdacht auf eine Entzündung im unteren Dünndarm geäußert. Der Patient konsultiert, erschrocken über die vermutete Diagnose, einen Gastroenterologen, der nach kurzer informatorischer Palpation des Leibes dem Patienten rät, den angestrebten Beruf eines Bibliothekars nicht zu ergreifen; die Arbeit sei wegen der überwiegend sitzenden Haltung ungünstig für die Prognose, er solle eher landwirtschaftlich tätig sein.

Der Patient erleidet einen Zusammenbruch angesichts der Empfehlung, das Studium aufzugeben und nicht, wie seit der Schulzeit erwünscht, Bibliothekar zu werden, sondern fortan körperlich zu arbeiten.

Die ohnehin bisher fragwürdige Diagnose rechtfertigte sicher nicht eine solch einschneidende Empfehlung.

Dialog über die Psychotherapie

Mit dem Patienten

Die Lücken des althergebrachten Dualismus Körper–Seele, Arzt–Psychotherapeut sind trotz aller Fortschritte noch immer nicht geschlossen. Unwissenheit, Zweifel an der Indikation zur Psychotherapie oder an ihrer Wirksamkeit, Methodenvielfalt, kommerzialisierte Rivalitäten stehen der Ohnmacht gegenüber, etwa 40% der Patienten in einer internistischen Praxis wirksam helfen zu können, wollte man sich nicht mit den psychopharmakologischen Möglichkeiten begnügen. Das Angebot zur Weiterbildung ist groß, der Zustrom eindrucksvoll - dennoch liegt vieles im argen und bleibt vieles fragmentarisch, nicht selten schon im ersten Dialog mit dem Patienten.

Das banalisierende Gespräch

Beobachtung 42
27j. Studentin D. E., Suizid der Mutter vor 2 J. Seitdem schwere Bulimie mit Gewichtszunahme, Eßanfällen und Abführmittelabusus (10 Tabletten pro Tag). Häufig Schuldgefühle wegen des Todes der in Trennung vom Vater lebenden Mutter, die ihr vorwarf, sich nicht genügend um sie zu kümmern. Die Patientin fand sie am Fensterkreuz hängend. Als sie Mut faßte, zum Arzt zu gehen, und über die Anfälle, die Mutlosigkeit und Suizidgedanken zu berichten, verordnete er Medikamente, „eines gegen Ängste, eines gegen Depressionen". „Ich fühlte mich noch elender als vorher, weil der Arzt offenbar die ganze Krankheit nicht akzeptierte, er sagte auch: ‚Na, trinken Sie mal viel'."

Das abweisende Gespräch

Beobachtung 43
32j. kaufmännische Angestellte F. G., seit dem Tod des ersten Kindes („eines Morgens lag es tot im Bett, 3½ Monate alt") vor 13 J. intermittierend Erbre-

chen, schließlich seit einem halben Jahr ständig. 20 kg Gewichtsabnahme. Feste Nahrung könne sie nicht mehr bei sich behalten. Sie leide dabei unter Magenschmerzen. 12 Jahre lang habe man sie wegen „Gallensteinen behandelt", „zunächst Steine, dann Grieß"; Magen und Gallenwege seien oft geröntgt worden, man habe auch zur Operation geraten, was sie aber nicht einsehen konnte. Bei einer weiteren Untersuchung fand sich kein Anhalt für Steine. Seit einem halben Jahr ist sie krank geschrieben. Ihr wird zur Psychotherapie geraten. Ein Psychotherapeut sagt nach dem Erstgespräch: „Ich sei kein Fall für die Psychotherapie, da ich zu normal sei. Von anderen Ärzten wird mir gesagt, ich brauche Psychotherapie, weil ich organisch gesund sei. So werde ich von einem zum anderen geschickt." Die Patientin versorgt den Haushalt, „und die meiste Zeit liege ich rum."

Beobachtung 44
27 j. Angestellte S. N., krank wegen Magersucht, die einer Psychotherapie bedarf. „Es klappt aber nicht mit den Terminen, der Arzt meint, er könne sich die Termine nicht aus den Rippen schneiden; ich müsse vormittags kommen. Wenn ich aber wegen meiner Arbeit nicht könne, so hätte ich eben Pech gehabt."

Der von der Abwehr des Arztes geprägte Dialog

Beobachtung 45
32j. Angestellte D. C., leidet unter Schwächeanfällen, „Zusammenbruch", daher 2 Wochen stationäre Untersuchung, organisch kein krankhafter Befund, dagegen Diagnose einer neurotischen Depression mit chronifizierten reaktiven Anteilen bei Ehekonflikt. Bisher verschiedene hausärztliche und nervenärztliche Behandlungen, wiederholt krank geschrieben. Innerhalb einer Behandlung fragt die Patientin, ob nicht ein Heilverfahren weiterhelfen könne. Ihr Arzt rät aber eher zu einem Aufenthalt in einem Erholungsheim des Müttergenesungswerkes: „Bei einem Heilverfahren werden Sie zu sehr auseinandergenommen, weil Sie ein weinerlicher Typ sind."

Fragwürdiges psychotherapeutisches Gespräch

Beobachtung 46
38j. Arbeiterin S. B., depressive Verstimmung, Niedergeschlagenheit, Kreislauf- und Magenbeschwerden. „Mein Mann hat seit 2 Jahren eine Freundin. Zuerst konnte ich es verkraften, nun nicht mehr. Er sagt, er liebt mich, und dennoch hat er eine Freundin; das geht mir nicht in den Kopf." Zwei Suizidversuche. Weil sie nicht mehr aus noch ein weiß, geht sie zum Arzt. „Er sagte mir, ich solle das gleiche machen, das fand ich idiotisch. Er hat mir nichts

gegeben, mich nicht verstanden, ich sähe gut aus, ich sei attraktiv und solle mir einen suchen; das geht mir nicht aus dem Kopf."

Beobachtung 47
21j. Studentin C. Z., nervenärztliche Untersuchung wegen einer Eßstörung. „Er schob mich gleich ab zur Einzeltherapie bei einer auf mich recht alt wirkenden Psychologin. Während er mit mir sprach, telefonierte er mit seinem Freund über seine Reise nach London und wie sie ihren Urlaub verbringen werden. Er grinste vor sich hin, ich fühlte mich nicht ernstgenommen und kam mir abgeschoben vor. Die Psychologin stellte mir Fragen, die mich kränker machten. Sie sagte sehr schnell, ich solle mich von den Eltern und auch von meinem Freund lösen; das verstand ich alles nicht. Ich war früher mit einem Freund zusammen, der Alkoholiker war, jetzt aber lebe ich mit einem Manne, der das ganze Gegenteil ist; er hat 3 Kinder und ist geschieden. Sie meint, wenn ich Zweifel habe, ob er der richtige sei, so müsse ich mich trennen, um das herauszufinden. Von den Eltern müsse ich mich lösen, weil sie alles besser wüßten, was für mich gut ist."

Beobachtung 48
31j. Hausfrau W. N., seit 7 Jahren chronisch rezidivierende Dickdarmentzündung; in einer Klinik nimmt sie an einer Gruppentherapie teil. Sie empfindet das Ergebnis als sehr positiv, fühlt sich besser und ist entschlossen, die Behandlung ambulant an ihrem Wohnort fortzusetzen. Über den Abschluß der Therapie aber berichtet sie: „Bei der letzten Gruppensitzung vor der Entlassung, 3 Tage vor Weihnachten, sagte der Gruppentherapeut, wenn die Krankheit so lange bestehe, könne man davon ausgehen, daß sie inzwischen zum Krebs geworden sei. Da saß ich dann trübsinnig unter dem Weihnachtsbaum. Es war die letzte Sitzung, und es gab keine Möglichkeit mehr, mit ihm zu reden; und das war schlimm."

Das therapeutische Abfindungsgespräch

Beobachtung 49
64j. selbständiger Kaufmann E. H., leidet unter diffusen Dauerschmerzen und stechenden, einschießenden Schmerzen infolge chronifizierter Beschwerden nach einer Gürtelrose Th 7–10. Zahlreiche Versuche einer Behandlung (paravertebrale Blockade, Periduralanaesthesie, Facetteninfiltration u. a.) in verschiedenen Schmerzkliniken und -ambulanzen. Nachdem alle Versuche fehlgeschlagen sind, nunmehr Einweisung in unsere Klinik. Der Patient ist agitiert deprimiert, unterschwellig aggressiv, verzweifelt, ratlos. Antidepressiva und niederpotente Neuroleptika helfen nur kurze Zeit, ebenso die transkutane elektrische Nervenstimulation. Er denkt viel über die Worte nach, die ihm ein Spezialist gesagt habe: „Das ist nie wieder zu heilen", und ein anderer: „Entweder leben Sie mit den Schmerzen oder legen Hand an sich."

Das ignorierende Gespräch - ein Weg zur Paramedizin

Beobachtung 50

26j. Angestellte E. L., seit 6 J. massive Ängste und diffuse körperliche Beschwerden, „ich war bei vielen Ärzten". Sie hat nach Abschluß der Lehre vor 5 J. nur 5 Monate gearbeitet, „weil ich mich zu krank fühlte". Der Hausarzt schlägt eine leichte körperliche Arbeit vor. Er bedeutet ihr, sie solle die Symptome ignorieren, sie werde nur gesund, wenn sie am normalen Leben teilnehme.

Mit einem pauschalen Rat wird sie entlassen. Wen wundert es, daß sie schließlich Hilfe bei paramedizinischen Angeboten sucht.

Diese Patientin findet sie in einem „elektromagnetischen Bluttest", bei dem „mit Hilfe eines Tropfens Blut (als Informationsträger) vom Patienten in einer Vergleichsmessung mit Organpotenzen und Nosoden eine umfassende und zugleich detaillierte Diagnose erstellt werden kann. Der besondere Vorzug dieser Methode, die sowohl diagnostisch als auch therapeutisch das homöopathische Prinzip zur Grundlage hat, ist die Tatsache, daß sie in der Lage ist, eine Erkrankung sowohl vor als auch nach Beendigung der klinischen Manifestation zu erfassen, also auch dann, wenn ihre Somatisierungsphase noch nicht eingetreten oder die Phase der Somatisierung bereits abgeschlossen ist. Solche Möglichkeiten konnten bisher wissenschaftlich mit den herkömmlichen Methoden noch nicht bewiesen werden. Die besondere Bedeutung dieses Tests liegt also in der Früherkennung krankhafter Belastungen ganz allgemein sowie der Krebsfrüherkennung im besonderen" (Zitat).

„In der Therapie wird hierarchisch vorgegangen. Es muß der Bettplatz durch einen Rutengänger korrigiert (falls notwendig), die toxische Belastung durch Eliminieren mit homöopathischen Hochpotenzen und Eigenblut beseitigt, die krankhaften Organbelastungen durch Enzyme + Lymphmittel + (+)-Milchsäure (Degeneration), homöopathische und - soweit erforderlich - allopathische Medikamente therapeutisch angegangen werden. Alle Medikamente können also *vor* der Verabreichung an den Patienten in Zusammenhang mit seinem Blutstropfen getestet werden!" (Zitat).

Das enttäuschende Gespräch. Warten auf Psychotherapie

Beobachtung 51

27j. Zahnarzthelferin R. T., leidet seit 3 J. unter rezidivierender geschwüriger Dickdarmentzündung. Wegen der unter dieser Krankheit eingetretenen Ängste war ihr eine Psychotherapie empfohlen worden, um die sich die Patientin auch bemühte. Schließlich wurde ihr (in einer Großstadt) ein Therapieplatz in Aussicht gestellt, gleichzeitig aber gesagt, es bestehe eine Wartezeit von 2 Jahren für Einzeltherapie, hingegen evtl. kürzer für eine Gruppentherapie.

In der Zwischenzeit seit der 11. Schwangerschaftswoche (erste Gravidität) Rückfall, Behandlung mit Cortison, Azulfidine® und Blutübertragungen. Ein in der Frauenklinik hinzugezogener Internist „schimpfte mich aus, ich sei im Grunde selbst schuld, weil ich vorher nicht die Medikamente genommen hätte; wenn es gelinge, die Schwangerschaft noch bis zur 36. Woche zu halten, so hätte ich Glück, es bestehe nämlich die Gefahr eines Darmdurchbruchs".

Die schon vorher bestandenen Ängste exazerbieren, die Patientin träumt wiederholt, sterben zu müssen: Ein Psychotherapieplatz erscheint unerreichbar, die internistisch-medikamentöse Therapie war optimal, die verbale Intervention hingegen eine Quelle neuer Ängste und Depressionen.

***Beobachtung** 52*
25j. Kauffrau B. I., seit der Trennung von ihrem Freund vor einem Jahr „totales Leeregefühl", häufiges Weinen, tägliche Leibschmerzen, Blähungen „wie im 4. Monat, total voller Luft". Wechsel von Verstopfung und Durchfall; 6–8 kg Gewichtsabnahme auf 45 kg (171 cm). Ausbleiben der Periode seit einem halben Jahr. Nach Ausschluß organischer Ursachen wird der Rat zur Psychotherapie gegeben. Die Patientin nimmt sich 2 Wochen Urlaub, um sich um einen Therapieplatz zu bemühen. In der psychosomatischen Poliklinik einer Großstadt wird ihr bedeutet, „wie toll, daß Sie sich aufgerafft haben", es ist aber auch dort keine Therapie möglich, „dafür durfte ich mir 20 Adressen herausschreiben." Bei allen bemühte sie sich, seitdem warte sie, bis sich jemand melde, „der mich zum Erstgespräch nimmt."

Gespräch über das vermeintliche Ende der Psychotherapie

***Beobachtung** 53*
38j. Beamtin L. M., befand sich „ständig in Kliniken oder Sanatorien wegen unklarer Unterbauchbeschwerden". Nach einer Bauchoperation mit Durchtrennung von Verwachsungen vor 4 Jahren vorzeitige Pensionierung, Bestätigung bei amtsärztlicher Nachuntersuchung vor 2 Jahren! Annahme einer Darmentzündung nach Kontrastuntersuchung des Dickdarms vor 3 J., Behandlung mit Cortison und ein Jahr lang mit 3 × 400 mg Metronidazol. Die Diagnose wurde vor 2 Monaten nach erstmals erfolgter Spiegeluntersuchung des Darmes und Kontrastdarstellung des Dünndarmes „widerrufen". Weiterhin Klagen über krampfartige Leibschmerzen, Verstopfung bis zu 10 Tagen, saures Aufstoßen, Rückenschmerzen. Vor einem Jahr einige Monate lang Einnahme von 3 × 10 mg Valium®, „nach Absetzen totale Verkrampfung". Wegen ähnlicher Beschwerden vor 13 J. ohne organischen Befund Beginn einer Psychoanalyse. „Ich brach sie ein Dreivierteljahr später ab; der Therapeut hatte in der ganzen Zeit kein Wort mit mir gesprochen, ich geriet in Panik, ich war doch so jung; ich wußte nicht, wie ich das aushalten sollte."

Nach einigen Jahren erneut Versuch einer Psychotherapie, diesmal in einer Gruppe, 2 Jahre lang. Die Behandlung endete, als der Therapeut verstarb. Schließlich vor einem Jahr erneut Kontaktaufnahme zu einem Psychotherapeuten, „er meinte, nunmehr habe es keinen Zweck mehr, die Therapie würde auch nicht mehr finanziert werden, außerdem sei ich zu alt, er könne mir nur Gespräche anbieten". „Seitdem bin ich total hilflos, verzweifelt, nehme Medikamente und bin betäubt, oder ich muß etwas anderes machen, die Beschwerden sind doch unverändert da."

Die Beispiele vermitteln das Bild eines noch immer unwegsam erscheinenden Gestrüpps, das den Weg des Arztes und des Patienten zur Psychotherapie behindert oder versperrt. Im Dialog zwischen Arzt bzw. Psychotherapeut und Patient sind formale und inhaltliche Abwehrformationen erkennbar, die sich durch bürokratische und versicherungstechnische Hindernisse noch verstärken können:

Mit Behörde und Krankenkasse

Der Dualismus und die damit verbundene unterschiedliche Wertung körperlicher und psychischer Krankheiten finden ihren Niederschlag auch im Umgang mit manchen Behörden und Kostenträgern, besonders privaten Krankenversicherungen. Es ist erschreckend, welche Schranken vor einer Psychotherapie aufgebaut werden. Um die weitere berufliche Entwicklung nicht zu gefährden, verzichten z. B. nicht wenige Patienten auf ihren Beihilfeanspruch und legen großen Wert darauf, daß Diagnosen mit psychischem Beiklang nirgendwo erscheinen.

Die mitunter aufgerichteten Barrieren seitens der Institutionen sind ausgeklügelt und sorgfältig abgestuft. Nicht weniger dezidiert sind die allgemeinen Versicherungsbedingungen privater Krankenversicherungen, die eine „Sonderregelung für Psychotherapie" enthalten. „Die Genehmigungspflicht" besteht nämlich – im Gegensatz zu den RVO- und Ersatzkassen – für sämtliche psychotherapeutischen Maßnahmen; dazu gehören nicht nur tiefenpsychologisch fundierte und analytische Psychotherapie, sondern auch autogenes Training, psychagogische Maßnahmen und psychotherapeutische Einzel- bzw. Gruppensitzungen. „Danach besteht ein Erstattungsanspruch für Kosten einer Psychotherapie, ob sie ambulant oder stationär durchgeführt wird, grundsätzlich nur, wenn wir vor Behandlungsbeginn eine schriftliche Zusage gegeben haben."

Die Einschränkungen sind hier somit wesentlich größer als bei den gesetzlichen Krankenkassen.

Eine Patientin erhält z. B. von ihrer privaten Krankenversicherung einen Brief: „Ihren Antrag auf Leistungszusage für die ambulante Psychotherapie haben wir gemeinsam mit unserem Beratungsarzt geprüft. Sie erhalten je Behandlungseinheit DM 6,00. Diese Zusage gilt für insgesamt 20 Sitzungen. Worauf kommt es noch an? Die Behandlungszeiten und die Art der Therapie sind einzuhalten" (Zitat). Es handelte sich um die Genehmigung zum autogenen Training.

Gibt es deutlichere Zeichen eines mißratenen Dialoges zum Nachteil des Patienten? Bisher war noch nirgendwo zu hören, daß die Verordnung z. B. von Antibiotika oder Psychopharmaka oder die Anzahl der Röntgenaufnahmen, bei welcher Indikation auch immer, „genehmigungs- oder gutachterpflichtig" gewesen sei.

Geradezu grotesk wirkt zum Beispiel die Verweigerung der Beihilfe, wenn ein Patient mit einer tiefenpsychologisch fundierten Psychotherapie behandelt wird und am gleichen Tage im Krankenhaus an den Übungen des autogenen Trainings teilnimmt. Es wird die törichte Begründung gegeben, daß sich beide Therapieformen an einem Tage ausschlössen. Dies bedeutet, daß der Patient, der z. B. an einem Vormittag tiefenpsychologisch fundiert in einem Einzelgespräch behandelt wird, am Nachmittag nicht am autogenen Training teilnehmen kann, sondern bis zum nächsten Tag zu warten hat. Rechnet man dies hoch, so müßte die stationäre Behandlung aus diesem Grunde wesentlich verlängert werden, was der Beihilfe womöglich viele tausend DM höhere Kosten bei einem einzigen Patienten verursacht!

Die vier Hürden und der entzogene Dienstführerschein

Beobachtung 54
22j. BGS-Beamter D. H., leidet unter Schwindel, Schwäche, Übelkeit, Blutdruckschwankungen. Bei stationärer Untersuchung kein pathologischer Befund, „Trainingsmangel". Beruflich nervlich anspannende Schreibtischarbeit. Der Patient fühlt sich oft von Vorgesetzten kritisiert. Überweisung zur Frage einer Psychotherapie. Hierbei ist folgender Weg vorgeschrieben:

1. Genehmigung des leitenden Arztes des Grenzschutzkommandos für die ersten 5 psychotherapeutischen Sitzungen.
2. Prüfungsverfahren in den ersten 5 Sitzungen und danach Stellungnahme zur voraussichtlichen Dauer und Art der Behandlung.
3. Nach Abschluß des Prüfungsverfahrens Weiterleitung an den Bundesminister des Inneren zur Genehmigung.
4. Danach erst darf die Zusage zur Fortführung der Therapie erteilt werden.

Inzwischen war dem Patienten auch wegen des schwankenden Blutdruckes (systolisch 145 - 175 mmHg) und der Einnahme ½ Tablette eines Betablokkers (Tenormin® 50) der Dienstführerschein weggenommen worden, „da ich nicht tauglich bin. Es würde sich bei solchen Fahrten um 20 bis 30 Minuten mit einem PKW handeln."

Der deprimierende Inhalt bildender Vorträge

Gesundheit und Krankheit sind ein unerschöpfliches Thema der Medien geworden. Niemand soll unaufgeklärt bleiben darüber, wie falsch oder richtig er lebt, sich ernährt, bettet und schläft, wie er mit seinen Hemmungen oder gestauten Aggressionen umgehen kann, was ihm bald oder eines fernen Tages für ein Unheil droht oder mit welchen Symptomen und Komplikationen eine Krankheit einhergeht, die er hat, haben könnte oder nie bekommen wird. So z. B. wurden auch gewaltige Zahlen über die in wenigen Jahren von der Aids-Krankheit Betroffenen genannt; der einer Aufklärung dienende Aufwand war entsprechend groß.

Steht die Fülle des Gebotenen, die Intensität der Gesundheits„erziehung" in einem angemessenen Verhältnis zur Wirkung? Wird endlich weniger gegessen, geraucht oder getrunken? Gibt es endlich weniger Kranke oder gesündere Kranke? Oder gibt es nun das allüberall harmonisch lebende Ehepaar und die heile Familie - denn wie sehr bemüht man sich, in der anheimelnden Fernsehrunde die innerseelischen und interpersonellen Konflikte detailgetreu auszubreiten, um alle Beteiligten zu befriedigen: die Betroffenen, die Zuschauer und die Moderatoren?

Der Information (und dem Zeitvertreib?) dienen auch regelmäßige Vorträge in Kurkliniken und Kurorten. Jeder fühlt sich aufgerufen, daran teilzunehmen.

Beobachtung 55
52j. Kaufmann I. I., berichtet über seine bereits in der frühen Kindheit vorhandenen Ängste, vor allem, in einem Krankenhaus zu sein und es nicht wieder verlassen zu können. Während einer Kur zur Behandlung nach einer Bandscheibenoperation wird zufällig im Anschluß an einführende Informationen des Chefarztes innerhalb der Reihe von Vorträgen zur Gesundheitsbildung für die Kurpatienten ein Referat über Depressionen gehalten. Den Patienten interessiert dies, deshalb bleibt er gleich in dem Raum, um sich den Vortrag anzuhören. Der Referent bringt als Beispiel die Krankengeschichte eines Patienten, der wegen seiner rheumatischen Gelenkbeschwerden zur Kur geschickt worden war, die einzelnen Anwendungen hätten auch zu einer Besserung geführt. „Dann aber sagt der Referent, daß dieser Patient dennoch in der Kurklinik gestorben sei, da er an Depressionen gelitten habe." Der Patient bekommt erneut Ängste, die er schon in der Kindheit hatte. Er befürchtet, ähnlich wie in der Kindheit, nicht wieder nach Hause zu kommen. „Ich hielt es nicht mehr aus in der Klinik und brach die Kur ab."

So wichtig und sicher oft auch hilfreich es ist, durch Aufklärung, Bildung und Erziehung Gesunde zu informieren und Kranken zu helfen, so sehr bedürfte es auch des Fingerspitzengefühls, um abzuwägen, was nützt und was nicht, das heißt, Nebenwirkungen und Schäden der Droge Information zu vermeiden.

Der für einen Arzt unwürdige und undiskutable Dialog

Beobachtung 56
33j. allein lebende Verwaltungsbeamtin I. T., leidet seit 4-5 Jahren unter depressiven Verstimmungen. Innerorganisch wurden eine geringfügige knotige Vergrößerung der Schilddrüse und Funktionsstörung festgestellt; darüber hinaus fanden sich Schwankungen des Blutdruckes. Wegen Verdauungsstörungen zahlreiche Untersuchungen, „keiner fand etwas". Bei einer Röntgenuntersuchung des Brustkorbes äußerte der Arzt: „Was haben Sie für ein großes Herz?!" Als sie daraufhin nach den Ursachen gefragt habe, sei ihr gesagt worden, „es gibt zehn verschiedene, wenn ich sie Ihnen alle aufzähle, können Sie nachts nicht mehr schlafen."

Verzweifelt wendet sich die Patientin an weitere Ärzte mit der Bitte um Rat, der ihr von einem Arzt in dieser Form gegeben wird: „Besorgen Sie sich mal einen Mann, dann wird alles besser, es kann auch ein Verheirateter sein." Sinngemäß hätten sich auch zwei andere Ärzte geäußert.

Die eingehende biographische Anamnese, die bisher niemals erhoben worden war, läßt sehr bald einen Zusammenhang zwischen der körperlichen Symptomatik und der depressiven Entwicklung erkennen, so daß eine Psychotherapie eingeleitet und erfolgreich abgeschlossen werden kann.

Epikritischer Ausblick

„Zuerst das Wort, dann die Arznei, dann das Messer", mit diesem Hippokrates zugeschriebenen Aphorismus leitet F. Hartmann (1984) ein Kapitel über das ärztliche Gespräch ein; seine These lautet, das Gespräch begründe und trage das Verhältnis Kranker - Arzt. In seiner sprachanalytischen Skizze beschreibt er die Fülle dessen, was uns ein Patient mit wenigen Worten, ja bereits seinem ersten gesprochenen Satz, mitzuteilen vermag; dieser bilde gleichsam den Beginn für Verständigung, die Hartmann als Ziel ärztlicher Erkenntnis und als Ausgangspunkt ärztlichen Handelns ansieht.

Der Weg zu einer so verstandenen „Heilkultur" kann nur gefunden werden, wenn die Sensibilität für das gesprochene Wort mit dem Patienten und das geschriebene Wort über den Patienten nicht erschüttert wird durch die Laxheit im Umgang mit der Sprache, ihren Mißbrauch durch Gedankenlosigkeit in der Wortwahl und Gleichgültigkeit gegenüber der Reaktion des Patienten, der entgegen der „condition humaine" sich „solitaire" statt „solidaire", d.h. einsam statt gemeinsam (Spijker 1977) vor diesem Wege sieht. Er fühlt sich oft allein gelassen, verletzt durch eine Form von Rationalität, ja Aggressivität, die als ein wesentliches Merkmal der Persönlichkeit eines Menschen, seiner Stärke und Unabhängigkeit, seiner individuellen Rechte, seiner patenten Konfliktlösung im „Zeitalter des Narzißmus" (Lasch 1982) mehr und mehr geschätzt zu werden scheint.

Zur Frage, welche ethische Theorie am besten geeignet sein werde, der Legitimationskrise entgegenzuwirken, von der die Menschen wie die Wissenschaft überhaupt betroffen sind, gehört sicher auch die selbstkritische Korrektur verbalen und averbalen Umganges (Rössler 1985) mit dem Kranken, vom ersten bis zum letzten Augenblick. So selbstverständlich es ist, daß der Arzt den Körper seines Patienten nicht im geringsten ohne dessen Einwilligung verletzen darf - so sollte Gleiches auch für die Verletzbarkeit seiner Seele gelten.

„Das gesellschaftliche Herkommen stattet heute den einzelnen Menschen in geringerem Maße als zuvor mit stereotypen Redeweisen, mit vorgegebenen Verhaltensweisen aus, die die Bewältigung des starken emotionalen Anspruchs solcher Situationen erleichtern können. Die konventionellen Redewendungen und Riten sind gewiß noch in Gebrauch, aber mehr Menschen als früher fühlen, daß es etwas peinlich ist, sich ihrer zu bedienen, eben weil sie ihnen als schal und abgedroschen erscheinen. Die rituellen Floskeln der alten Gesellschaft, die die Bewältigung kritischer Lebenssituationen erleichtern, klingen für das Ohr vieler jüngerer Menschen abgestanden und falsch. An neuen Ritualen, die dem gegenwärtigen Empfindens- und Verhaltensstandard entsprechen und die Bewältigung wiederkehrender kritischer Lebenssituationen erleichtern können, fehlt es noch" (Elias 1983).

Geisler (1987) bezeichnet die Sprache als das wichtigste Instrument des Arztes und beschreibt neun Schritte zum erfolgreichen Gespräch zwischen ihm und seinem Patienten. Er erinnert daran, daß die Sprache das Bezugssystem sei, „in dem der Mensch denkt, in dem er seine eigene Welt erlebt, mit anderen in Verbindung tritt und so Zugang zu deren Wirklichkeit erlangt".

Es erscheint der Mühe wert, unaufhörlich dazu beizutragen, daß unsere Sprache und unser Sprechen mit dem Patienten nicht gar zur Formel- und Kürzelsprache degenerieren, womöglich plakativ reduziert, wie z. B. bei den meisten Vorträgen auf Ärztetagungen der Gegenwart („Meine Damen und Herren, bitte das erste Dia"). Lassen wir uns nicht des Teiles der Sprache berauben, der mit-teilt, der also mit dem Patienten teilen will, der nicht trennt, sondern verbindet, besonders und vor allem in den Momenten existentieller Grenze und Gefahr, nicht weniger aber im Alltag flüchtiger Begegnung. Wenn wir den Anfängen der „Korrumpierung des Wortes" (Pieper 1970) widerstehen, lassen sich mögliche weitere Entwicklungen verhindern, die in der Mißachtung der Integrität, der Excellentia des einzelnen enden könnten.

„Et semel emissum volat irreparabile verbum."
„Und einmal entsandt, fliegt das Wort unwiderruflich dahin."

Horaz, Episteln I, 18, 71

Literatur

1. Adler R, Hemmeler W (1986) Praxis und Theorie der Anamnese. Fischer, Stuttgart
2. Ankermann E (1987) Ärztliches Handeln im Dialog zwischen Ethik und Recht. In: Schlaudraff U (Hrsg) Ethik in der Medizin. Springer, Berlin
3. Ansohn E (1969) Die Wahrheit am Krankenbett 2. Aufl. Pustet, München
4. Bergson H (1907) L' évolution créatrice. Alcan, Paris
5. Bliesener Th, Köhle K (1986) Die ärztliche Visite. Westdeutscher Verlag, Opladen
6. Bron B (1987) Angst und Depression bei unheilbar Kranken und Sterbenden. Dtsch med Wschr 112:148–154
7. Buchborn E (1981) Die ärztliche Aufklärung bei infauster Prognose. Internist 22:162–170
8. Bünte H (1988) Aufklärung um jeden Preis? chir prax 39:1
9. Eisenmann I (1985) Ethik in der ärztlichen Gesprächsführung. In: Reimer Ch (Hrsg): Ärztliche Gesprächsführung. Springer, Berlin
10. Eisenmann I (1985) Vom Umgang mit Malignompatienten. In: Reimer C (Hrsg) Ärztliche Gesprächsführung. Springer, Berlin
11. Elias N (1983) Über die Einsamkeit der Sterbenden in unseren Tagen. Suhrkamp, Frankfurt/M.

12. Engelhardt D v (1987) Philosophisch-ethische und medizinhistorische Aspekte bei der Behandlung Schwerkranker. In: Schmähl E. Ehrhart H (Hrsg) Ethik in der Behandlung Krebskranker und Schwerkranker. Zuckschwerdt, München
13. Engelhardt K, Wirth A, Kindermann L (1973) Kranke im Krankenhaus. Enke, Stuttgart
14. Feiereis H (1985) Der sozialmedizinische gutachtliche Aspekt im ärztlichen Gespräch. In: Reimer C (Hrsg) Ärztliche Gesprächsführung. Springer, Berlin
15. Feiereis H (1985) Das Gespräch mit somatisch und psychosomatisch Kranken. In: Reimer C (Hrsg) Ärztliche Gesprächsführung. Springer, Berlin
16. Feiereis H, Thilo H-J (1980) Basiswissen Psychotherapie. Vandenhoeck und Ruprecht, Göttingen
17. Fetscher I (1988) Verdrängung des Todes und Hoffnung auf Unsterblichkeit. Universitas, 43:283-293
18. Geisler L (1987) Arzt und Patient - Begegnung im Gespräch. Pharma-Verlag, Frankfurt
19. Glaus A, Senn H-J (1988) Aufklärung und Wahrhaftigkeit bei Tumorkranken. chir prax 39:3-9
20. Hartmann F (1984) Patient, Arzt und Medizin. Vandenhoeck und Ruprecht, Göttingen
21. Heckl RW (1983) Der Arztbrief. Thieme, Stuttgart
22. Hoff F (1969) Der Arzt und die Wahrheit. Dtsch med J 20:43-49
23. Hoff F (1976) Der Krebskranke, der Arzt und die Wahrheit. Therapiewoche 26:6033-6039
24. Huppmann G, Faust G, König B, Schmaltz B, Wünstel G (1988) Klinische Arztbriefe über konservativ behandelte Patienten. Z Allg Med 64:157-164
25. Jantschek I, Feiereis H (1987) Die psychotherapeutische und psychosoziale Aufgabe des Arztes bei Schwerkranken und Sterbenden. In: Schütz R-M (Hrsg) Praktische Geriatrie 7. Graphische Werkstätten, Lübeck
26. Köhle K, Simons C, Kubanek B (1986) Zum Umgang mit unheilbar Kranken. In: Uexküll Th v (Hrsg) Psychosomatische Medizin, 3. Aufl. Urban u. Schwarzenberg, München 1986
27. Lasch C (1982) Das Zeitalter des Narzißmus. Bertelsmann, Gütersloh
28. Mangold W (1985) Diagnosevermittlung beim chronisch und unheilbar Kranken. MMW 127:1079-1081
29. Pieper J (1970) Mißbrauch der Sprache - Mißbrauch der Macht. Arche, Zürich
30. Raspe H-H (1982) Aufklärung und Information im Krankenhaus. Vandenhoeck und Ruprecht, Göttingen
31. Reimer C (1985) Interaktionsprobleme zwischen Ärzten und Krebspatienten. In: Reimer C (Hrsg) Ärztliche Gesprächsführung. Springer, Berlin
32. Rössler D (1985) Geistige Grundlagen der Ethik in der Medizin. In: Gross R (Hrsg) Geistige Grundlagen der Medizin. Springer, Berlin
33. Rosumek S (1987) Sprachliche Rituale in ihrer Form und Funktion. Vertrauensbildende Maßnahmen in der Arzt-Patient-Beziehung. MA-Hausarbeit, Philosph Fak Kiel
34. Schmidt LR, Keßler BH (1976) Anamnese. Beltz, Weinheim
35. Senn HJ (1985) Wahrhaftigkeit am Krankenbett. In: Meerwein F (Hrsg) Psycho-Onkologie, 3. Aufl. Huber, Bern
36. Spijker van de H (1977) Nur Wahrheit ist Information. Therapiewoche 27:8099-8106
37. Thielicke H (1988) Der Arzt und die Wahrheit. Universitas 43:164-170
38. Uexküll Th v, Wesiack W (1988) Theorie der Humanmedizin. Urban u. Schwarzenberg, München

Gedanken und Nachgedanken zur Intensivmedizin in der Kinderheilkunde

Axel Fenner

Einführung und Standortbestimmung

Intensivmedizin in der Kinderheilkunde wird in größerem Umfang etwa seit 1970 betrieben, die Notwendigkeit ergab sich primär vor allem durch die Häufigkeit der respiratorischen Insuffizienz sehr unreifer Frühgeborener, die eine Atemhilfe brauchen. Nach wie vor stellen die Neugeborenen (insbes. Frühgeborene) etwa 75% derjenigen Patienten, die innerhalb der Kinderheilkunde intensivmedizinisch behandelt werden. Aus Gründen der Wirtschaftlichkeit werden pädiatrische Intensivversorgungseinheiten heute überwiegend als Stationen für *alle* pädiatrischen Altersgruppen betrieben, in manchen Kinderkliniken - vor allem im Ausland - existieren jedoch inzwischen zwei Intensiveinheiten, von denen die eine sich oft in der geburtshilflichen Klinik befindet (Perinatalzentrum).

Der Regelfall in der BRD ist z.Zt. jedoch noch die sog. „integrierte" pädiatrische Intensivstation, auf der Kinder aller Altersgruppen intensivmedizinisch versorgt werden können. An großen Kinderkliniken beherbergt sie zumeist zwischen 8 und 12 Behandlungsplätzen. Eine typische Fallverteilung ist der Tab. 1 zu entnehmen.

Tabelle 1. „Typisches" Patientengut einer Intensivstation in der Kinderheilkunde

Nr.	Patienten	Diagnose	Altersgruppe
1	Frühgeborenes	i.d.R. <1500 g	Neugeborene
2	Frühgeborenes	i.d.R. <1500 g	
3	Frühgeborenes	i.d.R. <1500 g	
4	Frühgeborenes	i.d.R. <1500 g	
5	Neugeborenes mit Fehlbildung(en)		
6	Neugeborenes mit Infektion		
7	Neugeborenes mit Atemstörung		
8	Postoperativer Patient		i.a. Kinder jenseits der Neugeb.-Periode einschl. Adoleszenz
9	Traumapatient, meist Polytrauma		
10	Kindesmißhandlung		
11	Intoxikation		
12	Status asthmaticus, Croup-Syndrom o.ä.		

An ethischen Fragen beteiligter Personenkreis

Entsprechend dem äußerst heterogenen Patientengut sind die medizinischen wie auch die ethischen Probleme ebenfalls besonders vielfältig. Groß ist auch der Personenkreis, der mit ethischen Problemen befaßt sein muß: Die Abb. 1 zeigt das in schematischer Darstellung: die Fragen und Probleme sowie die Diskussionen spielen sich nur in Einzelfällen bei Patienten des Schulalters in der direkten Kommunikation mit dem Patienten selbst ab. Überwiegend laufen die Interaktionen zwischen dem Krankenhauspersonal einerseits (Ärzte, Schwestern, Krankengymnastinnen, Kindergärtnerinnen, Psychologen etc.), den Eltern oder sonstigen nächsten Angehörigen der Patienten sowie Repräsentanten der „Gesellschaft" andererseits, im konkreten Fall Sozialarbeitern, Vertretern des Jugendamtes, der Staatsanwaltschaft, dem Gericht, karitativen und sonstigen gemeinnützigen Verbänden etc.

Der Personenkreis ist somit groß, die Gespräche sind vielfältig, zeitaufwendig, laufen oft auf verschiedenen Ebenen. Bei Neugeborenen sind häufig außer den direkt behandelnden Kinderärzten auch die Geburtshelfer beteiligt, die die Mütter länger und besser kennen und ein größeres Vertrauensverhältnis zu den Eltern haben.

Bei den Eltern, denen oft schwerwiegende und zukunftsträchtige Entscheidungen abverlangt werden, handelt es sich vorwiegend um junge Menschen - manchmal unter 20 Jahre alt - die meist weder große Lebenserfahrung noch einen hohen Reifegrad haben können. Zudem treten die Probleme in aller Regel überraschend auf, namentlich bei Neugeborenen, aber auch in den Fällen von Intoxikation, Trauma etc. Eine „geistige Vorbereitungsphase", wie sie etwa bei älteren Menschen im Sterbefall automatisch besteht, entfällt hier.

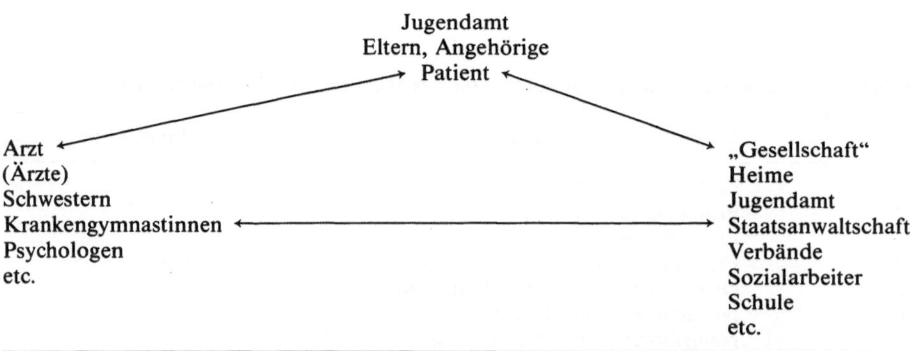

Abb. 1. Personenkreis der an ethischen Problemen Beteiligten im Interaktionsschema

Situationen

Die Situationen, aus denen heraus ethische Entscheidungen zu fällen sind, ergeben sich großenteils aus den Diagnosen und/oder Krankheitsverläufen. Die Tab. 1 soll das Gerüst für die Schilderung einiger typischer Ethik-Probleme darstellen.

Frühgeborene (Nr. 1–4)

Der extreme Grad der Frühgeburtlichkeit stellt Geburtshelfer und Kinderärzte vor die schwierige Frage, ob eine Reanimation vorgenommen werden soll oder nicht: soll ein Kind der 24. Schwangerschaftswoche, das 500 g wiegt und Zeichen spontaner Herz- und Atemtätigkeit hat, mit allen Möglichkeiten der modernen Medizin versorgt werden? Beantwortet man die Frage mit „nein", so stirbt das Kind oft nicht innerhalb von Minuten sondern erst nach einer oder mehreren Stunden! Ist es dem Personal, vor allem aber auch der Mutter sowie dem heute meist im Kreißsaal anwesenden Vater zuzumuten, Zeuge dieses Todes zu werden, nachdem soeben erst das einschneidende Erlebnis der Geburt hinter ihnen liegt? Antwortet man auf die oben gestellte Frage mit „ja" - und das ist eher zu erwarten - steht dem Kind (und seinen Eltern indirekt) oft ein über Tage und Wochen sich hinziehender, intensivmedizinischer Krankenhausaufenthalt bevor, der durch Probleme, Komplikationen, Gespräche, viele Enttäuschungen und Tränen und seltene Hoffnungsmomente gekennzeichnet ist und schließlich auch meist mit dem Tod endet.

Auch dann, wenn der Grad der Frühgeburtlichkeit weniger extrem ist, sind viele ethische Fragen zu klären. Zwar stellt sich in diesen Fällen nicht die Frage nach dem Sinn oder Unsinn der primären Reanimation, doch ist das Stadium der ersten postnatalen Wochen oft angefüllt mit Komplikationen, die immer wieder neue Zweifel an der Sinnhaftigkeit der medizinischen Versorgung aufkommen lassen: Hirnblutungen mit der Gefahr der Hydrocephalusausbildung, bronchopulmonale Dysplasie als Beatmungsfolge mit der Gefahr eines chron. Lungensiechtums, Blindheit als Folge der Sauerstoffgabe bei sehr unreifer Retina, um nur ein paar sehr schwerwiegende Komplikationen zu nennen. Hier werden Patienten behandelt, die ihr ganzes Leben vor sich haben - das läßt die Probleme oft so besonders gravierend erscheinen.

Neugeborene mit Fehlbildung(en) (Nr. 5)

In dieser Gruppe spielt die Art der Fehlbildung(en) die entscheidende Rolle bei der Frage nach ethischen Problemen: ist die Fehlbildung chirurgisch oder medikamentös korrigierbar mit der Aussicht, daß das Kind gesund wird, stehen ethische Fragen kaum je zur Diskussion: Fehlbildungen des Herz-Kreislaufsystems, des Gastrointestinaltraktes, der ableitenden Harnwege gehören in diese Kategorie. Schwierige Überlegungen ergeben sich bei Fehlbildungen der Genitalorgane, zumal dann, wenn die äußerlichen Geschlechtsmerkmale nicht mit dem chromosomalen Geschlecht übereinstimmen: sollte das Ziel sein, eine - meist nur in vielen chirurgischen Sitzungen zu erreichende - weitgehende anatomische Anpassung an das chromosomale Geschlecht zu erreichen - oft um den Preis eines unbefriedigenden Endergebnisses? Oder sollte den Eltern nahegelegt werden, das Kind in der Geschlechtsrolle zu erziehen, die durch den Phänotyp vorgegeben erscheint? Wie wird bei dieser Entscheidung das Erwachsenenleben zu erwarten sein, wenn in der Pubertät die „heterosexuelle" Hormonproduktion einsetzt?

Die schwierigsten Probleme werfen in aller Regel diejenigen Kinder auf, deren Fehlbildungssyndrom das Zentralnervensystem einschließt. Die Frage nach dem „Sinn", nach der Zumutbarkeit, nach der Rechtfertigung, auch mehr und mehr nach den Kosten eines möglicherweise langen Lebens bei leichter oder erheblicher Minderbegabung, oft verbunden mit schweren physischen Behinderungen (z. B. bei Meningomyleocele) wird aufgeworfen und durchaus kontrovers diskutiert.

Neugeborene mit Infektionen (Nr. 6)

Auch bei diesen Kindern ist das Spektrum der Krankheitsentitäten groß: Infektionen können schon intrauterin erworben sein oder intra- bzw. postnatal acquiriert werden. Die Art der Erkrankung - in der Frühschwangerschaft von der Mutter übertragene Infektionen können durchaus Fehlbildungen auslösen - hängt vom Erreger sowie von der Immunitätslage des Kindes ab: diese ist einer ständigen Entwicklung unterworfen von der frühen intrauterinen Phase bis zum Ende der Säuglingszeit. Deshalb sind allgemeine Gesichtspunkte zu den ethischen Fragen dieser Gruppe schwer darzustellen: bei Krankheiten wie Röteln oder Toxoplasmose beginnen die Sorgen um das Kind in der frühen intrauterinen Entwicklungsperiode: soll, darf die Schwangerschaft zu Ende ausgetragen werden? Bei Neugeborenen mit intra- oder postnatal erworbenen Infektionen steht die Sorge um die Miterkrankung des Zentralnervensystems mit den daraus möglicherweise entstehenden Dauerfolgen im Vordergrund.

Neugeborene mit Atemstörungen (Nr. 7)

Die ethischen Fragen, die sich in dieser Gruppe ergeben, sind weitgehend unter 3.1 abgehandelt worden. Oft handelt es sich bei diesen Kindern um Folgezustände nach perinataler Asphyxie, so daß die Frage nach der gesunden Entwicklung des Zentralnervensystems mit Sorge von den Eltern gestellt wird.

Postoperative Situationen (Nr. 8)

In diesen Fällen haben mögliche ethische Probleme meist ihre Wurzel in der Erkankung, die zur Operation geführt hat - das soll hier nicht im einzelnen erörtert werden.

Immer können Narkosezwischenfälle zu neuen Situationen und neuen ethischen Gesichtspunkten Anlaß geben. Kernfrage ist auch hier meist diejenige nach dem Grad einer zentralnervösen Schädigung.

Traumapatienten (Nr. 9)

Schwere Traumen führen oft infolge Beteiligung des Zentralnervensystems zu lang andauerndem Bewußtseinsverlust. Krampfanfälle, Paresen, Spastik, Durchgangssyndrome sind mögliche Begleiterscheinungen. Die Eltern stehen vor einer plötzlichen neuen Situtation, in der sie vor allem mitfühlende Hilfe brauchen. Bei sehr schwerer cerebraler Contusion mit nachfolgendem Hirntod sind Untersuchungen wie EEG, Szintigraphie, Computertomographie u.a. wichtige Hilfen für ethische Entscheidungen: Beendigung der künstlichen Beatmung, evtl. Freigabe zur Organexplantation. Die Begleitung der Eltern und weiterer Angehörigen bei dem „Verabschiedungsprozeß“ ist eine wichtige und schwierige ethische Aufgabe des Krankenhauspersonals. In der heute häufig gestellten Frage nach der Freigabe zur Organexplantation gibt es bei den Eltern alle Verhaltensmuster von vehementen Gegnern bis hin zu dankbaren Befürwortern: dankbar, weil sie in ihrem Schmerz einen Trost darin sehen, wenn mit einem gesunden Organ ihres toten Kindes ein anderer todgeweihter Patient gerettet werden kann!

Kindesmißhandlung (Nr. 10)

Diese offensichtlich in Zunahme begriffene Gruppe ist für die ethischen Betrachtungen von besonderer Aktualität: Entscheidungen, die hier in einer „konzertierten Aktion“ meist vieler Fachleute getroffen werden müssen, haben weitreichende Konsequenzen für den Patienten und für seine Eltern. Oft stellt die Sicherung der Diagnose eine erste große Schwierigkeit dar, da die Patienten natürlich als „Unfälle“ eingewiesen werden. Steht die Diagnose fest - jedenfalls mit einem sehr hohen Grad an Wahrscheinlichkeit - ist eine genaue Analyse des sozialen Umfeldes geboten, durch die der oder die „Täter“ sowie die Tatmotive geklärt werden sollen. Dieses alles sachlich und ohne die durch Mitleid mit einem schwer betroffenen Säugling oder Kleinkind nur allzu verständliche emotionale Erregung zu klären, stellt hohe Anforderungen an den Sachverstand aller Beteiligten, aber auch an ihre Sensibilität und ihr Taktgefühl. Muß die Staatsanwaltschaft eingeschaltet werden? Hat ein psychosoziales Rehabilitierungsprogramm Aussicht auf Erfolg? Kann, soll, darf das

Kind nach seiner Genesung in das bisherige Milieu zurückgegeben werden? Wenn nicht, wohin kommt es dann? - das sind einige der vielen Fragen, die in diesen Situationen fast immer auftauchen.

Intoxikationen (Nr. 11)

Intoxikationen begegnen uns in der Kinderheilkunde prinzipiell in zwei Arten: 1. als akzidentelle Intoxikationen meist im Kleinkindalter: das Kind ist unbeaufsichtigt und verschafft sich Zugang zu den „schönen blauen Pillen" der Großmutter und schluckt sie runter. In dieser Situation sind ethische Probleme in der Regel nicht anzutreffen. 2. als vorsätzliche Einnahme giftiger Substanzen in suizidaler Absicht. Hierbei handelt es sich meist um Adoleszenten, die häufigsten Motive sind Liebeskummer, familiäre Probleme und Schulversagen (schlechte Zensuren). Es versteht sich von selbst, daß in diesen Fällen den Akutmaßnahmen eine sehr eingehende, individuelle Exploration durch den Psychologen folgen muß, um das Wiederholungsrisiko zu minimieren. Ethische Fragen ergeben sich aus der individuellen Situation - im Kapitel 4 folgt eine ausführliche Falldarstellung zu diesem Problem.

Akute medizinische Notfälle (Nr. 12)

Die ethischen Probleme in dieser Gruppe sind meist nicht gravierend: überwiegend sind in dieser Gruppe Kinder betroffen, die eine Exacerbation einer bestehenden Grundkrankheit durchleiden (z.B. Asthma), daneben meist Kleinkinder mit sehr rasch progredienten, lebensbedrohlichen Erkrankungen (Meningitis, Croup-Syndrom). Schwerwiegende Ängste, auch Todesängste, entstehen bei Eltern und bei den betroffenen Patienten häufig. Durch den Einsatz moderner therapeutischer Maßnahmen ist jedoch - anders als in der Inneren Medizin - der tödliche Ausgang selten, die vollständige Wiederherstellung der Gesundheit dagegen das häufigere Endstadium bei diesen Patienten.

Kasuistiken

Neugeborenes mit Asphyxie und schwerem Fehlbildungssyndrom

Ein Neugeborenes kommt asphyktisch zur Welt, es wird intubiert und reanimiert und dann künstlich beatmet. Nachdem die dramatischen Geschehnisse vorüber sind, wird bei der Befunderhebung deutlich, daß alle Stigmata einer Trisomie 18 vorhanden sind, eines schweren komplexen Fehlbildungssyndroms mit infauster Prognose: im allgemeinen kurze, in Monaten zu bemessende Lebenszeit, vor allem aber hochgradiger Schwachsinn bei den Patienten, die noch bis in die Kindheit hinein überleben. Die Diagnostik wird eingeleitet, insbesondere wird auch Blut für eine Chromosomenanalyse entnommen. Das Kind erholt sich unter der künstlichen Beatmung gut, es kann nach wenigen Stunden extubiert werden. Sehr bald zeigt sich jedoch, daß die Extubation verfrüht war, eine Reintubation wird nötig, will man das Kind weiter am Leben erhalten. Soll reintubiert werden? Ist es wirklich richtig zu sagen, daß man so lange optimal und maximal behandeln müsse, bis die Diagnose durch das Ergebnis der Chromosomenanalyse sicher feststeht, oder sollte nicht vielmehr der erfahrene Kliniker bei so eindeutigem Befund den Mut haben, auf der Basis seiner klinischen Erfahrung die Entscheidung gegen eine weitere Lebensverlängerung schon jetzt zu treffen als erst etwa zehn Tage später, wenn die Chromosomenanalyse vorliegt und das Kind einer Atemhilfe möglicherweise nicht mehr bedarf? Ist es für die Eltern nicht gnädiger, hier den raschen Tod des Kindes in Kauf zu nehmen, als ein vielleicht jahrelanges Siechtum bei einem sicher schwerst geschädigten Kind? Sollte man die Eltern vielleicht gar in den Einscheidungsprozeß einbeziehen?

Adoleszent nach Suizidversuch

Martin, ein 15jähriger, körperlich bis dahin völlig gesunder Junge, wird am späten Abend in bewußtlosem Zustand eingeliefert, nachdem er in suizidaler Absicht ein Sammelsurium verschiedener Medikamente in seinem Elternhaus eingenommen hat. Seine Behandlung entspricht allen Anforderungen, die man heutzutage an eine solche Situation stellt: Entfernung der noch vorhandenen Medikamente aus dem Magen-Darmtrakt, Gabe von Antidoten, Förderung der Ausscheidung, schließlich sogar Hämodialyse. Er erlangt das Bewußtsein nicht wieder, sein Tod aber tritt erst ca. 6 Monate nach diesem Ereignis ein.

Der Hintergrund seiner Verzweiflungstat war ungewöhnlich: er konnte sich mit seiner Geschlechtsidentität nicht abfinden. Er hatte den dringenden Wunsch, nicht Mann, sondern Frau zu werden; dieser Wunsch war zu einer fixen Idee bei ihm geworden, die seine Verhaltensweise geprägt und ihn unter seinen Alterskameraden ins Abseits gedrängt hatte: er blieb der Schule fern, wenn auf den Stundenplan Sportunterricht vorgesehen war, weil er es nicht ertragen konnten, sich in Gegenwart der anderen Jungen umzuziehen. Er hatte seinen Harn auf Geschlechtshormone untersuchen lassen in der Hoffnung, daß die männlichen Hormone nicht in normaler Konzentration gefunden werden würden; zu seiner Enttäuschung ergab sich ein Normalbefund. Seine Mitschüler nannten ihn „Martina", weil er bewußt und willentlich in seinem Gebaren eine weibliche Rolle annahm; bei ihm vertrauten Menschen hatte er sich nach den Möglichkeiten erkundigt, auf chirurgischem Wege eine weibliche Umgestaltung seines Körpers durchführen zu lassen. Dieses alles hatte die Eltern und den behandelnden Hausarzt veranlaßt, eine jugendpsychiatrische ambulante Behandlung vornehmen zu lassen, in deren Verlauf dann die Verzweiflungstat begangen wurde.

Die Schwierigkeiten, die sich im Verlauf des langen Aufenthaltes von Martin auf der Intensivstation ergaben, waren vielfältig. Sie prägten für Wochen die Atmosphäre unter den auf der Station tätigen Schwestern und Ärzten, sie enthielten Gesprächs- und Zündstoff, sie absorbierten unendlich viel Zeit bei einem Patienten, der nach klinisch-naturwissenschaftlichen Maßstäben über lange Zeit stabil und eigentlich „unproblematisch“ war. Hauptverursacher dieser Schwierigkeiten und gleichzeitig hilflosester und hilfebedürftigster „Patient“ war der Vater des Jungen: er hatte sich, soweit wir es in Erfahrung bringen konnten, neben seiner beruflichen Tätigkeit vor allem aktiv dem Sportklub gewidmet, dem er angehörte, und daher für die Familie, bestehend aus Ehefrau, Martin und einem jüngeren Bruder, nie viel Zeit gehabt. Mit den Problemen Martins und seiner Geschlechtsidentität, von denen er wußte, hatte er sich nicht abgeben wollen, so daß zwischen ihm und Martin auch in den letzten Jahren kein enges Vertrauensverhältnis mehr bestanden hatte. Dieser Vater hatte nun wohl - so jedenfalls interpretieren wir Nichtpsychologen sein Verhalten - das Gefühl, er habe sehr viel an seinem Sohn gutzumachen: er verbrachte jede freie Minute im Krankenhaus bei und mit seinem bewußtlosen Sohn, er interpretierte jede Bewegung, jede Mimik und Gestik des tiefkomatösen Patienten als Ausdruck von Reaktion, von Denkvorgängen, von Antwort auf das, was er ihm sagte, er sprach ständig auf ihn ein, er pflegte ihn mit einer Mischung aus rührender Hingabe und gereizter Gespanntheit, er durchlief in seinen Kontakten zu Ärzten und Schwestern alle Phasen von größtem Optimismus bis zu tiefster Depression, er magerte ab und lebte schließlich überwiegend von Zigaretten und Alkohol - und wir wußten nicht, wie wir ihm helfen sollten: stundenlange Gespräche wurden fast täglich geführt, ein Geistlicher wurde eingeschaltet, ein Angebot zur psychologischen Hilfestellung wurde abgelehnt, die Kommunikation in der bis dahin intakten Ehe sistierte fast völlig - ja, Martins Mutter gestand uns schließlich, daß sie gelegentlich richtig Angst vor ihrem Mann habe.

Natürlich ist die retrospektive Beurteilung eines solchen Falles nach dem schließlich letalen Ausgang einfacher als die Einschätzung zu jener Zeit, in der wir mitten in der Problematik standen. Dennoch meine ich auch heute noch, daß wir die ethische Pflicht gehabt hätten, nach einigen Wochen des tiefen unveränderten Komas und insbesondere nach Feststellung von progredienter Autolyse des Gehirns im Computertomogramm durch Abstellen des Beatmungsgerätes diesem Leben aktiv ein Ende zu bereiten. Der Tod mußte nach dieser Zeit als unvermeidbar angesehen werden, und die katastrophale psychische Situation des Vaters und die sich aus ihr ergebenden Folgen für die Familie hätten einen höheren Mandatscharakter für uns haben müssen.

Diskussion

Innerhalb der klinischen Kinderheilkunde ist die Intensivstation heute der Ort, an dem ethische Probleme am häufigsten auftreten und beantwortet werden müssen. Es sei jedoch der Vollständigkeit halber erwähnt, daß auch auf anderen Stationen von Kinderkliniken ethische Probleme einen großen Raum einnehmen können: hier sind besonders diejenigen Stationen zu nennen, auf denen onkologische Patienten versorgt werden. Je nach Lebensalter wird man mit diesen Patienten, die wegen ihrer in-fausten Prognose auch im Finalstadium nicht auf der Intensivstation behandelt werden, die Problematik des eigenen bevorstehenden Todes in direkter oder verschlüsselter Weise verarbeiten müssen, wobei wiederum Schwestern und Ärzte im allgemeinen überfordert sind, so daß Psychologen, nahe Verwandte der Patienten, Geistliche, vielleicht Lehrer und Freunde einbezogen werden sollten. Die grundlegenden Arbeiten von Frau Kübler-Ross haben uns Einblick gewährt in die Symbolik, mit der diese Patienten oft ihre Bereitschaft und Bitte um ein Gespräch über den Tod zu signalisieren versuchen (Kübler-Ross et al. 1982).

Führt man sich die Fülle möglicher ethischer Probleme in der Kinderheilkunde vor Augen, so überrascht es nicht, daß gerade von jüngeren Ärzten immer wieder der Ruf nach sehr konkreten Verhaltensrichtlinien ertönt. Kommissionen sind um solche Richtlinien bemüht, inzwischen haben sie mit Erfolg z. B. die Festlegung des Hirntodes auf der Basis naturwissenschaftlicher Kriterien erarbeitet. Dennoch wird man nie genaue Vorschriften formulieren können, die auf jeden Fall anzuwenden sind. Hier muß der Arzt die ethischen Entscheidungen selbst treffen - Problem und Chance zugleich - hier darf er sich der Verantwortung nicht entziehen. E. Seidler hat in seinem Aufsatz „Ethische Probleme im Umgang mit dem Kind" fünf Grundsätze der Ethik in der Medizin aufgestellt, die mir als Rahmenrichtlinien geeignet erscheinen: das Wohl des Kranken voranstellen; das Leben erhalten; dem Kranken nicht schaden; die Würde des Menschen achten; selbst vertrauenswürdig sein (Seidler et al. 1982).

Ein Dilemma unseres modernen Lebens ist, daß Anfang und Ende des Lebens, Geburt und Tod, in aller Regel sich im Krankenhaus abspielen. Das führt dazu, daß viele Menschen heute bis ins Erwachsenenalter hinein nie einen Toten gesehen, noch viel weniger das Sterben eines Menschen miterlebt haben. Ärzte und Schwestern sind von dieser Regel nicht ausgenommen, soweit sie nicht durch ihre Berufserfahrung mit der Zeit das Sterben kennenlernen. Dieses Dilemma wird verstärkt durch die relativ größere Ferne des modernen Menschen gegenüber metaphysischen Themen: beides zusammen bewirkt, daß Berufsanfänger in der Medizin sich gedanklich oft kaum je mit dem Tod auseinandergesetzt haben, ihm somit in der klinischen Situation auch hilflos gegenüberstehen. Es erscheint deshalb dringend notwendig, berufsbegleitend für junge Ärzte und Schwestern Sterbeseminare auszudenken und anzubieten, die hier Abhilfe schaffen können.

Aus den vorangestellten Ausführungen ist immer wieder deutlich geworden, daß im Fach Kinderheilkunde die ethischen Probleme nur zu einem Teil allein die Patienten betreffen; häufig sind die Eltern mitbetroffen, vielfach erwarten wir von ihnen eine Stellungnahme, manchmal die alleinige Entscheidung. Gelegentlich werden die Eltern sogar, wie in Kap. 4.2 am Beispiel von Martins Vater aufgezeigt, zum Mittelpunkt ethischer Entscheidungen, die eigentlich das Kind betreffen. In unserer eigenen Hilflosigkeit in schwierigen Situationen tendieren wir auch gelegentlich dazu, die Eltern zu überfordern auf der durchaus einleuchtenden Basis, daß sie als Hauptbetroffene ja eine Entscheidung über ihr Kind am besten treffen können müßten. Dies ist sehr oft ein Fehlschluß: sie sind oft sehr jung und haben daher selbst noch keine Erfahrung mit dem Tod. Sie haben keinen medizinischen Sachverstand, vermögen deshalb die Konsequenzen ärztlichen Handelns in dieser oder jener Richtung nicht zu übersehen. Bei jungen Paaren ist die Gemeinsamkeit in bezug auf metaphysische Fragen nicht immer bereits soweit gewachsen, daß beide den gleichen Standpunkt vertreten. Schließlich - und das ist sicher das Wichtigste, sind sie natürlich als Eltern emotional so subjektiv in das Geschehen um ihr Kind eingebunden, daß eine sachliche Antwort auf Fragen um Leben und Tod nicht nur nicht zu erwarten ist, sondern geradezu absurd wäre: man müßte dann an ihrer Elternliebe zweifeln!

Zusammenfassung und Schlußbetrachtung

Die Kinderheilkunde umfaßt Patienten vom Zeitpunkt der Geburt bis zum Eintritt in das Erwachsenenalter. Die ethischen Probleme sind entsprechend vielfältig und spielen sich auf unterschiedlichen Ebenen ab: Patienten, Eltern, sonstige nahe Angehörige, staatliche Institutionen sind beteiligt, als „Therapeuten" Ärzte, Schwestern, Psychologen, Physiotherapeuten, Geistliche u. a. Kernfrage vieler ethischer Situationen bei Neugeborenen ist diejenige nach dem *intakten* Überleben, die ihre besondere Brisanz dadurch erhält, daß das Leben ja überhaupt erst am Beginn steht. Bei älteren Kindern stehen oft die Auseinandersetzungen mit dem eigenen bevorstehenden Tod im Vordergrund.

Die Hilfe, die vom Krankenhauspersonal gegeben wird, wird häufig als unzureichend empfunden, sowohl von den Empfängern wie auch von den Gebenden selbst. Es wäre deshalb dringend erforderlich, daß das Krankenhauspersonal in dieser schwierigen Materie fachkundige Schulung bekäme.

Literatur

1. Duff RS, Campbell AGM (1973) Moral and ethical dilemmas in the special-care ursery. N Engl J Med 298:890–894
2. Engelhardt D von (1987) Geburt und Tod - medizinethische Betrachtungen in historischer Perspektive. In: Marquard O, Staudinger H (Hrsg) Anfang und Ende des menschlichen Lebens. Gemeinschaftsverlag F Schöningh/W. Fink, Paderborn München Wien Zürich S 62–77
3. Kübler-Ross E (1982) Verstehen, was Sterbende sagen wollen. Kreuz, Stuttgart Berlin
4. Lebacqz KA (1977) Prenatal diagosis and selective abortion In: Reiser SJ, Dyck AJ, Currau WJ (Hrsg) Ethics in medicine. MIT Press, Cambridge (Mass), London 376–387

5. Loewenich V von (1982) Grenzen der neonatologischen Intensivbehandlung. In: Müller H, Olbing H (Hrsg) Ethische Probleme in der Pädiatrie und ihren Grenzgebieten, Urban und Schwarzenberg, München Wien Baltimore, S 194–204
6. Piechowiak H (Hrsg) (1985) Ethische Probleme der modernen Medizin. Matthias-Grünewald, Mainz
7. Points of View (1979) Non-treatment of defective newborn babies. Lancet 2:1123–1124
8. Prod'hom LS (1980) Problems d'ethique an medicine neonatale. In: Symposium Ethik und Medizin. Die Würde des Patienten und die Fortschritte der Medizin. Bull Schweiz Akad Med Wiss 36:227–430
9. Schipperges H (1982) Der Arzt von morgen. Severin und Siedler, Quadriga GmbH, Berlin
10. Seidler E (1982) Ethische Probleme im Umgang mit dem Kind. In: Müller H, Olbing H (Hrsg) Ethische Probleme in der Pädiatrie und ihren Grenzgebieten. Urban und Schwarzenberg, München Wien Baltimore S 45–56
11. Shaw A (1973) Dilemmas of "informed consent" in children. N Engl J Med 298:885–890
12. Stahlman MT (1979) Ethical dilemmas in perinatal medicine. J Pediat 94:516–520

Von der Verantwortung des Kinder- und Jugendpsychiaters

ULRICH KNÖLKER

Unlängst erschien in einem auflagenstarken Magazin ein großaufgemachter Artikel über das Schicksal einer 13-jährigen Schülerin. Unter der Überschrift „Ein Kind wird zerstört" wußte der Journalist zu berichten, daß dieses Mädchen gegen ihren Willen und den ihrer Mutter „grundlos in eine Anstalt verfrachtet" wurde. Damit nicht genug, sei der Mutter aufgrund eines kinderpsychiatrischen Gutachtens vom Jugendamt das Sorgerecht entzogen worden. Ein großes Foto von Mutter und Tochter in inniger Umarmung sollte das Unerhörte dieser grausamen Maßnahme noch unterstreichen. Ein vom Reporter befragter Psychologie-Professor brandmarkte das Gutachten des Kinder- und Jugendpsychiaters als „absurd, unwissenschaftlich und verantwortungslos". Seine Stellungnahme gipfelte in der Feststellung, der „behördlich bestimmte Lebensweg" (des Mädchens) sei „die Zerstörung eines Kinderlebens". War dieser Artikel schon von einseitiger klischeehafter Polemik geprägt, so schlug einem auf den daraufhin eingehenden Leserbriefen blanker Haß auf „die" Psychiatrie und „die" Psychiater entgegen, deren Hauptanliegen demnach darin bestehe, ihre Patienten krank zu machen und zu quälen. Nun könnte man solche Kolportagen in zweifelhaften Massenblättern achselzuckend ignorieren. Die Erfahrung lehrt uns jedoch, daß bei der Behandlung des Themas „Psychiatrie" und „Psychiater" in Medien immer wieder dieser aggressive Tenor zu verspüren ist, so daß wir stets von neuem aufgerufen sind, uns damit auseinanderzusetzen. Was mich bei diesem Artikel so betroffen machte, war weniger die unsachliche, emotional verbrämte Darstellung des Journalisten, sondern vielmehr der Vorwurf des Fachkollegen, der Kinderpsychiater handelte verantwortungslos.

Ich habe den Begriff der „Verantwortung" in den Mittelpunkt meiner Ausführungen gestellt und wurde bei der Vorbereitung zu diesem Vortrag darin bestärkt durch die Schriften des Philosophen Hans Jonas (1987), der das „Prinzip Verantwortung" in das Zentrum aller Überlegungen über Moral und Ethik rückte. Für Jonas ist Verantwortung mit den Begriffen Wissen, Macht, Furcht und Hoffnung eng verbunden.

Ich möchte im Folgenden diese vier Begriffe für unser Fachgebiet näher betrachten:

Unser *Wissen* über Ursache, Bedingungen, Verlauf, Therapie und Prognose seelischer Störungen und Erkrankungen im Kindes- und Jugendalter ist sicher noch begrenzt, hat sich in diesem Jahrhundert aber bereits so ausgeweitet, daß der einzelne Kinder- und Jugendpsychiater kaum noch das ganze Spektrum übersehen kann. Naturgemäß kann unser empirisches Wissen, in das immer auch Erkenntnisse der Psychologie, Pädagogik, Sozial- und Rechtswissenschaften mit einfließen, nicht so exakt sein wie das der naturwissenschaftlich fundierten medizinischen Fächer. Dennoch verfügen wir inzwischen, ohne unbescheiden sein zu wollen, über genügend fundiertes Wissen, um damit auch Macht ausüben zu können.

„Bedingung von Verantwortung ist kausale *Macht*", hat Jonas gesagt. Was bedeutet das für den Kinder- und Jugendpsychiater? Dem Begriff der Macht haftet immer etwas Anrüchiges, Negatives an, man verbindet damit nicht unbegründet die Angst vor Ausgeliefertsein, Unterwerfung, Einschränkung oder gar Verlust der persönlichen Freiheit. „Keine Macht für niemand" lautet eine anarchistische Maxime, die wir gelegentlich als Grafitti an Häuserwänden lesen können. Aufgrund unseres Wissens gibt es aber auch eine Pflicht zur Macht im Sinne einer „Verantwortung für Zu-Tuendes" (Jonas). Anders ausgedrückt, aufgrund unserer fachlichen Kompetenz und in unserer Funktion als Arzt und Psychiater haben wir in dem Moment, wenn uns Eltern ihr Kind zur Diagnostik anvertrauen, bereits Verantwortung übernommen, ganz gleich, ob ich eine Therapie für notwendig erachte und sie einleite oder für unnötig halte oder ablehne.

Nicht selten möchten Eltern ihre Verantwortung - nach Jonas „das zeitlose Urbild aller Verantwortung" - auf uns direkt oder indirekt übertragen, sei es im Sinne einer vertrauensvollen Delegation oder einer für sie entlastenden Abschiebung. Vielfach werden wir uns aber nur auf eine Teilverantwortung einlassen können, d.h. wir können und wollen die Eltern von ihrer gesetzlichen und moralischen Verantwortung nicht entbinden. In anderen Fällen müssen wir jedoch bereit sein, weitgehend Verantwortung für den weiteren Lebensweg des Kindes zu übernehmen, wenn die Eltern dazu nicht in der Lage sind. Als Kinder- und Jugendpsychiater können wir zwar weniger direkten Einfluß auf Kinder und Familien ausüben, haben aber durch unsere ärztliche Stellungnahmen und Gutachten einen erheblichen Einfluß auf Machtinstanzen wie Jugendämter, Gerichte und Sozialbehörden. Das ist manchmal beängstigend, zugegeben, aber ich werde an konkreten Beispielen ausführen, welche Chancen dem Kinder- und Jugendpsychiater daraus erwachsen.

Kommen wir zu dem Begriff der *Furcht:*

Jonas will in diesem Zusammenhang die Furcht im Sinne von „Sorge um" betrachtet wissen, in unserem Falle also: Die Sorge, daß das Kind und seine Familie eine ungünstige Entwicklung nehmen und sich nicht ihren Veranlagungen und individuellen Möglichkeiten entsprechend entfalten könnten. Furcht, Angst, Sorge sind hierbei als ernstzunehmende, positive Beweggründe für Handeln anzusehen und nicht zu verwechseln mit Ängstlichkeit, die Zaghaftigkeit, Kleinmütigkeit und Zögern beinhaltet. Daraus ergibt sich für verantwortliches Handeln folgerichtig der Begriff der *Hoffnung,* in unserem Fall darauf, daß durch Wissen, (d.h. fachliche Kompetenz), Macht, (die wir auch Einfluß nennen können), und Furcht (d.h. Sorge), bestimmte Interventionen eine ungünstige Entwicklung abgewendet bzw. eine Weichenstellung in eine positive Richtung erreicht werden kann.

Und diese Hoffnung ist um so mehr eine Triebfeder für unser Handeln, als es sich bei unseren Patienten um junge Menschen handelt, die im Werden sind, die außer ihrer mehr oder weniger kurzen Vergangenheit vor allem eine Zukunft vor sich haben.

Das mag banal klingen, dennoch wäre unsere Verantwortung nicht so bedeutungsvoll, wenn sie nicht durch die Hoffnung, daß sich nach einem oft mühevollen Weg ein Erfolg einstellen möge, getragen wäre. Da unser Wirken selten von schnell sichtbaren oder vorzeigbaren Erfolgen gekrönt wird, sondern diese oft erst auf längere Sicht oder gar nicht erkennbar werden, droht uns die Hoffnung häufig genug zu verlassen. Wie neidisch sind wir manchmal auf den Chirurgen, der nach wenigen Tagen eine verheilte Wunde, den Internisten, der uns einen optimal eingestellten Diabetes, den Kinderarzt, der eine schwere Lungenentzündung nach 14 Tagen als geheilt, oder gar den Gynäkologen, der uns ein rosiges Neugeborenes präsentieren kann! Derartige Erfolgserlebnisse haben wir selten, aber vielleicht machen die eingestandenen Unzulänglichkeiten unseres Faches gerade seine Faszination aus, der ich immer wieder aufs neue erliege.

Zur Problematik des Behandlungsauftrages

Lassen Sie mich nach diesen mehr allgemein gehaltenen Überlegungen nun zu konkreten Problemstellungen aus der täglichen Praxis kommen. Beginnen wir zunächst mit dem für andere Fächer selbstverständlich anmutenden Aspekt des Behandlungsauftrags, so sehen wir uns schon einem besonderen fachspezifischen Dilemma gegenüber: Die Patienten, die wir untersuchen und behandeln sollen, kommen selten aus eigenem Antrieb. Sie werden geschickt von Eltern, von Kindergärten, von der Schule, von Heimen und Behörden. Sie fühlen sich in der Regel nicht krank, sondern empfinden sich nicht selten auf einer Anklagebank mit den Eltern als Kläger und dem Arzt als Richter. Da der Gang zum Kinderpsychiater zudem oft noch mit Vorurteilen behaftet ist, verschweigen nicht wenige Eltern ihrem Kind gegenüber die wahre Natur des konsultierten Arztes und überlassen es diesem selbst, sich zu erkennen zu geben.

Unsere Ausgangsposition ist also oft von mehr oder weniger erkennbaren Widerständen und Ängsten von seiten der Familie geprägt, mit denen wir rechnen und uns auseinandersetzen müssen. Die Angst vor dem Psychiater ist ja vielleicht dadurch begründet, daß dieser in dem Ruf steht, daß er die ganze Persönlichkeit eines Menschen zu durchschauen vermag. Vom Kinderpsychiater befürchtet man zudem nicht zu Unrecht, daß er sich nicht nur von seinen Patienten, sondern auch von der Familie ein möglichst umfassendes Bild zu machen imstande ist. Viel mehr als bei anderen Arztbesuchen stellt unser notwendiges diagnostisches Vorgehen einen erheblichen Eingriff in die Intimsphäre der Familie dar. Es ist einleuchtend, daß sich hieraus schon erhebliche ethische Probleme ergeben. Wir Psychiater arbeiten vornehmlich mit dem

Wort, der Sprache und mit der Frage. Wir sollten uns aber der Gefahr bewußt sein, daß Fragen leicht „zu Vergewaltigung, Entblößung und Beschämung des Befragten werden können“, wie es der Tübinger Kinderpsychiater Lempp (1985) kürzlich formulierte, ja daß es gar eine „Obszönität des Fragens“ (so Bodenheimer) geben kann. Wir sollten unabhängig vom Vorstellungsanlaß nicht gleich alles wissen wollen, sondern auch warten können, bis der Ratsuchende von sich aus berichtet, was er sagen will. Die Problematik der Diagnosestellung, des Umgangs mit der Diagnose und der Klassifikation psychischer Störungen und Erkrankungen im Kindes- und Jugendalter ist zu komplex, als daß sie hier näher erörtert werden könnte. Ich habe dazu an anderer Stelle (Knölker 1988) ausführlich Stellung genommen.

Spannungsfeld Kindeswille vs. Elternwille

Besonders bei der Entscheidung zu einer stationären Aufnahme sehen wir uns häufig dem Spannungsfeld Kinderwille („Ich will nicht in die Klinik“) versus Elternwille („Wir wollen aber, daß du gehst“) besonders deutlich gegenüber. Die Indikation zur stationären Aufnahme muß streng gestellt werden, da sie immer einen Abbruch der bisherigen Lebensbezüge (Familie, Freunde, Schule) des Kindes darstellt. Das kann bei der Aufnahme manchmal zu dramatischen Szenen führen, wobei dem Arzt nicht selten die Rolle eines verlängerten Armes der Eltern zugeschrieben wird.

Dem Kind oder Jugendlichen wird hierbei besonders deutlich seine Abhängigkeit von und sein Ausgeliefertsein an die Erziehungsberechtigten wie an den Arzt vor Augen geführt.

In welche Situation wir als Kinder- und Jugendpsychiater dabei geraten können, mögen drei kurze Fallbeispiele illustrieren.

Eine 13-jährige Gymnasiastin war seit einigen Monaten völlig in die Drogenszene abgeglitten und wehrte sich heftigst, nach Hause zurückzukehren bzw. irgendeine Hilfeleistung anzunehmen. Den Eltern gelang es schließlich, sie mit Hilfe von Bekannten mit Gewalt nach Hause zu holen und sie sperrten sie, hilflos wie sie waren, ein. Als sie, unter quälenden Entzugserscheinungen leidend, begann, ihr Mobiliar zu zerschlagen und die Eltern tätlich angriff, wurde sie, von vier Erwachsenen festgehalten, gegen ihren heftigen Widerstand in unsere Klinik gebracht. Jedem, der sich um sie bemühte, ob Arzt, Psychologe oder Pflegepersonal, schlug über Wochen hinweg der blanke Haß entgegen, sie beschimpfte uns unablässig mit üblen Worten und verlangte, entlassen zu werden, um so leben zu können, wie sie es für richtig hielt.

Ein 15-jähriger, körperlich akzelerierter Junge, der bis vor kurzem noch als Popper die Anerkennung seiner Eltern – einer angesehenen Familie in exponierter Stellung in einer Kleinstadt – genoß, war zu einem radikalen Punker geworden, hielt sich fast nur noch in seiner Clique auf, schwänzte die Schule seit Wochen, konsumierte Alkohol und Drogen, war in Diebstähle verwickelt und tauchte schließlich in der Berliner Punkerszene unter. Die Eltern machten ihn dort ausfindig und erwirkten mit Hilfe eines befreundeten Gerichtsarztes die geschlossene Unterbringung in unserer Klinik. Der Junge empfand diese Maßnahme als unerhörten Eingriff in seine Privatsphäre, reagierte abwechselnd aggressiv und depressiv und versprach, sich an allen Peinigern zu rächen. Da die Eltern an uns den Anspruch stellten, den Jungen in ihrem Auftrag auf den rechten Weg zurückzubringen, ohne daß sie bereit waren, eigene Anteile am Zustandekommen dieser Entwicklung mit uns zu bearbeiten, hatten wir es sehr schwer, eine Vertrauensbasis für den Jungen herzustellen. Als dies schließlich doch gelang und er auf einer offenen Station ohne nennenswerte Probleme zu führen war, erlebten dies die Eltern gekränkt als Verrat, zumal wir ihrer Forderung, darauf einzuwirken, daß er seine Punker-Ideologie bedingungslos ablegen und sein für sie schockierendes Äußeres normalisieren sollte, nicht nachkommen wollten, weil wir dies nicht als das Kernproblem ansahen. Sie konnten unsere Deutung, daß der Junge in seiner Identitätskrise jetzt um so mehr ihres Rückhaltes bedurfte, nicht annehmen und verweigerten jede weitere Mitarbeit mit der Bemerkung, dieser Sohn sei für sie gestorben.

Ein 16-jähriges Mädchen schließlich mit einer schweren Magersucht verlangte immer wieder mit Nachdruck, sofort entlassen zu werden. Da ihr körperlicher Zustand sehr bedrohlich war, konnten wir ihrem Wunsch nicht entsprechen und veranlaßten ihre geschlossene Unterbringung, nachdem sie vom Amtsrichter gehört worden war. Gegen ihren erklärten Willen wurde sie medikamentös sediert und künstlich ernährt, immer wieder kam es dabei zu tätlicher Gegenwehr und massiven Beschimpfungen des behandelnden Arztes und des Pflegepersonals.

Ich scheue micht nicht, diese authentischen Fälle zu schildern, auch wenn sie einige Vorurteile gegen „die Psychiater" geradezu zu bestätigen scheinen. Ich müßte lügen, wollte ich nicht eingestehen, daß ich mich bei all diesen drei Kindern und Jugendlichen nicht wiederholt schlecht gefühlt hätte ob meiner Zwangsmaßnahmen und geneigt war, meinen Beruf in Frage zu stellen.

Ich wurde aber schließlich dadurch entlastet, daß mir alle drei - nachdem die Drogenabhängige nach Überstehen des Entzugs bereit war, in eine längerfristige Therapieeinrichtung zu gehen, der Punker in eine Wohngemeinschaft zog und das Mädchen von ihrer Magersucht geheilt war - zu verstehen gaben, daß unser Vorgehen retrospektiv richtig war und für sie eine wichtige persönliche Erfahrung gewesen sei.

Ich denke, daß die Beispiele deutlich machen können, daß es für uns eine „Verantwortung für Zu-Tuendes", eine Pflicht zur Machtausübung im Sinne von Jonas aufgrund von fachlicher Kompetenz geben kann. Ein Recht und eine Pflicht zum Eingreifen scheint beim jugendlichen Patienten oft schon durch seine altersbedingte persönliche Unreife und seine begrenzte Einsichtsfähigkeit über mögliche Folgen gegeben zu sein. Wir sollten aber als Psychiater für Kinder wie für Jugendliche diesen dabei nicht autoritär gegenübertreten, wohl aber mit Autorität. Wenn es uns gelingt, deutlich zu machen, daß wir ihre eigenen Ansichten durchaus ernst nehmen, aber auch versuchen, unsere Beweggründe als Arzt und menschlicher Partner, der bereit ist, Verantwortung für sie zu übernehmen, darzulegen, haben wir eine Chance, zumindest auf längere Sicht als authentisch und glaubhaft vor ihnen dazustehen.

Bei der stationären Behandlung unserer Patienten ist es nun aber durchaus nicht die Regel, daß sie gegen ihren Willen bei uns bleiben. Meist leben sie sich sogar sehr schnell ein, erleben die neue Umgebung als eine Art Ersatzfamilie, gehen Beziehungen zu Therapeuten, Betreuern und Mitpatienten ein. Daß sie sich bald offensichtlich wohlzufühlen scheinen, liegt sicherlich auch daran, daß sie in der Klinik einen Schonraum genießen, der weniger Leistungsanforderungen an sie stellt und der sie zunächst vom familiären Spannungsfeld entlastet. Nicht wenigen bedeutet ihr neues Domizil soviel, daß sie eine Entlassungsankündigung als Bedrohung oder gar Strafe empfinden.

An unserer Würzburger Klinik haben wir einmal eine Befragung ehemaliger Patienten durchgeführt, wie sie retrospektiv ihren stationären Aufenthalt beurteilen (Friese et al. 1983). Über 90% waren damit sehr zufrieden bis zufrieden! Das mag zunächst schmeichelhaft klingen, doch müssen wir uns dennoch fragen, ob dies nur als Erfolg zu werten ist. Inwieweit laufen wir Gefahr, durch zuviel Zuwendung und Verständnis eine heile Welt vorgegeben zu haben, die es „draußen" so nicht geben kann? Muß es nicht unser Bestreben sein, unsere Patienten dahingehend vorzubereiten, daß sie den Realitätsbezug nicht aus den Augen verlieren und ihnen Hilfestellungen anzubieten, damit sie den Anforderungen dieser Welt, soweit wie es ihnen möglich ist, gewachsen sind? Auch dieser Aspekt ist ein Teil unserer Verantwortung.

Problematik der Fremdplazierung

Ich sprach eingangs von der beträchtlichen Möglichkeit, als Kinder- und Jugendpsychiater Einfluß auszuüben auf Machtinstanzen wie Behörden und Gerichte. Es gehört zu unserem Alltag, daß wir aufgerufen sind, zu der Frage Stellung zu beziehen, ob ein Kind weiterhin in seiner Familie verbleiben kann oder ob eine sog. Fremdplazierung in einem Heim, einer Pflegefamilie oder einer Förder- oder rehabilitativen Einrichtung angezeigt ist. Die Gründe für eine außerfamiliäre Unterbringung können zum einen beim Kind selbst liegen, z.B. bei Vorliegen von geistigen oder seelischen Behinderungen, die einer fachgerechten Behandlung bedürfen, zum anderen bei den Eltern, etwa weil diese ihrer Erziehungsaufgabe vorübergehend oder dauernd nicht gewachsen sind, und schließlich können gravierende innerfamiliäre Beziehungsstörungen einen derartigen Schritt notwendig werden lassen. Hier sind wir uns der besonderen Verantwortung bewußt, die wir angesichts solcher einschneidender Eingriffe in den Lebenslauf von jungen Menschen übernehmen müssen, – einer Verantwortung, die sonst im ärztlichen Bereich kaum getragen werden muß. Die Gefahr, daß der Kinder- und Jugendpsychiater dabei eigene Wertmaßstäbe, Norm- und Idealvorstellungen darüber, wie eine Familie sein müßte, zu sein hat, zum Leitbild seiner Empfehlung werden läßt, ist m.E. nicht zu unterschätzen.

Wer kann von sich behaupten, daß er oder sie nicht versucht wäre, sich zum Idealvater, zur Idealmutter aufzuspielen? Inwieweit kann ich es als Arzt z.B. zulassen, daß es Lebensformen gibt, die mir zwar nicht entsprechen, aber die ich dennoch akzeptieren und respektieren kann, ohne sie abzuqualifizieren?

Gehe ich davon aus, daß eine Ehe zu funktionieren hat, daß man seine Kinder zu lieben hat, daß man sich als Eltern nicht zu trennen erlauben darf, oder kann ich es hinnehmen, daß es manchmal Menschen nicht schaffen, ihr Leben zu ordnen, zu bewältigen, ja, daß sie scheitern, ohne sie deswegen zu verurteilen? Welche Einstellung habe ich zu heute immer häufiger werdenden alternativen Lebensformen bezogen, wie Ehen ohne Trauschein, Wohngemeinschaften oder gar zu gleichgeschlechtlichen Paaren? Was halte ich von alleinerziehen wollenden Müttern und Vätern, von Emanzipationsbestrebungen? Tue ich sie mehr oder weniger kopfschüttelnd als Modeerscheinungen ab, oder stelle ich mich ihnen als möglicherweise zukunftsträchtige Gegebenheiten und Entwicklungen? Ich bin oft erstaunt, manchmal auch empört, mit welcher Sicherheit manche Gutachter, sei es Arzt, Psychologe oder Jugendamtsvertreter, Eltern als unfähig bezeichnen, weil diese Schwächen oder Unzulänglichkeiten gezeigt haben, weil sie ihren Normal- und Moralvorstellungen nicht entsprechen und dabei vorgeben, das sog. „Kindeswohl" im Auge zu haben, in Wahrheit aber eigene Vorstellungen in das Kind und in die Familie hineinprojizieren. Wer wie wir viele Jugendamtsakten und Gutachten gesehen hat, weiß, wie schwierig es in der Praxis ist, einmal gefallene Entscheidungen wieder rückgängig zu machen oder modifizieren zu wollen.

Uns wurde einmal ein 14-jähriges Mädchen notfallmäßig stationär vom Jugendamt eingewiesen. Es hieß, sie sei verwahrlosungsgefährdet und müsse in einem geschlossenen Heim untergebracht werden. Sie war in einem oberpfälzischen Dorf aufgewachsen und schwärmte von einem bekannten Schlagersänger.

Sie hatte ihr Zimmer mit Postern von ihm tapeziert, besaß alle verfügbaren Platten, versäumte keine Fernsehsendung mit ihm und war von dem Wunsch besessen, ihn einmal zu sehen. Mehrfach war sie von zu Hause ausgerissen, um ihren Star in einem Konzert zu erleben. Sie, die vom Äußeren her ohne weiteres als 16-jährige durchgehen konnte, hatte es geschafft, eine Flugkarte nach Miami zu kaufen, nachdem sie das dafür nötige Geld von der Raiffeisenbank ihres Dorfes abgehoben hatte - man hatte es ihr ohne weiteres ausgehändigt, nachdem sie vorher mit verstellter Stimme ihrer Mutter per Telefon angekündigt hatte, ihre Tochter würde es abholen - und war tatsächlich nach Miami geflogen und hatte ihr Idol in seinem Hotel ausfindig gemacht. Ihr gelang es auch, zu ihm vorzudringen und ihm ihre Geschichte zu erzählen. Ein großes Portrait mit ihm mit persönlicher Widmung war das Ergebnis, und er versäumte es auch nicht, soviel Opferbereitschaft eines seiner Fans in den Medien zu vermarkten. Zurückgekehrt nach Deutschland, beendete ein Beauftragter des Jugendamtes jäh ihren Höhenflug und veranlaßte besagte Aufnahme bei uns. Ihre Familie war empört, andererseits aber auch geschmeichelt, als ihre Geschichte als Bilderbuch auch in die deutsche Regenbogenpresse (gegen Honorar, versteht sich) einging. Unser Auftrag des Jugendamtes lautete aber dahingehend, daß dieses Mädchen als verwahrlosungsgefährdet deklariert und einer entsprechenden Behandlung zugeführt werden sollte. Doch zum großen Ärger der Sozialarbeiterin konnten wir uns dem nicht anschließen. Ich dachte vielmehr, welche Lebenskraft, welche Phantasie steckt in so einem Menschen, der um seines Ideals willen alles aufs Spiel setzt, um der tristen Eintönigkeit seiner provinziellen Umgebung zu entfliehen und den Ausflug in eine Traumwelt zu wagen! Wir sorgten dafür, daß dieses Mädchen nicht geschlossen untergebracht wurde, sondern daß der Familie Hilfestellung angeboten wurde, diese überschießenden Kraftpotentiale des Mädchens in akzeptablere Bahnen zu lenken.

Ein kritischer Jugendamtsleiter sagte mir einmal, daß heute sog. Außreißerkarrieren, etwa nach dem Muster des 14-jährigen Jungen, der von zu Hause wegläuft, sich als Schiffsjunge verdingt und nach Amerika geht und dort sein Glück macht, nicht mehr denkbar sind, weil Jugendämter, Sozialarbeiter, Psychologen und Kinderpsychiater dem rechtzeitig Einhalt gebieten würden. Das sollte uns zumindest zu denken geben.

Inwieweit ist der gelegentliche Vorwurf uns Kinderpsychiatern gegenüber berechtigt, wir richteten unser Augenmerk primär auf eine Anpassung des Kindes an die bestehenden Verhältnisse in Familie, Schule und Gesellschaft bzw. auf die „Erleichterung der Gesellschaft von der Lästigkeit schwierigen individuellen Benehmens“ (Jonas)? Abgesehen davon, daß viele seelische Störungen und Erkrankungen in allen Gesellschaftssystemen vorkommen, kann es primär nicht unsere Aufgabe sein, unsere Patienten als Opfer der Gesellschaft anzusehen und dieser die Schuld zuzuschreiben – zumal dieses Konstrukt auch zu einfach wäre.

Es gibt aber auch Fälle, in denen dies zumindest teilweise zutrifft, und wir sollten uns dann nicht scheuen, Einfluß zu nehmen zu versuchen auf die Familien-, Bildungs- oder Sozialpolitik etwa über Fachgesellschaften und -gremien. Auf meist mühevollem Weg konnten so zumindest winzige Teilerfolge bei dem Ausbau der psychosozialen Versorgung, der Heimsitutation, im Jugendstrafrecht oder im Schulwesen erreicht werden. Auch dieser sozialen und damit im weitesten Sinne politischen Verantwortung müssen wir uns stellen, zumal wenn wir an exponierter Stelle stehen. Andererseits müssen wir uns das Recht vorbehalten können, Verantwortung abzulehnen oder zumindestens zu delegieren, z. B. bei dissozialen und verwahrlosten Jugendlichen, die nur zu gern in die sonst so ungeliebte Psychiatrie abgeschoben werden. „Sowas wie den läßt man doch nicht frei herumlaufen, der gehört eingesperrt“, empörte sich jüngst ein Lübecker Bürger über einen unserer Patienten, der sich bei seinem Ausgang im Bus aggressiv gebärdet hatte.

Der Jugendpsychiater allein kann diese Aufgabe sicher nicht bewältigen, vielmehr müssen auch Sozial- und Justizbehörden und Politiker mit in die Pflicht genommen werden.

Körperlich und seelisch mißhandelte Kinder

Hieran anknüpfend möchte ich eine Problematik, die in den letzten Jahre wiederholt in den Blickpunkt der Öffentlichkeit geraten ist und heftig diskutiert wird, ansprechen, nämlich die der Kindesmißhandlung und des sexuellen Mißbrauchs von Kindern.

Jeder, der mit körperlich oder seelisch mißhandelten Kinder konfrontiert wurde, kann die dadurch ausgelöste Betroffenheit, Empörung und Wut sicher verstehen. Die öffentliche Meinung verspürt spontan Mitleid und Solidarität den Kindern gegenüber und möchte die schändliche Tat gesühnt wissen. Die Behandlung dieser Thematik in den Medien etwa durch Mitteilungen, daß Kindesmißhandlungen in unserer kinderfeindlichen Gesellschaft stark im Zunehmen begriffen sind, daß jährlich 300000 Kinder in der BRD sexuell mißbraucht werden (Remschmidt 1987), daß ehemalige Opfer solcher Mißhandlungen über die Folgen im Detail berichten, trägt sicher dazu bei, daß eine kollektive Entrüstung darüber in unser Bewußtsein dringt.

Und wie geht der behandelnde Arzt damit um? Eine neuere Studie (Wolff et al. 1987) belegt, daß auch bei Ärzten als spontan erlebte Emotion „Wut auf den Mißhandler“, „Mitleid mit dem Kind“ und „Wunsch nach Strafe“ angegeben wurde.

Da wir diese komplexe Problematik in diesem Rahmen nicht erschöpfend darstellen können, sei nur soviel gesagt: Der sich mit einer körperlichen oder seelischen Kindesmißhandlung befassende Arzt oder Psychologe ist besonders angehalten, kritische Distanz zu wahren, eigene Emotionen zwar wahrzunehmen, aber in den Hintergrund treten zu lassen und, statt sich von Bestrafungsgedanken leiten zu lassen, vielmehr gemeinsam mit den Betroffenen nach den Ursachen und daraus nach wirksamen Behandlungsmöglichkeiten zu suchen.

Der zunächst legitim erscheinende Impuls, das Kind aus seiner offensichtlich schädigenden Umgebung herauszunehmen und die Täter der Gerichtsbarkeit zuzuführen, muß im Einzelfall sehr sorgfältig überdacht und vor allem müssen die möglichen Folgen auch für die Familie berücksichtigt werden. Es gilt abzuwägen, ob die Verantwortung dem Kind oder der Familie gegenüber Vorrang haben muß, z.B. wenn der Vater durch eine Gefängnisstrafe als Ernährer ausfällt und die Familie möglicherweise dadurch ganz auseinanderbricht.

Besonders bei sexuell mißhandelten Kindern ist eine Trennung von Opfer und Täter oft unumgänglich, parallel dazu sollten aber alle Möglichkeiten einer Einzel- und Familientherapie ausgeschöpft werden. Erfahrungen aus den USA zeigen, daß man eine Anzeigepflicht durchaus mit einer Behandlungspflicht sinnvoll kombinieren kann (Remschmidt 1987).

Verantwortung und Rollenverständnis des Sachverständigen

In diesem Zusammenhang möchte ich noch einige Gedanken zur Verantwortung des Kinder- und Jugendpsychiaters in seiner Eigenschaft als gerichtlich oder behördlich beauftragter Sachverständiger vortragen. Die Thematik der von uns zu erstellenden Gutachten umfaßt z. B. Fragen zur Strafreife und Schuldfähigkeit von Jugendlichen und Heranwachsenden, zur Glaubwürdigkeit, zur Deliktfähigkeit z. B. kindlicher Brandstifter, zur Übertragung des Sorgerechtes und Regelung des Besuchsrechtes für den nicht sorgeberechtigten Elternteil bei Ehescheidungen, zur Feststellung von geistigen oder seelischen Behinderungen, zur Minderung der Erwerbsfähigkeit, zur Beurteilung von Unfallfolgen, um nur die wichtigsten zu nennen.

Obwohl wir durch unser Gutachten nicht unmittelbar eine Entscheidung herbeiführen können, sondern Empfehlungen für Entscheidungsinstanzen aussprechen, kann man doch davon ausgehen, daß unsere Empfehlungen in der Regel als Urteilsgrundlage dienen. Eine kürzlich durchgeführte Nachuntersuchung ergab, daß in 95% der Fälle sich das Gericht oder andere Auftraggeber unseren Ausführungen anschlossen (Knölker et al. 1987).

Bei der Vielzahl der eben angeführten Fragestellungen haben wir damit eine immense Verantwortung zu tragen, zumal unsere Auftraggeber von uns erwarten, daß wir uns soweit wie möglich festlegen („treffen die Voraussetzungen des § X zu oder nicht?", „soll das Kind zur Mutter oder zum Vater, ist es schädlich, wenn der nichtberechtigte Elternteil das Kind besucht und warum?" ...). Ohne auf die Problematik im einzelnen eingehen zu können, möchte ich hier schwerpunktmäßig das Rollenverständnis des kinder- und jugendpsychiatrischen Gutachters ansprechen.

In den meisten Lehrbüchern der forensischen Psychiatrie wird mit Vehemenz postuliert, daß der Gutachter keinerlei Behandlungsauftrag und daher sich jeden therapeutischen Anliegens zu enthalten, vielmehr mit Distanz die erforderlichen Fakten zusammenzutragen und seine daraus resultierenden Erkenntnisse dem Gericht mitzuteilen habe. „Mit der Verleugnung des *therapeutischen* Aspekts anläßlich einer Begutachtung wird jedoch die Selbstverständlichkeit übersehen, daß jedes ärztliche Gespräch - auch das sog. diagnostische - eine therapeutische Funktion hat, eine positive oder negative" (Schönfelder 1973).

Für den Bereich des Jugendstrafrechts kommt hinzu, daß anstelle des Sühnegedankens zunehmend der Erziehungs- und damit ein therapeutischer Aspekt in den Vordergrund zu rücken beginnt. Von jugendpsychiatrischer, -psychologischer und sozialpädagogischer Seite wird mit Recht darauf hingewiesen, daß jugendliche Rechtsbrecher durch Haftstrafen vielfach nicht gebessert werden, sondern nicht selten dadurch erst in eine kriminelle Entwicklung hineingleiten. Sie plädieren daher für Strategien, die durch gezielte therapeutische Maßnahmen eine Nachreifung ermöglichen, seelische oder soziale Konflikte bewältigen helfen oder auch Möglichkeiten zur Wiedergutmachung zwischen Opfern und Tätern aufzeigen (Lempp 1983).

Daß man hier leicht in das historische Spannungsfeld zwischen Medizinern und Juristen gerät, erfuhr ich zuletzt bei einem Gerichtstermin, bei dem ich einen jugendlichen Sexualtäter zu begutachten hatte.

Wie üblich hatten wir umfangreiche Recherchen unternommen und konnten nach langem Bemühen einen Therapieplatz in einer Spezialabteilung einer Justizvollzugsanstalt bekommen. Als ich dies dem Richter jedoch vorschlug, verlor er die Fassung und wies mich gekränkt in meine Schranken zurück. Er empfand dies als eine unerhörte Einmischung in die Belange der Justiz. Später erfuhr ich, daß der junge Mann entgegen meiner dringenden Empfehlung zu 5 Jahren Gefängnis verurteilt wurde.

Erfreulicherweise nimmt jedoch die Zahl der Jugendrichter zu, die sich mit dem Gutachter gemeinsam beraten, welche Maßnahmen für den Jugendlichen am erfolgversprechendsten sind. Der Kinder- und Jugendpsychiater hat hierbei, wie kaum anderswo, Gelegenheit, eine schwerwiegende, unbequeme, aber auch dankbare Verantwortung zu übernehmen. Eine von Empathie getragene Beziehungsaufnahme zwischen Jugendlichem und Gutachter mit dem Ziel, gemeinsam einen „Verständniszusammenhang zwischen entwicklungsabhängigen, die Straftat konstellierenden, tatauslösenden und den Tatablauf bestimmenden Faktoren" (Schönfelder 1973) zu erarbeiten, vermag den Handlungsablauf für Gutachter, Jugendlichen und Gericht gleichermaßen verstehbar zu machen. Der Vorwurf, hierdurch werde einer generellen Exkulpierungstendenz Vorschub geleistet, ist nicht ganz von der Hand zu weisen, *aber* „verstehen heißt nicht, einen Menschen von persönlicher Verantwortung freizustellen im Sinne von Folgenlosigkeit seines Tuns" (Schönfelder 1973). Als Gutachter kann und muß ich sehr wohl einerseits die Beweggründe und Erlebnisse des zu Begutachtenden anteilnehmend nachzuvollziehen suchen und Verständnis zu erkennen geben, zum anderen aber durchaus Distanz und meinen eigenen Standort wahren, um so zu einer objektiven Beurteilung zu kommen.

Wie können wir es übergehen, daß ein uns zur Begutachtung z. B. aus der Untersuchungshaft überstellter Jugendlicher oftmals anläßlich der Begegnung mit uns als Gutachter erstmals die Möglichkeit hat, über die von ihm begangene Tat zu reflektieren und uns dabei um unsere Stellungnahme und Hilfestellung zu bitten? Wäre es nicht inhuman, sich darauf zurückzuziehen, daß ich ihm zu verstehen gebe, ich bin nur der Gutachter und alles andere geht mich nichts an? Ähnliches gilt auch für Familiengerichtsverfahren, in denen die zerstrittenen Parteien sich häufig in einem für sie unlösbaren Loyalitätskonflikt zwischen Kind und geschiedenem Ehepartner befinden und sich nicht selten durch eine polemische Anwaltskorrespondenz völlig verhärteten Fronten ausgeliefert sehen, in denen sich die Relationen fatal verschoben haben. Wollen wir uns da unserer Verantwortung als möglicher Vermittler entziehen? Schließlich sind wir ja dazu aufgerufen, im Sinne des Kindeswohls eine Entscheidung zu treffen.

Ich habe es immer als eine hilfreiche Herausforderung empfunden, mich über ein Gerichtsgutachten zu einer entschiedenen Stellungnahme disziplinieren zu müssen. Diese entweder/oder-Fragestellungen der Juristen sind für uns, die wir naturgemäß zu einerseits/andererseits-Argumentationen neigen, ein Prüfstein, den ich nicht missen möchte.

Ich möchte abschließend in der gebotenen Kürze zu der bereits von Frau Retzlaff (s. d.) diskutierten Problematik des Schwangerschaftsabbruchs noch kurz einen Gedanken beitragen. Von seiten unseres Fachgebietes werden wir in diesem Zusammenhang zu Fragen gehört, die etwa die geistig-seelische Reife, die Persönlichkeit, die psychische Belastbarkeit, mögliche Suizidgefährdungen oder die zu erwartenden Reaktionen des Minderjährigen im Falle einer durchgeführten oder unterlassenen Schwangerschaftsunterbrechung betreffen. Daß wir bei der Beurteilung dieser Fragen eine Verantwortung für die Schwangere übernehmen müssen, liegt auf der Hand, doch wie steht es mit der Verantwortung dem Kind und seinem voraussichtlichen Lebensweg gegenüber? In der Diskussion über Abtreibung wird immer wieder die „Ehrfurcht vor dem Leben" angesprochen. Doch welches Leben ist hier gemeint? Es will mir manchmal scheinen, als ob hier von einem fiktiven biologischen Leben eines beliebigen Vertreters des Menschengeschlechtes eher die Rede ist als von einem Individuum, das ganz konkret sein Leben zu leben hat. Wer wie wir häufig Kinder sieht, die von Anfang an unerwünscht und ungeliebt ihren Weg gehen müssen, weil sie den Lebensentwurf ihrer Eltern erheblich stören, oftmals verzweifelt ihr Leben lang um die Zuwendung und Anerkennung ihrer Eltern kämpfen, oft dadurch unfähig sind, ein Selbstwertgefühl zu entwickeln und andere Bindungen einzugehen, kann diesen Aspekt nicht außer acht lassen. Was sollen wir wirklich einem solchen Kind oder Jugendlichen erwidern, wenn es uns fragt „Wozu bin ich überhaupt auf der Welt?". Hier kommen wir bald an die Grenzen unserer psychotherapeutischen Möglichkeiten, ganz zu schweigen davon, wer in unserer Gesellschaft denn sonst bereit wäre, diese Verantwortung zu übernehmen.

Wir bewegen uns hier eingestandenermaßen auf einem sehr heiklen Gebiet, und keinesfalls möchte ich so mißverstanden werden, daß ich das Kriterium „primär ungeliebtes, abgelehntes Kind" als ausreichend für eine Interruptio ansähe. Natürlich gibt es viele Beispiele dafür, daß solche Kinder sich später doch noch positiv entwickeln und Freude am Leben haben. Mir ging es als Kinderpsychiater nur darum, diesen Gedanken, der sich manchmal bei unserer Arbeit aufdrängt, auszusprechen.

Wenn ich hier abbreche, so bin ich mir bewußt, eine ganze Reihe nicht weniger bedeutsamer Themenkreise nicht angesprochen zu haben, z. B. die Problematik der Anwendung und Auswertung von psychologischen Testverfahren, des Umganges mit der Diagnose und mit Befundberichten, des Einsichtsrechts des Patienten und seiner Eltern in die Krankengeschichte, die subtile Problematik der Psychotherapie und Familientherapie oder auch der Fragen, die sich aus Lehr- und Forschungsaufgaben ergeben, wie Falldemonstrationen, Veröffentlichungen von Kasusistiken, Datenschutzprobleme u. v. a. m. (hierzu sei angemerkt, daß die „Ethischen Richtlinien des Berufsverbandes Deutscher Psychologen" (Bund Deutscher Psychologen 1967) sich ausführlich mit dieser Thematik beschäftigt haben). Angesichts der Fülle von Fragen ist es erstaunlich, wie selten diese in die Literatur eingegangen sind. Dem Interessierten sei die Lektüre einer Abhandlung des in Basel wirkenden Psychologen Udo Rauchfleisch mit dem Titel „Nach bestem Wissen und Gewissen - die ethische Verantwortung in Psychologie und Psychotherapie" (1982) empfohlen.

Ich muß gestehen, daß mir bei der Stoffsammlung zu diesem Vortrag zeitweise etwas bang wurde angesichts der Vielfalt von Verantwortung, die wir genau genommen in unserem Fachgebiet zu tragen haben. Wenn Hans Jonas sagt „Verantwortung ist die als Pflicht anerkannte Sorge um ein anderes Sein", so möchte ich hinzufügen, daß in der Tatsache, daß wir als Kinder- und Jugendpsychiater Verantwortung für Kinder und Jugendliche übernehmen können, vor allem eine große Chance besteht, positive Veränderungen - und mögen diese auch noch so gering sein - überhaupt bewirken zu können. Für uns persönlich bedeutet es zudem auch eine Chance, unser menschliches Dasein als ganzes besser begreifen zu lernen.

Literatur

1. Jonas H (1987) Das Prinzip der Verantwortung. Insel Verlag, Frankfurt/M.
2. Lempp R (1985) Gedanken zur Erhebung der Anamnese. Z Kinder-Jugendpsychiat 13:3-4
3. Knölker U (1988) Zum Problem der Diagnose in der Kinder- und Jugendpsychiatrie. Focus MHL 5:8-14
4. Friese HJ, Nissen G (1983) Die Klinik für Kinder- und Jugendpsychiatrie im Urteil von Kindern und Jugendlichen. Dtsch Ärztebl 80:51-56
5. Remschmidt H (1987) Mißhandlungen von Kindern und Jugendlichen. Dtsch Ärztebl 84:1028-1032
6. Wolff G, Scholtischik A, Ulrich G (1987) Diagnose „Kindesmißhandlung", Konfrontation und Konsequenzen für den Diagnostiker. Kinderarzt 7:940-946
7. Knölker U, Gernum A (1987) Zur Effizienz kinder- und jugendpsychiatrischer Sachverständigengutachten (unveröffentl. Vortragsmanuskript)
8. Schönfelder Th (1973) Zur Identität des jugendpsychiatrischen Sachverständigen. In: Nissen G, Schmitz H (Hrsg) Strafmündigkeit. Luchterhand, Neuwied-Berlin
9. Lempp R (1983) Gerichtliche Kinder- und Jugendpsychiatrie. Huber, Bern-Stuttgart-Köln
10. Bund Deutscher Psychologen (1967) Berufsethische Verpflichtungen für Psychologen. Hrsg vom Bund Deutscher Psychologen in Verbindung mit der Deutschen Gesellschaft für Psychologie, Frankfurt/M
11. Rauchfleisch U (1982) Nach bestem Wissen und Gewissen - die ethische Verantwortung in Psychologie und Psychotherapie. Verlag f. Med. Psychologie im Verlag Vandenhoeck + Ruprecht, Göttingen

Ethische Überlegungen in der Psychiatrie

HORST DILLING

Bevor wir einzelne Fragen aus der Psychiatrie bedenken, möchte ich dieser Vorlesung eine kurze Gliederung voranstellen. Ich möchte beginnen mit den Problemen des einzelnen Patienten, der in der Psychiatrie behandelt wird. So werde ich einiges über Zwangseinweisungen und Zwangsbehandlung, über Behandlungen suizidgefährdeter Patienten und über die Arzt-Patienten-Beziehung in der Psychiatrie sagen. Ein Exkurs soll in den Bereich der Aufklärung und der Schweigepflicht führen. Hieran schließen sich Überlegungen zu wissenschaftlichen Studien im Rahmen der Psychiatrie. - In einem zweiten Teil möchte ich über Bedingungen sprechen, denen sich der Psychiater von Seiten der Gesellschaft gegenüber sieht. Welche Rolle spielt der Psychiater als Gutachter, vielleicht auch als Gutachter in einem totalitären Staat? Fragen zur Eugenik und zur Euthanasie sollen erwähnt werden. Auch das Problem der psychiatrischen bzw. sozialpsychiatrischen Versorgung der Patienten bringt ethische Probleme mit sich. - Abschließend soll vor allem die Dimension ethischer Fragen in der Psychiatrie deutlich werden. Dabei wird sich herausstellen, daß wir vor vielen bisher ungelösten und manchen wohl auch unlösbaren Fragen stehen.

Kommen die meisten Patienten zum Allgemeinarzt, zum Internisten oder zum Chirurgen, wenn sie bei sich eine Krankheit feststellen und Hilfe brauchen, so kommen zum Psychiater neben diesen hilfesuchenden Patienten auch zahlreiche andere, die nicht auf eigenen Antrieb, sondern auf Veranlassung der Familie oder der Gesellschaft in eine Behandlung kommen. Diese Nichtfreiwilligkeit vieler Behandlungen verweist die Psychiatrie in eine Sonderrolle, die wir reflektieren sollten.

Ich beginne mit einem kurzen Beispiel, das ich in München erlebte: eine etwa 45jährige Frau hat aus dem zweiten Stock eines Mietshauses, aus ihrer Wohnung zahlreiche Medikamentenpackungen geworfen, in ihrer Erregung hat sie auch sonstige Gegenstände wie Kartons und einen Hocker auf die Straße befördert. Nachbarn haben die Polizei benachrichtigt. Die Beamten sind in die Wohnung der Frau eingedrungen, die Ärztin ist, aber seit längerem nicht mehr praktiziert. Die Polizisten haben sie trotz ihrer Weigerung in die Klinik mitgenommen und in die geschlossene Station gebracht. Wegen der zugespitzten Situation vor Ort wurde der ärztliche Dienst des Gesundheitsamtes zwar benachrichtigt, der Amtsarzt sah die Patientin aber erst auf der Station und war - ebenso wie wir - von der derzeitigen stationären Behandlungsbedürftigkeit der Patientin überzeugt. Nicht so der am folgenden Tag zur Verhandlung in der Klinik erscheinende Richter, wie auch der Rechtsanwalt, die beide eine Zwangseinweisung unter den Bedingungen des Bayerischen Verwahrungsgesetzes - entsprechend dem PsychKG in Schleswig-Holstein - nicht für erforderlich hielten. So wurde die ärztlich für notwendig gehaltene Zwangseinweisung nicht bestätigt, und die Patientin verließ gegen ärztlichen Rat die Klinik. Immerhin war durch die nach der Einweisung sofort erfolgte Behandlung eine Beruhigung des akuten Erregungszustandes eingetreten, so daß zwar eine weitere Gefahr im Augenblick nicht gegeben war, das Risiko einer erneuten Verschlimmerung wurde vom Juristen und vom Arzt in diesem Fall aber unterschiedlich eingeschätzt, wenngleich die anfängliche Unterbringung nicht strittig war. - In diesem Falle war die Behandlung der Patientin nicht nur zu ihrem Wohle erforderlich, sondern auch zum Schutz der Gesellschaft vor ihrer wahnhaft bestimmten Aktivität. Passanten hätten durch herabfallende Gegenstände verletzt werden können, Medikamente in die Hände von Kindern gelangen können. Wir diagnostizierten eine manische Phase im Rahmen einer schizoaffektiven Psychose und zielten mit unserer Behandlung in erster Linie auf die Wiederherstellung eines ausgeglichenen Stimmungsniveaus durch Gabe entsprechender Neuroleptika. Diese Behandlung wurde zwar von der Patientin unter dem Druck der Umstände gewissermaßen freiwillig toleriert, es wäre aber bei Anhalten des Erregungszustandes auch möglich gewesen, daß wir eine Zwangsmedikation hätten durchführen müssen. Sicherlich kann man nicht verallgemeinern, aber viele Patienten heißen nach Beendigung der Behandlung dieses Vorgehen gut. Viele, bei Ersterkrankungen die meisten Kranken, haben in der akuten Psychose keine Krankheitseinsicht, während nach Besserung dann mit Nachlassen der Wahngewißheit auch eine innere Distanzierung eintritt.

Konflikt im hier dargestellten Fall ist die unterschiedliche Auffassung über das Risiko im weiteren Verlauf. Wir sahen für mindestens einige Tage noch Behandlungsnotwendigkeit, um einer erneuten Verschlechterung vorzubeugen, der Richter dagegen ging vom gegenwärtigen Zustand aus, ließ zwar die erfolgte Einweisung gelten, meinte aber, eine weitere Freiheitsentziehung, um eine solche handelte es sich ja, nicht vertreten zu können und entschied sich in Güterabwägung für das möglicherweise für die Gesundheit der Patientin riskantere Vorgehen.

Dem Gesetzgeber geht es tatsächlich nicht in erster Linie um die Behandlung, sondern um Gefahrenabwendung, wenn nämlich Gefahr für den Betreffenden oder seine Umgebung auszumachen ist, er also selbst- oder fremdgefährlich ist.

In unserem Falle konnte der Ehemann die Patientin zu einer weiteren ambulanten Behandlung überreden, die zeitweilig bei mir erfolgte, und die vorzeitige Entlassung hatte keine nachteiligen Folgen.

Unglücklich dagegen ging ein anderer Fall aus, über den Finzen berichtete (Finzen 1986). Hier hatte der Notarzt einen 39jährigen Polizeibeamten unter dem Bild einer schweren paranoid-halluzinatorischen Psychose eingewiesen. Der Patient wurde mit einer hohen Medikation von Haloperidol und Neurocil behandelt, unter der er auch zwei Tage später vom Richter gesehen wird. Entgegen dem Antrag des Arztes, der eine zwangsweise Behandlung für erforderlich hält, stellt der Richter fest: „Daß er sich infolge dieser Krankheit, Störung oder Behinderung schwerwiegenden gesundheitlichen Schaden zufügt oder anderen schwerwiegenden gesundheitlichen Schaden zuzufügen droht, konnte dagegen nicht festgestellt werden.“ So wurde der Patient entlassen, noch dreimal ambulant in der Poliklinik gesehen, ohne daß er oder die Ehefrau sich zu einer stationären Behandlung bereitfanden. Einen Tag nach der dritten Konsultation erschoß der Patient sich mit seiner Dienstwaffe.

Finzen kommentiert, daß bei vielen ähnlichen Patienten, die krank und behandlungsbedürftig sind und nach ärztlichem Ermessen schweren Schaden erleiden werden, kein Antrag mehr auf Unterbringung gestellt wird, da der Arzt vom Richter eine Ablehnung des Antrages erwartet. Auf der einen Seite begrüßen wir den wachsenden Respekt vor den Freiheitsrechten psychisch Kranker, auf der anderen Seite hat letztlich der psychisch kranke Patient auch ein Recht darauf, gegen seinen Willen behandelt zu werden (Finzen 1986). Es wird von Richtern, aber auch von vielen sonstigen medizinischen Laien zu wenig gesehen, daß eine schwere Psychose die Wahrnehmungs-, Urteils- und Willensfähigkeit und damit natürlich die Geschäftsfähigkeit des Kranken so stark verändert, daß er nicht für sich entscheidungsfähig ist, daß die Einwilligungsfähigkeit wie auch ihr Gegenteil in die Behandlung nicht vorhanden sind. Wir müssen also in manchen Fällen zulassen, daß der Kranke sich schwerwiegenden gesundheitlichen Schaden zufügt, wenngleich ein so tragischer Ausgang wie in dem von Finzen referierten Fall glücklicherweise selten ist.

In diesem Zusammenhang möchte ich betonen, daß auch bei den psychiatrischen Patienten ebenso wie bei allen anderen Aufklärung über die Erkrankung und die Behandlung wie auch die damit verbundenen Risiken und Gefahren erfolgen muß, und wir auch in der Mehrzahl von den Patienten die Zustimmung zur Behandlung erhalten. Hinzu kommt, daß sogar in den meisten Fällen von Zwangseinweisung die Patienten doch schließlich bereit sind, die Behandlung ohne Zwang zu akzeptieren. Um die Größenordnung dieses Problems für unsere Klinik zu demonstrieren: 1985 kamen nur 2,1% unserer Aufnahmen nach dem PsychKG, 4,2% der Aufnahmen allerdings nach § 180 des Landesverwaltungsgesetzes mit der Polizei, die hiermit die Möglichkeit hat, für 24 Stunden einzuweisen; nur einzelne Fälle standen unter Pflegschaft oder waren entmündigt (Dittmann 1986). Diese Zahlen liegen im Landeskrankenhaus zwar vergleichsweise höher, betragen aber insgesamt auch nur 15-20% (Lorenzen 1981).

Die zwangsweise erfolgende Medikation bei untergebrachten Patienten sollte nur dann erfolgen, wenn alle Versuche der Aufklärung, trotz der Zwangseinweisung eine Zustimmung des Patienten erreichen, gescheitert sind. Nur in seltenen Fällen muß eine solche Behandlung länger als einige Tage dauern. Es dauert allerdings manchmal lange, bis der Patient fähig ist, das Erfordernis einzusehen. Ein Patient, ein deutsch-dänischer Student, bei dem mir diese Art von Behandlung wegen unserer eigentlich guten Beziehung besonders unangenehm war, hat mir noch lange danach, auch über seine Entlassung hinaus, Vorwürfe gemacht. Erst Jahre später hat er mich wissen lassen, daß er jetzt nachträglich die Behandlung billigen könne.

Immer muß die Frage bei solchen Behandlungen lauten: dient sie dem Wohl des Patienten? Ist sie unbedingt erforderlich? Würde sich durch Abwarten die Situation nicht entspannen? Wird durch eine zwangsweise Behandlung die Arzt-Patienten-Beziehung nicht unter Umständen schwerwiegend gestört?

Zwar sollte bei jeder Behandlung aus ärztlicher Sicht das Wohl des Patienten im Vordergrund stehen, andererseits muß aber in allen den Fällen der Wille des Patienten respektiert werden, in denen er in der Lage ist, die Bedeutung der Behandlung sowie ihre Nebenwirkungen und Komplikationen zu erkennen. Es stehen also gegenüber die Verantwortlichkeit des Arztes für den Patienten und die Autonomietendenz des einzelnen (Rössler 1984).

Diese Abwägung zwischen Wille und Wohl des Patienten muß auch erfolgen, wenn Patienten fixiert werden müssen, d.h. wenn wir Bauchgurte, Hand- oder Fußgurte anlegen, um die Patienten in ihrer Bewegungsfähigkeit einzuschränken, da sie sich selbst durch Autodestruktion oder das behandelnde Personal bzw. Mitpatienten durch ihre Aggressivität ernsthaft gefährden. Hier kann es sich um eine Schutzmaßnahme handeln, aber auch um eine therapeutische Intervention. Sie muß ärztlich wohlbegründet sein. Die Anordnung muß vom Arzt gegengezeichnet werden, und die Dauer der Fixierung muß auf der Kurve des Patienten festgehalten werden. Mein Mitarbeiter, Herr Dittmann, ist in unserer Klinik der Frage nachgegangen, wie häufig diese Maßnahmen angewendet werden und ist auf immerhin 6,6% aller männlichen Patienten gekommen, von denen die meisten allerdings Kranke im Alkoholdelir sind (Dittmann 1986).

Über eine weitere Behandlungsmethode neben der Medikamentenbehandlung, die häufig mit Zwangsmaßnahmen in der Psychiatrie in Verbindung gebracht wird, sollte ich ein paar Worte sagen: ich meine die Elektrokrampftherapie, die EKT, eine der wirkungsvollsten Behandlungsmethoden in unserem Fache. Die Behandlung wurde aber in zahlreichen antipsychiatrischen Veröffentlichungen, denken Sie an den Film „Einer flog über das Kuckucksnest“, in die Nähe von Foltermethoden gestellt, welche schwere organische Hirnschädigungen hervorrufen. So wendet man in der Bundesrepublik diese Therapie viel seltener als eigentlich erforderlich an, im Unterschied zu den angelsächsischen und skandinavischen Ländern. Viele Patienten quälen sich Monate bis Jahre mit schweren Depressionen, mit Selbstmordimpulsen, ohne daß antidepressive medikamentöse Behandlungen Besserung bringen, während in vielen Fällen eine Besserung alternativ durch Elektrokrampfbehandlung rasch zu erreichen wäre. Leider sind sehr viele Patienten trotz ihres schweren Leidens nicht bereit, sich dieser Behandlung zu unterziehen und verweigern, was wir stets respektieren. Wenn wir Patienten auf diese Weise behandeln, nur wenige im Jahr, erfolgt dieses immer in Kurznarkose und unter Muskelrelaxation unter Hinzuziehung eines Anästhesisten. Unter vielen hundert Behandlungen dieser

Art habe ich im Laufe der Jahre neben zahlreichen leichteren nur ein beträchtliches Durchgangssyndrom gesehen, das zum Abbruch der Behandlung zwang, dann aber voll reversibel war. Organische Dauerschäden sind nicht nachgewiesen.

Ich habe eben schon Patienten mit Selbstmordgefährdung erwähnt, die wir häufig nach einem Suizidversuch von der Intensivstation der Inneren Medizin übernehmen. Hier gilt es, mit dem Patienten einen Kontakt aufzubauen und hinter der aktuellen Erkrankung oder dem äußeren gegenwärtigen den inneren Konflikt zu erspüren (Reimer 1986). Schwierig wird es im Falle von Menschen, die einen Bilanzselbstmord begehen wollen, häufig also vereinsamte ältere Menschen, die unter einer schweren körperlichen Krankheit leiden und ihrem Leben keinen Sinn mehr geben können. Hier können wir oft nur die Situation klären, den aktuellen Suizid verhindern, auf längere Sicht aber können diese Patienten ihre Absicht durchführen, wenn es ihnen ernst damit ist. Aber die meisten, auch der älteren, wollen im Grunde noch leben trotz anfänglich überzeugend geäußerter Selbstmordabsichten.

Im Unterschied zur Behandlung von psychotisch Suizidalen oder reaktiv Depressiven, bei denen wir davon ausgehen, daß der natürliche Wille des Patienten nicht seinem gegenwärtigen Zustand entspricht, können wir bei den Bilanzsuiziden nur Aktuelles verhindern, sollten aber weitere Zwangsmaßnahmen mit aller Zurückhaltung reflektieren.

Seit vielen Jahren wird, auch unter Einschaltung der Gerichte, diskutiert, inwieweit man auf der geschlossenen Station in der Lage sein muß, Selbstmorde zu verhindern, wie weit der behandelnde Arzt auch zur strafrechtlichen Verantwortung gezogen werden muß, wenn ein Suizid stattfindet. 1986 ist ein Stationsarzt der Münchener Psychiatrischen Klinik von dem Vorwurf mangelnder Wahrnehmung seiner Aufsichtspflicht freigesprochen worden, nachdem er in erster Instanz bereits verurteilt war. Das Problem reduziert sich auf die Frage, ob wir eine höchst kustodiale, vielleicht nicht einmal bezüglich möglicher Suizide sichere Psychiatrie betreiben wollen, oder ob wir zugunsten aller Patienten eine freiere Atmosphäre auf den Stationen zulassen können, ohne Frage mit Übernahme der Verantwortung auch für die Suizidalen. Eine alte Krankenschwester, die noch die kustodiale Verwahrpsychiatrie miterlebt hatte, erzählte mir, daß sie erlebt habe, wie ein suizidaler Patient seinen Kopf gegen die Wand geschlagen und sich dadurch getötet habe. – Ich glaube, wir sollten uns eher auf eine gute therapeutische Atmosphäre auf der Station mit kommunikativer Zusammenarbeit aller Beteiligten verlassen. Das Gefühl der Geborgenheit auf der Station ist für die meisten Patienten die wichtigste Suizidprophylaxe.

Spielt in jeder therapeutischen Beziehung das Vertrauen zum Arzt, also der Aufbau einer guten Arzt-Patient-Beziehung eine große Rolle, so gilt dieses in besonderer Weise für die Psychiatrie, wie aus dem Beispiel der Suizidgefährdeten schon deutlich wurde. Bei unseren Patienten stellen ja häufig ganz persönliche Nöte das zentrale Problem dar. Der Psychiater muß in der Lage sein, bei verschiedenen Persönlichkeiten und bei verschiedenen Krankeitsbildern seine eigene Rolle auch im Sinne einer Übertragung und Gegenübertragung einzuschätzen und sich entsprechend auf den Patienten einzustellen. Das Gelingen einer Behandlung beruht in sehr vielen Fällen auf einer solchen, einerseits intensiven, andererseits aber auch nicht zu privaten Arzt-Patient-Beziehung. Erleichtert wird diese Beziehung durch empathisches Einfühlen, durch Vorstellungsvermögen und Phantasie des Behandlers, der sich auf den jeweiligen, oft sehr unterschiedlichen Patienten in seiner Rolle einzustellen hat, und der in vielen Fällen seine Position für den Patienten aufgrund des biographisch-dynamischen Hintergrundes bestimmen und therapeutisch in der Interaktion nutzen kann. Bei der offensichtlichen Macht, die zeitweilig eine Übertragungsrolle mit sich bringt, etwa gegenüber einer verliebten Patientin, liegt das ethische Problem auf der Hand.

Bedenkt man die oft sehr persönlichen Angaben, unter Umständen lange gehütete Geheimnisse der Patienten, dann ist leicht einzusehen, daß die ärztliche Schweigepflicht in der Psychiatrie ein besonders hohes Gut darstellt. Der Patient muß sich darauf verlassen können, daß das ärztlich-psychiatrische Gespräch vertraulich bleibt. An die Weitergabe von Kenntnissen über Biographie und Krankheit des Patienten, beispielsweise zum Zwecke der Verwertung in einem Gutachten, sollte ein sehr strenger Maßstab gelegt werden; in jedem solchen Fall sollte der Patient seine Zustimmung geben und, wenn nötig, auch über den Inhalt seiner Krankenakte detailliert aufgeklärt werden. Aber auch im Mitteilen von Fakten und Beurteilungen über Patienten an andere medizinische Institutionen sind wir oft zu leichtsinnig, wie ich immer wieder in der eigenen Klinik feststelle. Weshalb müssen beispielsweise die Einzelheiten eines Ehekonfliktes im Arztbrief an eine einweisende Station jedem dort Tätigen zur Lektüre quasi als psychiatrische Erfolgsmeldung erwähnt werden?

Eine spezielle Frage ist die, ob Angaben des Patienten nach seinem Tode weitergegeben werden dürfen, inwieweit der letztbehandelnde Psychiater spontan zur Testierfähigkeit eines dement Verstorbenen Stellung nehmen sollte, wenn er sieht, daß ein offensichtliches Unrecht bei der Verteilung des Erbes droht. Hier hat der mutmaßliche Wille des Verstorbenen als Leitlinie zu gelten. Ein Psychiater, der meint, solche Informationen weitergeben zu sollen, ist vorher gesetzlich verpflichtet, die einzelnen Rechtsgüter sorgfältig gegeneinander abzuwägen.

Viele Auseinandersetzungen gab es in den letzten Jahren zur Frage der Einsicht in Krankengeschichten und damit letztlich Überlassung der Befunde an den Patienten oder dessen Angehörige. Der gegenwärtige Stand der Rechtsprechung läßt sich dahingehend zusammenfassen, daß alle allgemeinen ärztlichen Befunde dem Patienten auf Verlangen zugänglich gemacht werden sollten, der psychiatrische Befund und vor allem die Beurteilung insofern ausgenommen, als er subjektive Überlegungen des Arztes enthält und möglicherweise auch Angaben Dritter und über Dritte, die unter der Annahme gemacht wurden, daß sie dem Patienten nicht zur Kenntnis gelangen (Deutsche Gesellschaft für Psychiatrie und Nervenheilkunde 1983). – Auch bei der Weitergabe von psychiatrischen Arztbriefen an Patienten ist zu bedenken, daß unvorbereitet, ohne mündliche Erklärungen des Arztes, hier großer Schaden angerichtet werden kann. – Würde die Offenlegung der Krankengeschichten allgemeiner Brauch, so müßten sie ad usum Delphini verfaßt werden (Degkwitz et al. 1982)!

Die Problematik von wissenschaftlichen Studien zur Wirkung von Medikamenten ist in der Psychiatrie deshalb beträchtlich, da Patienten, die nicht in der Lage sind, ihre informierte Zustimmung zu einer Behandlung zu geben, nicht in eine solche hineingenommen werden dürfen. Das gilt in der Regel auch für entmündigte Patienten oder unter Pflegschaft Stehende. Trotzdem läßt sich die Frage nicht so einfach beantworten. Zum einen muß man fragen, ob es sich um ein therapeutisches Experiment mit Patienten, um einen Therapieversuch oder um eine unübliche Variation einer sonst eingeführten Behandlung handelt (Helmchen 1986). Unsystematisiert wird ein engagierter Arzt, ohne daß ihm das Experimentelle seines Vorgehens bewußt sein wird, in manchen Fällen eine riskantere Behandlung anwenden, um dem Patienten zu helfen. Hier dürfte die Zustimmung von Vormund oder Pfleger ausreichen. Fragwürdig wird die Behandlung, wenn sie sich zu weit von der bisher üblichen und erprobten Methode entfernt. Andererseits ist festzustellen, daß bei vollständiger Ablehnung von Therapieversuchen, also etwa im Falle von dementen Patienten, kein systematischer therapeutischer Fortschritt zu erreichen ist. Die Einzelfallbeobachtung reicht hier nicht aus! In solchen Fällen müssen kontrollierte Studien durchgeführt werden, die aber häufig an den genannten Schwierigkeiten scheitern, mit Zustimmung des Pflegers aber formal möglich sind. In jedem Fall sollte die zuständige Ethik-Kommission hier eingeschaltet werden, und gemeinsam mit den zukünftigen Untersuchern die Risiken für die Patienten abwägen. Dabei ist Schutz der Rechte des Individuums oberstes Gebot (Gross 1980). Noch einmal: wir sollten keinesfalls hohe Risiken bei Patienten eingehen, die selbst aufgrund mangelnder Geschäftsfähigkeit keine Zustimmung geben können, andererseits ist es auch nicht im Sinne dieser Patienten, wenn mögliche innovative Therapien nicht angewendet werden, weil sie nicht in der Lage sind, deren Risiken und Chancen zu überblicken. Hier tritt also neben das individuelle Interesse des Patienten ein allgemeineres Interesse, ein sozialer Gesichtspunkt, der den vielleicht anderen Patienten zugutekommenden Fortschritt der Medizin beinhaltet. – Ausgeschlossen sollte sein die Durchführung von medizinisch therapeutischen Experimenten, die für den betreffenden Patienten keinen möglichen Nutzen bringen können.

Die Forschung stellt einen Fall dar, in dem andere Interessen als die unmittelbaren des Patienten an Bedeutung gewinnen, so der allgemeine medizinische Fortschritt, aber auch der persönliche Vorteil des Forschers für seine Karriere, den dieser sich unbedingt eingestehen muß. Stärker noch steht in den folgenden Beispielen das allgemeine gesellschaftliche Interesse im Vordergrund bis hin zu seiner Perversion.

Die Verurteilung eines Straftäters erfolgt in belangvollen Fällen in der Regel erst, nachdem die Frage der Schuldunfähigkeit aufgrund psychischer Erkrankung sorgfältig geprüft ist. Hier fordert die Gesellschaft also Bestrafung eines

Schuldigen, aber nur dann, wenn er auch schuldfähig ist. Der Richter als Repräsentant der Gesellschaft wendet sich an den Psychiater mit der Frage nach den medizinischen Voraussetzungen für die Annahme einer Schuldunfähigkeit oder verminderter Schuldfähigkeit. Hier kann es zu einer beträchtlichen Rollendiffusion kommen, indem der betreffende Gutachter sich zu sehr und in erster Linie als Arzt und nicht als Gutachter fühlt, therapeutische Erwägungen also ganz in den Vordergrund stellt und letztlich unter dem Motto, daß jede Straftat in ihrem Motivationsgefüge auch zu verstehen ist, dazu neigt, den Betreffenden aus psychiatrischer Sicht schuldunfähig zu beurteilen, auf der anderen Seite der Gutachter, der sich als Instrument der Staatsanwaltschaft oder des Gerichts fühlt und damit seine Unabhängigkeit aufgibt, sich gewissermaßen zum Hilfsstaatsanwalt macht. Auch das ist nicht Rolle des Gutachters, der von vornherein dem Begutachteten mitteilen sollte, daß jede seiner Äußerungen im Gutachten Verwertung finden kann. Aus dieser kurzen Darstellung wird deutlich, daß der psychiatrische Gutachter unterschiedliche Anfechtungen erleiden kann und häufig Schwierigkeiten hat, seine Objektivität zu bewahren.

Schwieriger als in der Bundesrepublik ist seine Position in den Vereinigten Staaten, wo auch im Strafprozeß der Gutachter von vornherein von den Parteien beauftragt wird im Unterschied zu unserem Lande, wo der Richter den Auftrag erteilt. In den USA dagegen beauftragen die Staatsanwaltschaft und die Verteidigung den jeweiligen Psychiater, und schon das macht die Situation für den Gutachter dort besonders schwierig, so daß häufiger als bei uns gegensätzliche Gutachten erstattet werden (Helmchen 1986).

Unter noch stärkerem Druck stehen Gutachter in der Sowjetunion oder in anderen Ländern, in denen politisch anders denkende Dissidenten in manchen oder zahlreichen Fällen zwangsbehandelt werden. Hier kann der Gutachter mit einem weiten Begriff von symptomarmer schizophrener Erkrankung operieren und etwa im Sinne eines Verlaufs der Schizophrenia simplex oder einer paranoiden Psychose Andersdenkende zu psychisch Kranken stempeln, zumindest Grenzfälle leichter in diesen Bereich hereinnehmen. Obwohl hier natürlich eigentlich Neutralität gefordert wird, finden sich in bestimmten politischen Systemen immer wieder Ärzte, die - vielleicht sogar mit gegenwärtig voller Überzeugung - zu Handlangern staatlicher Politik werden, auch Psychiater, die Behandlungen durchführen, die den Tatbestand der Folter erfüllen (Deutsche Gesellschaft für Psychiatrie und Nervenheilkunde 1980)!

An dieser Stelle darf ich natürlich das Beispiel der sogenannten Euthanasie im Dritten Reich nicht übergehen. Was seit Ende des 19. Jahrhunderts sich angedeutet hatte, was aus der Degenerationstheorie, aus zahlreichen rassehygienischen Schriften aller Art herausgewachsen war, was schließlich zur Eugenik-Gesetzgebung 1933 geführt hatte, das kulminierte dann in den Jahren ab 1939 in den groß angelegten Mordaktionen der Nationalsozialisten an psychisch Kranken. Es ist wichtig, sich vor Augen zu führen, daß man sich bei diesen Aktionen von jeglicher individueller Ethik entfernt hatte und eine Sozialethik propagierte, in der das Volksganze, die Rasse, die Nation, also allgemeine Begriffe in den Vordergrund gestellt wurden. Typisch hierfür auf die Frage an einen SS-Arzt, wie er das hat verantworten können, die Antwort: „Aus Respekt vor dem Leben würde ich einen eitrigen Blinddarm aus einem Körper entfernen" (Seidel 1984). Es ist beeindruckend zu erfahren, wie viele Ärzte, wie viele Psychiater, bei diesen Aktionen mittaten, sei es in der geistigen Vorbereitung beginnend mit dem Buch von Binding und Hoche „Die Freigabe der Vernichtung lebensunwerten Lebens" erschienen 1922, sei es bei der Planung dieser Aktionen bis hin zur direkten Täterschaft. Die Beteiligten tendieren dann dazu, ihre persönliche Verantwortung abzuwälzen, wie dieses etwa zum Ausdruck kam, als Ewald, damals Ordinarius für Psychiatrie und Neurologie in Göttingen, mit Bumke und Rüdin, beide damals in München, zu einer entscheidenden Gutachtersitzung nach Berlin fährt und versucht, die beiden auf seine Seite zu bringen, nämlich die Ablehnung der Tötungsaktionen an psychisch Kranken, diese ihm erklären, sie seien nicht zuständig dafür als Universitätspsychiater. Die chronisch Kranken seien nicht ihr Bereich. So blieb Ewald der einzige, der mit viel Mut Widerstand leistete, nach der Sitzung eine Protestschrift versandte und auch später noch versuchte, seine Kranken vor dem staatlichen Zugriff zu retten (Seidel 1987).

Es erstaunt den heutigen vielleicht besonders, daß auch sozialpsychiatrisch sehr engagierte Männer wie Faltlhauser und Carl Schneider direkt in die Aktionen verwickelt waren, indem sie als Gutachter oder Organisatoren der Tötungen fungierten und so die Todesurteile über die Patienten festlegten (Dörner et al. 1980). Dörner hat in einem Aufsatz über das Lehrbuch Carl Schneider dessen engagierte ärztlich-therapeutische Qualitäten dargelegt und zugleich auf das eigentlich uneinfühlbare Phänomen hingewiesen, daß derselbe Mann indirekt vielfacher Mörder wurde (Dörner 1986), sicherlich ein Hinweis auf die Ambivalenz des Menschlichen, die aber selten so kraß vor Augen gestellt wird wie hier. Faltlhauser galt für mich über lange Jahre neben Römer als der fortschrittliche Sozialpsychiater der 20er Jahre, der in Bayern die nachgehende Fürsorge in vorbildlicher Weise eingerichtet hatte. Zu meinem großen Erstaunen und meiner Enttäuschung erfuhr ich erst in den letzten Jahren, daß auch er einer der Aktiven bei der Vernichtung gewesen ist, indem er in Kaufbeuren die Hungerdiät einführte (Klee 1983).

So kann ich an dieser Stelle auf die Diskussion über die Euthanasie kommen: aktive Euthanasie in keinem Fall und unter keinen Bedingungen, insbesondere keine Kommissionen, keine offiziellen Stellen, die über so etwas zu befinden hätten. Ich möchte an die Aussage von Jaspers erinnern, der sagt, daß der Arzt in seiner hippokratischen Tradition nicht das Recht hat, Leben zu nehmen, so daß er gewissermaßen als einzigen Ausweg auf die persönliche individuelle menschliche Entscheidung mit vollem Risiko der Strafbarkeit verweist, wenn der Arzt in Solidarität mit seinem Patienten überzeugt ist, diesem die Zeit seines Todeskampfes verkürzen zu müssen (Schmidt 1965).

Ein anderes als Euthanasie im eben gemeinten Sinne ist die passive Euthanasie als Erleichterung des Sterbens, als Bewahren vor aufwendigen, nicht mehr sinnvollen medizinischen Untersuchungen und Behandlungen, die mit

Sicherheit keine Besserung mehr bringen werden (Groos und Tauber 1985, Piechowiak 1983). Aber in diesem Bereich hat der Psychiater verhältnismäßig selten mit zu entscheiden, obwohl Beispiele wie das eines dialysepflichtigen chronischen Alkoholikers, der sich gegen seine zwei- oder dreimal in der Woche erfolgende Dialyse immer wieder stemmt, letztlich vom Psychiater als dem Behandelnden zu entscheiden sind (Helmchen 1986). – Und von dieser soeben erwähnten aktiven und passiven Euthanasie ist klar abzugrenzen, was während der T4-Aktionen geschah: das war heimlicher, staatlich legitimierter Mord, keine Euthanasie.

Als letztes wichtiges Beispiel erwähne ich die Einflußnahme auf die psychiatrische Versorgung und Planung. Hier sind wir häufig als psychiatrische Gutachter oder Berater gefordert für politische Entscheidungen, die enorme menschliche, aber auch ökonomische Folgen haben. Ich erinnere etwa an die Reduzierung der Betten in den Vereinigten Staaten von 560000 auf jetzt 130000 im Verlauf von etwa zwei Jahrzehnten (Helmchen 1986). Zahlreiche der ehemaligen Patienten sind nicht etwa resozialisiert, adaptiert an neue Wohnbedingungen, sondern entweder in oft kommerzielle, unzureichend ausgestattete Heime für chronisch Kranke verlegt oder obdachlos auf der Straße. – Ähnliche Auswirkungen hatte die von dem idealistischen und charismatischen Franco Basaglia (Heinrich 1985) in Werk gesetzte italienische Psychiatriereform, die einerseits dringend nötig war, die andererseits aber radikal gesteuert wurde, indem die Krankenhausaufnahmen weitgehend verhindert wurden, so daß zahlreiche psychisch Kranke zu einer unerträglichen Last für ihre Familien wurden. Dies hatte in den Familien häufig Konflikte ungeahnten Ausmaßes zur Folge, möglicherweise sogar die Ermordung zahlreicher psychisch Kranker im häuslichen Milieu, weil sich die Familien ihrer anders nicht mehr erwehren konnten (Sarteschi et al. 1985). Andererseits gelang es in einer Reihe von Kommunen auch, gemeindenahe Einrichtungen zu schaffen, in denen zahlreiche psychisch Kranke jetzt besser als in den alten Anstalten behandelt werden können (Pittrich und Schäfer 1985).

Mit diesem letzten Beispiel möchte ich verdeutlichen, daß unsere Empfehlungen für uns modern und fortschrittlich erscheinende Institutionen, für sozialpsychiatrische Reformen für viele Menschen beträchtliche Auswirkungen haben können, vielleicht sogar einschneidendere als das individuelle therapeutische Handeln. Es ist zu bedenken, daß im Unterschied zur medikamentösen Behandlung, bei der versucht wird, zuvor Wirksamkeitsstudien durchzuführen, institutionelle Reformen eingeleitet werden, meist ohne daß die neuen Einrichtungen bereits ausreichend erprobt sind. Ja es zeigt sich, daß so komplexe Systeme wie umfangreiche psychiatrische Institutionen nur mit großen Unsicherheiten wissenschaftlich zu evaluieren sind. Gerade im Bewußtsein dieser ethischen Verantwortung sind wir als Psychiater aufgerufen, uns für die bessere Qualität unserer Versorgungseinrichtungen einzusetzen. Für die Körpermedizin, insbesondere operative Fächer, für moderne hochtechnische Verfahren ist die Gesellschaft bereit, hohe Investitionen zu leisten. Wir sollten für unsere Kranken die Gleichstellung mit körperlich Kranken erreichen! Um es praktisch zu sagen: wir nehmen hier im Klinikum, da die Häuser für die Behandlung geeignet sind, die sanierten Altbauten gerne an, aber wir verlangen den gleichen Ausstattungsstandard wie in den Neubauten, nämlich ausreichend kleinere Patientenzimmer und jeweils zugeordnete Sanitärzellen, heute üblicher Standard! Bezüglich der psychiatrischen Versorgung in der Wohngemeinde hat Kisker (Seidel 1986) als von der „sozialethischen Visitenkarte eines Landes" gesprochen. Das also als klarer Anspruch - die Erfüllung eines echten Nachholbedarfs! Die Position der Psychiatrie in unserem Land mag nämlich immer noch etwas zu tun haben mit der Zerstörung der Psychiatrie im Dritten Reich (Finzen 1984).

Es wären noch eine Reihe weiterer Beispiele zu diskutieren, die ich jetzt nicht ansprechen konnte, so beispielsweise ethische Fragen im Zusammenhang mit der Psychotherapie (Wyss 1977), mit Auswirkungen des psychischen Krankseins und mit dem Problemkomplex der Vorurteile, mit der Subjektivität des Kranken (Guerin 1982). Abschließend möchte ich aber noch einmal auf allgemeine ethische Fragen kommen.

In seinem Vortrag hat Prof. Hartmann die Ethik definiert als die geistige Anstrengung, nach ersten allgemeingültigen Grundsätzen menschlichen Handelns, nach Prinzipien zu suchen im Hinblick auf letzte Ziele, auf Sinn. Er hat hingewiesen auf den Spannungsbogen zwischen dem denkbar Allgemeingültigsten und dem tatsächlich Einmaligen persönlicher Daseinsbesinnung. Für unsere Überlegungen ist vielleicht eine andere Definition hilfreich, daß Ethik sich mit Werten beschäftigt im Zusammenhang mit Handlungen einer Person, durch die Interessen anderer Personen gefördert oder geschädigt werden (Diemer und Frenzel 1958). Ethik ist deskriptiv und zugleich normativ, sie ist sowohl Individual- als auch Sozialethik (Schmidt 1931). Wir erwarten besondere Handlungsanweisungen, die um menschliche Werte zentriert sind und im Unterschied zu gesetzlichen Vorschriften einen individuellen Handlungsspielraum persönlicher Entscheidungsfreiheit zulassen.

Wenngleich wir gesehen haben, daß sich im ärztlichen Handeln eine Fülle von Fragen verbergen, die über das sachliche Handeln weit hinausgehen, so sind alle Fragen der medizinischen Ethik letztlich Fragen einer allgemeineren menschlichen Ethik. Ein Spezialfall mögen auch unsere Überlegungen im Bereich der Psychiatrie sein, insofern als sich hier Handlungsanweisungen herausgebildet haben, die als verhältnismäßig gefestigter Kodex zu betrachten sind. Zahlreiche der Beispiele, die ich heute aufgeführt habe, sind beispielsweise in der Deklaration von Hawaii der Weltvereinigung für Psychiatrie aus dem Jahre 1977 enthalten (Bernal y del Rio 1980).

Wenn auch grundsätzliche ethische Gedanken über lange Zeit hinweg für alle Beteiligten gelten, das normative Element also beträchtlich wirkt, so muß doch auch die Entwicklung des Zeitgeists gesehen werden. So hat sich das Verhältnis von Arzt und Patient in den letzten Jahren im Bereich der Psychiatrie wieder viel persönlicher gestaltet. Lesen wir in alten psychiatrischen Büchern über das sehr enge Verhältnis der früheren Anstaltspsychiater zu ihren Patienten - ich denke etwa an Esquirol -, so handelte es sich in der Regel um ein patriarchalisch hierarchisches Verhältnis. Demgegenüber hat sich auch unter dem Einfluß der Psychotherapie und Sozialpsychiatrie das Verhältnis zwischen Arzt und Patient sehr stark gewandelt. Wir sprechen vom mündigen Patienten, vom Arbeitsbündnis zwischen Patienten und Arzt, der auf die aktive Mitwirkung des Patienten baut. So ist auch die im Vergleich zu früher zunehmende Informiertheit des Patienten zu sehen im Sinne der therapeutischen Partnerschaft, der sicherlich immer ein Ungleiches an Kenntnissen und Einfluß anhaften wird, dennoch sollte diese Parität in vielen Fällen als Ziel angesteuert werden. Für den Arzt ist damit einerseits ein Autoritäts- und Machtverlust verbunden, andererseits entsteht aber auch eine größere Nähe zum Patienten.

Ohne auf einzelne Fragen noch einmal zurückzukommen, möchte ich zusammenfassen, daß der Bereich der Ethik mit der Sensibilisierung für die Arzt-Patient-Beziehung in der Psychiatrie ständig an Bedeutung in unserem Bewußtsein gewonnen hat. Zahlreiche Konflikte können nur beschrieben werden. Die Lösung muß nicht eindeutig sein. Es ist aber entscheidend, daß wir uns auf die ethische Problematik psychiatrischen Handelns besinnen und in diesem Bewußtsein jeweils die Entscheidungen suchen.

Zum Abschluß möchte ich noch auf einen weiteren Punkt kommen. Herr Arnold hat beim letzten Mal von der Verantwortung des Arztes im allgemeinen Sinne gesprochen. Ich glaube, daß es auch für uns Psychiater und Psychotherapeuten ein Akt der inneren Aufrichtigkeit ist, sich mit der gegenwärtigen Situation unserer Welt auseinanderzusetzen. Es mag sein, daß ich persönlich in dieser Hinsicht nach außen hin nicht aktiv werde, ich kann aber als Psychiater und Psychoanalytiker nicht umhin, die Vorbereitungen zum kollektiven Selbstmord möglicherweise schleichend durch Vergiftung der Umwelt, möglicherweise plötzlich im Sinne einer unerwarteten kriegerischen Explosion zu beobachten und zumindest zu konstatieren. Das passiert ja nicht naturgesetzlich. Es sind Menschen, die hier handeln, und deren Tun wir als Psychiater und Psychotherapeuten selten kommentieren. Immerhin haben das Ehepaar Mitscherlich (1987), Horst Eberhard Richter (1982) und vor einigen Jahren Becker vom Max-Planck-Institut für Bildungsforschung und der in Hamburg tätige Psychoanalytiker Nedelmann, das neurotische Verhalten bezüglich der tödlichen Gefahren in unserer Gesellschaft, der ökologischen oder atomaren Katastrophe analysiert, haben die imponierenden psychischen Abwehrmechanismen aufgewiesen, die uns aktuell entlasten, und immerhin aus der Sicht unseres Faches ihre Stimme erhoben (Becker und Nedelmann 1983). Ich denke, daß wir als Ärzte einerseits eine gewisse Neutralität zu wahren haben, um für alle unsere Patienten, auch die Andersdenkenden, akzeptabel zu sein, ich glaube aber andererseits, daß wir, wenn wir es denn meinen, als Ärzte und als Menschen uns aus fachlicher Sicht auch zur Entwicklung unserer Welt äußern sollten. Auch das gehört zu den Überlegungen zur psychiatrischen Ethik. In diesem Sinne möchte ich mich mit den Schlußgedanken von Herrn Arnold solidarisch erklären.

Literatur

Becker H, Nedelmann C (1983) Psychoanalyse und Politik. Suhrkamp, Frankfurt

Bernal y del Rio V (1980) Psychiatric ethics. In: Kaplan H, Freedman A, Sadock B (Hrsg) Comprehensive textbook of psychiatry/III. William & Wilkins, Baltimore, pp 3216–3231

Diemer A, Frenzel I (1958) Philosophie. Fischer, Frankfurt

Degkwitz R, Dilling H, Heimann H (1982) Zur Einsichtnahme psychisch Kranker in ihr Krankenblatt. Nervenarzt 53:172–173

Dittmann V (1988) Zwangsunterbringung und Zwangsbehandlung in einer Universitätsklinik. Erfahrungen und Ergebnisse von Fallanalysen. Schleswig-Holsteinisches Ärzteblatt 41, 232–236

Dörner K (1986) Carl Schneider: Genialer Therapeut, moderner ökologischer Systemtheoretiker und Euthanasie-Mörder. Psychiat Prax 13:112–113

Dörner K, Haerlin Ch, Rau V, Schernus R, Schwendy A (1980) Der Krieg gegen die psychisch Kranken. Psychiatrie-Verlag, Rehburg-Loccum

Finzen A (1984) Psychiatrie – Politik – Ethik, Wende in der Psychiatrie? Spektrum 13:198–210

Finzen A (1986) Gewalt in der Psychiatrie – zur Legitimität der Zwangseinweisung. Spektrum 15:147–155

Finzen A (1986) Ein Suizid nach vorzeitiger Klinikentlassung auf richterliche Anordnung. Spektrum 15:235–239

Guerin EJ (1982) Subjektivität des Kranken und medizinische Ethik. Inauguraldissertation: Wellington

Gross F (1980) Ethische Betrachtungen aus europäischer Sicht im Zusammenhang mit klinischen Studien. Triangel 19:83–87

Groos E, Tauber R (1985) Grundlagen medizinischer Ethik – Versuch einer Standortbestimmung. Fortschr Med 103:67–69

Heinrich K (1985) Der Zustand der Psychiatrie als Abbild des Zustandes der Gesellschaft. Spektrum 14:3–15

Helmchen H (1986) Ethische Fragen in der Psychiatrie. In: Kisker KP, Lauter H, Meyer J-E (Hrsg) Psychiatrie der Gegenwart 2. Springer, Berlin

Klee E (1983) „Euthanasie" im NS-Staat. Die „Vernichtung lebensunwerten Lebens". Fischer, Frankfurt

Lorenzen D (1981) Einige Zahlen zur zwangsweisen Unterbringung psychisch Kranker und Suchtkranker in der Bundesrepublik Deutschland. Spektrum 10:166–173

Mitscherlich A, Mitscherlich M (1976) Die Unfähigkeit zu trauern. Piper, München

Piechowiak H (1983) Die Euthanasieproblematik. Therapiewoche 33:1462–1480

Pittrich W, Schäfer W (1985) Die chronisch Kranken und die italienische Psychiatrie-Reform. Spektrum 14:16–28

Reimer Ch (1986) Prävention und Therapie der Suizidalität. In: Kisker KP, Lauter H, Meyer J-E, Müller C, Strömgren E (Hrsg) Psychiatrie der Gegenwart 2. Springer, Berlin, S 133–173

Richter HE (1982) Zur Psychologie des Friedens. Rowohlt, Reinbek

Rössler D (1984) Zwischen Selbstbestimmung und Unmündigkeit – ethische Fragen in der Psychiatrie. Spektrum 13:275–281

Sarteschi P, Cassano GB, Mari M, Petracca A (1985) Medical and social consequences of the Italian psychiatric care act of 1978. In: Roth M, Bluglass R (Hrsg) Psychiatry, human rights and the law. Cambridge Univ Press, Cambridge, pp 32–42

Schmidt G (1965) Selektion in der Heilanstalt 1939–45. Evangelisches Verlagswerk, Stuttgart

Schmidt H (1931) Philosophisches Wörterbuch. Kröner, Leipzig

Seidel R (1984) Euthanasie zwischen Mord und künstlichem Leben. WzM 36:287–297

Seidel R (1986) Notwendige Sorge, fragwürdiges Tun. - Die Hannover'sche Psychiatrie als moralische Veranstaltung betrachtet. In: Haselbeck H, Machleidt W, Stoffels H, Trostdorf D (1987) Psychiatrie in Hannover. Enke, Stuttgart

Seidel R (1987) Von der notwendigen Fragwürdigkeit psychiatrischen Beistands. In: Leipert M, Styrnal R (1986) Verlegt nach unbekannt. Rheinlandverlag, Pullheim

Wyss D (1977) Ethische Fragen. In: Vogel Th, Vliegen J (Hrsg) Diagnostische und therapeutische Methoden in der Psychiatrie. Thieme, Stuttgart, S 23-31

Deutsche Gesellschaft für Psychiatrie und Nervenheilkunde (1980) Prinzipien medizinischer Ethik. Spektrum 9:97-100

Deutsche Gesellschaft für Psychiatrie und Nervenheilkunde (1983) Einsichtsrecht in psychiatrische Krankenunterlagen. - Wortlaut der Urteile des BGH - Stellungnahme der DGPN. Spektrum 12:39-60

Verantwortliches ärztliches Handeln in der Frauenheilkunde. Haben sich unsere Moralvorstellungen und ihre ethische Begründung gewandelt?

INGEBORG RETZLAFF

Verantwortliches ärztliches Handeln halten wir für eine selbstverständliche Voraussetzung unseres Berufes. Das ist natürlich nichts Besonderes, denn Verantwortung erwarten wir von jedem mündigen erwachsenen Menschen und somit natürlich auch von jedem anderen Berufsstand.

Ich denke, daß Verantwortung Maßstäbe voraussetzt, mit denen Verantwortung gemessen werden kann, und wenn die ethische Grundfrage heißt „Was sollen wir tun?" (nach Micolai Hartmann), so ergibt sich für mich daraus die Frage, an welchen Maßstäben sollen wir unsere Handlungen messen, um sie als ethisch begründet verantworten zu können. Es muß also darum gehen, daß wir Werte finden und definieren, die wir für richtig halten und die Grundlage unserer Moral sind. Dabei denke ich, wir könnten uns darauf einigen, daß Moral das aussagt, was Sie und ich für gut und richtig halten und also als moralisch empfinden, so wie wir das als unmoralisch benennen, was wir als falsch und böse ansehen.

Da das Wort „moralisch" für mich immer einen irgendwie zeigefingerhaften Beigeschmack hat, bin ich eher geneigt, als Wertmaßstäbe für ärztliches Handeln - für mein ärztliches Handeln - (oder auch Unterlasse), das anzusehen, was ich als human empfinde - also den Menschen dienend, oder aber als inhuman, was den Menschen schadet. Aber der Begriff des „Humanen" beinhaltet für mich auch das, was alle Menschen angeht, so daß jede Handlung des einzelnen am anderen sich auch auswirkt auf das allgemein Menschliche.

Mich beschäftigt die Frage, und ich möchte sie gerne mit Ihnen gemeinsam heute abend - hoffentlich in lebhafter Diskussion - versuchen zu klären, was Ihr und mein ärztliches Handeln bestimmt, woher wir unsere Maßstäbe nehmen, ob unsere Werte sich unterscheiden von den moralischen Werten und ethisch begründeten Handlungen unserer geistigen Lehrer, Väter und Mütter - ob sich also etwas verändert hat und was sich verändert hat.

Ärztliche Ethik ist ein Gebiet, welches in der Medizin nicht gelehrt wird; trotzdem wird unterstellt, daß jeder Arzt ethisch begründet handelt, ja, daß seine Wahl sogar auf einen besonders ethisch motivierten Beruf gefallen ist. Wir erleben den Anspruch an unser moralisch und ethisch begründetes Handeln als Hoch und müssen uns zu Recht fragen lassen, ob wir diesem Anspruch gerecht werden.

Wenn ich in der Überschrift meines Vortrages danach frage, ob sich im Bereich unserer ethischen und moralischen Vorstellungen etwas gewandelt hat, so bin ich nicht sicher, ob ich diese Frage wirklich beantworten kann, aber ich möchte gerne aufzeigen, was sich ja allein in der Zeit, in der ich diesen Beruf ausübe, in der Frauenheilkunde verändert hat und daran wird uns vielleicht gemeinsam deutlich werden, ob und welche Wertmaßstäbe und moralischen Grundbegriffe sich doch verändert haben.

Meine Ausbildung (heute Weiterbildung) zur Frauenärztin, war im wesentlichen davon geprägt, die theoretischen, aber vor allen Dingen auch die praktischen Kenntnisse und Fähigkeiten zu erlernen, diese frauenspezifischen Krankheiten aktiv zu diagnostizieren und zu behandeln.

Es war diese praktische auf Handlung ausgerichtete Komponente des Gebietes, die mich auch sehr angezogen hat.

Wie gesagt, die kurative Behandlung stand völlig im Vordergrund. Die klassische Folge von Äußerung von Krankheit und Beschwerden, die über Untersuchungen zur Diagnose und von der Diagnose zu einer Behandlung führten, waren die logische Folgekette, die es galt zu erlernen, zu erproben und zu üben.

Frauen gingen damals auch nur zum Frauenarzt oder zur Frauenärztin, wenn sie ernsthaft krank waren oder sich für krank hielten.

Alle normalen frauenspezifischen Vorgänge - solange sie sich in dem Rahmen abspielten, wie man sie als erfahrungsgemäß normal von Mutter, Schwestern und anderen weiblichen Mitmenschen gelernt und erfahren hatte - waren kein Grund, einen Arzt aufzusuchen.

Vorsorgeuntersuchung und Früherkennungsmaßnahmen mögen vielleicht in den 50er Jahren schon gefordert worden sein, wurden aber erst Mitte und Ende der 60er Jahre integrativer Bestandteil dieses Gebietes.

So war z. B. auch die Geburtshilfe eigentlich nur eine Hilfe bei „pathologischen" Geburtsverläufen - der Beistand bei der *Geburt,* wie es, meine ich, auch heute noch in den Gebührenordnungen genannt wird - oblag früher den Hebammen, die nur dann den Arzt zuzogen, wenn der Geburtsverlauf drohte, pathologisch zu werden.

Die normale Geburt fand ja auch zu Hause statt, und von alten und älteren Frauen werden Sie hören, daß sie auch während der Schwangerschaft bei durchschnittlich normalem Befinden keinen Arzt aufgesucht haben. Vielleicht wurde hier und da die Hebamme konsultiert, der Arzt wurde bei der Hausentbindung nur gerufen, wenn z. B. ein Dammriß zu nähen war oder die Placenta sich nicht löste.

Ich denke, daß das Gefühl von Hilflosigkeit in den an sich so natürlichen Bereichen der Geburt - also mütterliche Sterblichkeit - kindliche Sterblichkeit - das Motiv gewesen ist, die Mutterschaftsvorsorge wissenschaftlich zu erforschen und, praktisch so wie sozial und wirtschaftlich, einzuführen (als Krankenkassenleistung).

Der Tod von Mutter und Kind an einer Schwangerschaftsgestose - das Verbluten nach der Geburt - die tödliche Embolie nach Kaiserschnitt - alle diese Ereignisse im Rahmen eigentlich normaler Lebensvorgänge, haben den Ärzten die Ohnmacht bewußt werden lassen und sie sicher oft zur Verzweiflung getrieben.

Die Erkenntnis, daß bei sorgfältiger und eben *vorsorglicher* Betreuung der Schwangeren, bei einer guten Leitung einer Geburt unter dem Präsent-Sein aller klinischen Hilfsmittel Schwangerschaftskomplikationen zu vermeiden sind, hat den Anstoß zur Etablierung einer Mutterschaftsvorsorge gegeben! Sie werden kaum noch eine Eklampsie in unseren Krankenhäusern sehen und selten einen wirklichen Verblutungstod.

Verantwortlich ist also heute, Frauen während einer Schwangerschaft *vorsorglich* zu betreuen und nicht erst Hilfe zu leisten, wenn Krankheit und Lebensbedrohung eingetreten sind. Und so, wie wir früher von der „Geburtshilfe" sprachen, sprechen wir heute mehr von einer „Geburtsmedizin"! Und schon in diesen Worten zeigt sich mir eine Wandlung unseres Handelns: das eine Mal leisten wir Hilfe, wenn diese akut benötigt wird, das andere Mal wenden wir medizinische Erkenntnisse vorsorglich an.

Nicht viel anders ist die Entwicklung der Krebsfrüherkennung im Bereich der weiblichen Geschlechtsorgane verlaufen.

Wieviele Collumcarzinome haben wir noch vor 20/30 Jahren gesehen, wo schon bei der ersten Untersuchung feststand, daß jede Hilfe zu spät kam, weil die Frauen über die Grenze zwischen natürlichen und unnatürlichen Vorgängen, Blutungen etc., nicht informiert waren, und weil es eine ganz große Hürde war, überhaupt zum Arzt - und gar zum Frauenarzt - zu gehen.

Darüber hinaus konnte die medizinische Wissenschaft auch nicht genügende Heilmittel zu einer erfolgreichen Behandlung zur Verfügung stellen.

Heute gehört die Krebsfrüherkennung - auch Krebsvorsorge genannt - zu einem wesentlichen Bestandteil der gesamten frauenärztlichen Versorgung, eine der wenigen Vorsorgeprogramme, die auch erfolgreich sind, und es fällt in unseren ärztlichen Verantwortungsbereich - und ich halte es für eine echte ethische Aufgabe, die Krebsfrüherkennungsuntersuchung in noch viel größerem Maße für die Frauen akzeptabel zu machen, denn ich denke, die Akzeptanz gerade der Krebsfrüherkennungsuntersuchungen im frauenärztlichen Bereich von seiten der Patientinnen hängt sehr stark damit zusammen, wie wir mit unseren Patientinnen in der Arzt/Patientinnenbeziehung umgehen, wie stark wir sie fühlen lassen, daß wir uns wirklich für sie auch dann verantwortlich fühlen, wenn es um vorsorgliche Untersuchungsmaßnahmen und Betreuung und nicht nur um die Behandlung manifester Krankheiten geht.

Hier hat sich sicher etwas gewandelt, und ich denke, es hat sich auch etwas gewandelt in der ethischen Begründbarkeit unserer Tätigkeit, indem wir wieder neu verstehen müssen, daß Vorsorge genauso Schadenabwehren und Lebenbewahren heißt, wie Behandlung und Rettung aus akuter Krankheit und Not.

Ich denke, wir sehen den Menschen gerade in der Medizin auch wieder ganzheitlicher, ohne dabei der Gefahr der Medikalisierung (Medizinalisierung) allzu sehr zu verfallen.

Noch deutlicher wird die Entwicklung und auch die Wandlung, wenn wir uns dem Bereich der Schwangerschaftsverhütung zuwenden.

Angst vor unerwünschten und unerwarteten Schwangerschaften hat Frauen und Paare seit eh und je belastet.

Artifizielle und früher auch gleichzeitig als kriminell bezeichnete Aborte haben in einer übergroßen Zahl stattgefunden, einer Zahl, die sicher noch weit höher lag, als die heute für unsere statistischen Angaben hinaus hochgerechneten Zahlen von legalen Schwangerschaftsabbrüchen.

Wer jemals erlebt hat, wie junge Frauen oder auch Familienmütter an Seifenaborten verstorben sind, wird die Wandlung im Bereich der Frauenheilkunde wirklich ermessen können.

Früher war es immer eine kriminelle Geschichte, wenn eine Frau an einer „Fehlgeburt" starb (ein Spontanabort war auch damals selten tödlich), weil hier in vielen Fällen ein *krimineller* Akt vorangegangen war, egal ob die Frau selbst - z. B. durch Seifenspülungen den Abort in Gang brachte und dann ins Krankenhaus kam - oder ob Engelmacherinnen und Ärzte sich mit diesem Ziel betätigten. Wir sollen die Augen nicht davor verschließen, daß das so war und daß auch Ärzte daran beteiligt waren.

Wenn heute eine Frau an einem Schwangerschaftsabbruch sterben würde, wäre immer der Verdacht naheliegend, daß es sich um einen ärztlichen Kunstfehler handelt, was sowohl juristisch als auch moralisch einen ganz anderen Stellenwert hat als zu sagen „es wurde eine kriminelle Handlung mit tödlichem Ausgang vorgenommen".

Ich weiß nicht genau, wie weit die Sexual- und Schwangerschaftsverhütungsberatung früher als eine ärztliche Aufgabe erkannt und wahrgenommen wurde!

Wenn ich jedoch daran zurückdenke, wie wenig wir in Studium und Weiterbildung über diese Bereiche erfahren haben, so nehme ich an, daß dies nicht als eine besonders wichtige ärztliche Aufgabe angesehen wurde, und das muß schließlich und endlich seinen Grund darin gehabt haben, daß Schwangerschaftsverhütung und Sexualität Tabubereiche waren, dem schnell der Begriff des Unmoralischen hinzugefügt wurde.

Hier haben sich die Probleme verschoben, hier hat sich deutlich etwas verändert.

Ich würde sagen, heute ist es unmoralisch, Menschen - Männer wie Frauen - jung wie alt - *nicht* in Fragen der Sexualität und der Schwangerschaft zu beraten oder gar die Kompetenz dafür nicht zu besitzen.

Die Möglichkeit jedoch, unter besonderen Umständen einen legalen Abort durchzuführen, hat andere schwerwiegende Probleme für den Berufsstand der Frauenärzte gebracht.

Für eine vom Grundsatz her strafbare Handlung - nämlich die Abtreibung - können wir als Ärzte *Strafbefreiungstatbestände* geltend machen, wenn wir unter besonderer Berücksichtigung gesetzlich festgelegter Bedingungen einen Schwangerschaftsabbruch für notwendig erachten.

Ein Bereich, der früher für Ärzte kriminelles Umfeld bedeutet hat, gehört jetzt zu den uns vom Staat überantworteten Aufgaben. Dies ist wahrscheinlich der Bereich innerhalb der Frauenheilkunde, in dem sich die brisanteste Wandlung in ethischen und moralischen Vorstellungen vollzogen hat und der auch noch Frauenärzte und Frauenärztinnen immer wieder in extreme Positionen bringt - ja, in Lager spalten kann.

Ärzte, die moralisch und ethisch begründet berufsrechtlich darauf eingeschworen und dazu angehalten sind, Leben in jedem Falle zu beschützen und zu bewahren, sind auch von Gesetzes wegen zu „Herren über Leben und Tod" gemacht worden, indem sie gezwungen sind, über die Frage des Schwangerschaftsabbruches im Einzelfalle zu entscheiden. Das Gesetz und der Gesetzgeber kennen hier kein Pardon, und in richterlichen Entscheidungen kommt klar zum Ausdruck, daß Sie und ich entscheiden müssen, und davon kann uns auch keiner entbinden.

Beispiel:

Ich möchte einen Fall zu Fragen der Notlagenindikation schildern, der gerade die Problemsituation wiedergibt, die in der öffentlichen Kritik eine große Rolle spielt.

Als die Patientin mit Schwangerschaftsabbruchproblem zu mir kam, war sie 23 Jahre alt. Ich kannte sie seit ihrer Schulzeit - sie hat immer die Pille genommen.

Während des Studiums kam sie in den Semesterferien zu den Kontrolluntersuchungen. Sie hatte jetzt ihre Referendarzeit fast vollständig absolviert - die Frage, ob sie in den Schuldienst voll übernommen würde, war noch unsicher.

Aus ihr selbst unverständlichen Gründen hatte sie offenbar die Pille vergessen oder falsch eingenommen. Die erste nicht auftretende *Abbruchblutung* hatte sie zwar bemerkt, sich aber nicht sehr beunruhigt. Nachdem die zweite Blutung auch nicht kam, kam sie auch noch ohne große Besorgnis zu mir in die Sprechstunde und war völlig erschlagen von der Tatsache, daß eine Schwangerschaft der 8. Woche vorlag.

Sie ging ziemlich wortlos nach Hause und wollte die neue Situation erst einmal überdenken. Einige Tage später kam sie voller Verzweiflung wieder und beantragte den Abbruch. Ihr Partner und ihre Eltern hatten ihr heftigste Vorwürfe gemacht ob ihres Versagens! Eine Heirat war sowieso noch lange nicht beabsichtigt. Der Partner fühlte sich unter Druck gesetzt, er selbst war auch mit seiner Ausbildung noch nicht fertig. Ihre Chancen auf eine Anstellung waren sowieso noch gering und wenn überhaupt, dann würde es sich um eine nördlich gelegene Kleinstadt handeln. Mit einem unehelichen Kind sah sie ihre letzten Chancen schwinden, ihre Mutter war auch nicht bereit einzuspringen und ggf. das Kind in den ersten Jahren zu betreuen.

Was tun? Handelte es sich hier um eine psychosoziale Notlage? Ist es zumutbar für die Mutter, auf Sozialhilfe angewiesen zu sein (die von den Angehörigen zum Teil zurückgefordert wird) und ihre berufliche Zukunft existentiell gefährdet zu sehen? Die Verzweiflung war groß. Die junge Frau konnte überhaupt keine Zukunft für sich mehr erkennen. Der Abbruch konnte auch nicht abgewendet werden. Die Patientin leidet heute noch sehr darunter. Eine Anstellung hat sie inzwischen gefunden, die Partnerschaft ist sehr bald auseinandergegangen.

Dies ist ein typisches Beispiel für eine Notlage, die allgemein „kritisch" gesehen wird, was auch verständlich ist. Es könnte sich hierbei auch um eine junge Juristin, eine junge Ärztin handeln - ja, um jede junge Frau, die am Ende einer Berufsausbildung steht und ihren Beruf aufnehmen möchte.

Unsere jungen Frauen haben es wieder zunehmend schwer, dann ihren beruflichen Weg gehen zu können, wenn sie ein Kind erwarten oder ein kleines Kind haben - ehelich oder unehelich spielt dann nur eine zweitrangige Rolle.

Diese Notlagen lassen sich nicht „materiell" lösen - sie müssen gesamtgesellschaftlich gelöst werden, aber daß sie nicht durch einen kriminellen und damit gesundheitlich gefährdenden Abort enden, ist gut.

Wenn eine junge Frau in dieser Situation aber ihr Kind bekommen könnte, ohne ihre berufliche Zukunft so grundlegend zu gefährden, wäre es besser.

Wie sich hier moralische Grundwerte verschoben haben und ethisch begründetes Handeln sich verändert hat, hängt ganz stark vom öffentlichen Bewußtsein und Anspruch ab.

Schwangerschaftsabbrüche sind von Ärzten schon immer durchgeführt worden und ich denke, jeder einzelne war für sich persönlich der Ansicht, daß er vor seinem Gewissen dies moralisch und ethisch verantworten kann (von den reinen Geldschneidern wollen wir nun wirklich einmal absehen).

Öffentlich war dies jedoch absolut unmoralisch, unethisch und rechtlich pönalisiert. In früheren Zeiten standen also die Ärzte unter Beschuß wegen krimineller Handlungen - heute stehen wir unter Beschuß und müssen uns die Frage gefallen lassen, ob wir dem Anspruch des Gesetzgebers und der Gesellschaft gerecht werden, einerseits Schwangerschaftsabbrüche durchzuführen, andererseits sie soweit als möglich zu verhindern!

Sexuelle Aufklärung, Verhütungsberatung und entsprechende Maßnahmen sind hochrangig moralisch und ethisch anzusetzen und zu fordern, um Schlimmeres, nämlich Schwangerschaftsabbrüche, zu verhindern.

In diesen Bereich gehört auch die Beratung über Sterilisationen und die Durchführung der Sterilisationen.

Die heftigsten Debatten über die Formulierung des Sterilisationsparagraphen in der Berufsordnung liegen noch keine fünfzehn Jahre zurück. Zu einer gesetzlichen Regelung konnte sich der Gesetzgeber bisher noch nicht entschließen!

Ein Widerspruch dazu scheinen die Sterilisationsberatung und -behandlung zu sein, wo wiederum aus dem Erlebnis der Hilflosigkeit und dem Wunsch zu helfen, der Weg von der Behandlung der Sterilität durch spezielle konservative und operative Maßnahmen bis zur extrakorporalen Befruchtung geführt hat. Die Probleme der sogenannten „künstlichen Fortpflanzungshilfen", haben bereits Niederschlag in unserer Berufsordnung gefunden und beschäftigen die Öffentlichkeit so, daß auch der Gesetzgeber gesetzliche Maßnahmen erwägt - ein Zeichen dafür, daß das Eingreifen in die menschliche Fruchtbarkeit (Fortpflanzungsfähigkeit) bei unterschiedlicher Zielsetzung ethisch anders bewertet wird, sonst wäre die Gewichtung bei der In-Augen-Schein-Nahme von gesetzlichen Regelungen nicht so offenkundig unterschiedlich. – Bei „künstlicher Fortpflanzung" werden Gesetze erwogen, bei Sterilisationsproblemen gibt es immer noch keine gesetzliche Regelung.

Ich denke, in der sogenannten Neuzeit ist den Ärzten – und gerade uns Frauenärztinnen und Ärzten – noch nie soviel spezielle Verantwortung aufgebürdet worden, und der sehr doppelsinnige Ausspruch, daß wir Ärzte „Herren über Leben und Tod" sind, war von Gesetzes wegen und vom öffentlichen Anspruch her nie so deutlich und kraß formuliert.

Anhand eines Beispiels möchte ich Ihnen die Problematik der Sterilisationsberatung vorstellen:

Es gibt hier keine gesetzliche Regelung, in unserer Berufsordnung steht lediglich: „Sterilisationen sind aus medizinischen, genetischen oder sozialen Gründen zulässig".

Hier sind wir und unsere Patientinnen also wirklich auf unsere ärztlich verantwortliche Beratung und Entscheidung angewiesen.

Lange Jahre habe ich in meiner Praxis eine Patientin betreut, die zu dem Zeitpunkt, als die Beratung zur Frage der Sterilisation akut wurde, bereits eine 14 Jahre alte Tochter hatte.

Schon etliche Jahre hatte sie sich darüber beklagt, daß sich in ihrer an sich sonst nicht schlechten Ehe in punkto Sexualität wenig ereignete. Wörtlich: „Wir sind wohl beide völlig abgestumpft, es ist uns beiden eigentlich egal".

Aus diesem Grunde meinte sie auch, daß sie keine schwangerschaftsverhütenden Maßnahmen wie Pille oder Spirale mehr verwenden wollte, sie wollte sich sterilisieren lassen.

Die Patientin war 34 Jahre alt.

Gerade weil die Patientin mit ihrer Ehe offenbar unzufrieden war, konnte ich mich sehr schlecht dazu entschließen, ihr zuzuraten und ihrem Wunsche nachzukommen, und das Gespräch darüber wurde immer einmal wieder abgebrochen, wieder aufgenommen, und ich habe immer zum Abwarten geraten.

Natürlich wurde auch die Frage erörtert, ob sich ihr Mann sterilisieren lassen wollte – das kam aber offenbar nicht in Frage.

Ziemlich plötzlich teilte mir die Patientin dann mit, daß sie sich scheiden läßt und es dauerte nicht sehr lange, dann war sie auch neu verheiratet und es dauerte noch weniger lange, und die Patientin war schwanger.

Es stellte sich dann heraus, daß es sich um eine Zwillingsschwangerschaft handelte, worüber sie sich sogar sehr freute. Die Zwillinge wurden gesund und munter geboren, sind jetzt schon einige Jahre alt und die Familie ist glücklich. Auch die erstgeborene ältere Tochter aus der ersten Ehe hat sich von Anfang an über die Kinder gefreut.

Dies ist eigentlich ein klassisches Beispiel dafür, wie wenig sich Leben im voraus planen läßt, und da eine Sterilisation zwar heute technisch einfach durchführbar, aber andererseits doch eine *zukunftsbindende* Entscheidung ist, denke ich immer wieder an diese Patientin, wenn ich eine Sterilisationsberatung mache und meine, man kann nicht sorgfältig genug alles Für und Wider abwägen und nicht geduldig genug darauf dringen, daß keine voreiligen Entscheidungen getroffen werden.

Die Zukunft eines Menschen muß immer offenbleiben, auch wenn uns unser Sicherheitsbedürfnis oft zu anderen Entscheidungen nötigt.

Die Sterilisationsberatung ist sicher ein nicht einfacher Teil unserer frauenärztlichen Arbeit, aber sehr viel problematischer ist letztendlich die Sterilitätsberatung - Kinderwunschberatung. Diese erfordert weit mehr Geduld, viel mehr spezielles Wissen und Können, und die Kooperation mit Kollegen und Kolleginnen, die auf diesem Gebiet Spezialkenntnisse haben.

In diesem Zusammenhang werde ich auch später noch einmal auf die extrakorporale Befruchtung und andere künstliche Zeugungshilfen zurückkommen.

Gerade in Kinderwunschgesprächen - so möchte ich sie einmal nennen - kommen auch die Probleme der heutigen Frauengeneration tagtäglich in unser Blickfeld.

Das fängt an mit der Frage „wann soll ich die Pille und andere schwangerschaftsverhütenden Maßnahmen weglassen, um ein Kind zu bekommen - in welchem Lebensalter ist es günstig - wann fängt es an, schwierig zu werden - wie kann ich eine Schwangerschaft und ein Kind mit meiner Ausbildung, mit meiner Weiterbildung, mit meiner Berufstätigkeit und auch mit meinen materiellen Zukunftswünschen vereinbaren?"

So wie die Frauen heute gelernt haben, daß Schwangerschaftsverhütung effektiv möglich ist, so glauben sie sehr oft auch, daß Kinderwunsch auch schnell erfüllt werden kann. Diesen Vorstellungen der Machbarkeit und Planbarkeit unterliegen natürlich auch die Männer - unterliegen wahrscheinlich wir alle - dies ist typischer Ausdruck unseres Zeitgeistes.

An dieser Frage wird besonders deutlich, wie sich die Rolle der Frau in ihrem eigenen Selbstverständnis und in der Gesellschaft verändert hat.

Die meisten jungen Frauen sind sich völlig darüber im klaren, daß ihre Fortpflanzungsfähigkeit und ihre Kinderwünsche mit ihren gleichzeitig bestehenden beruflichen Wünschen heftigst kollidieren, und daß nicht nur persönliche und interfamiliäre Probleme und Auseinandersetzungen sie erwarten, sondern daß sie auch mit der Gesellschaft schlechthin in Konflikt geraten werden.

Wie diese Beratungen verlaufen, muß im Grunde genommen davon abhängen, welches Frauenbild wir Frauenärztinnen und Frauenärzte haben und welcher Rolle der Frau wir Priorität zumessen.

Wenn ich von mir selber als berufstätiger Frau ausgehe, die ihren Beruf mit Leidenschaft und Engagement seit Jahrzehnten ausübt, keine Familie, keine Kinder hat, so habe ich sicher ein anderes Frauenbild vor Augen, als andere Kolleginnen und Kollegen, die selber Familie haben und die vielleicht die eigene Berufstätigkeit mit Familie oder aber die Probleme ihrer eigenen Frau mit Kindern - mit und ohne Beruf - als problematisch in anderer Weise erleben.

Bezugnehmend gerade auf diese Beratungsbereiche werde ich später noch einmal auf das Problem zu sprechen kommen, ob das Frauenbild der heutigen Zeit die Frauenheilkunde beeinflußt oder verändert hat, oder aber ob es vielleicht auch umgekehrt sein könnte, daß die Veränderungen in der Frauenheilkunde der Frau ein anderes Rollenverständnis ermöglicht hat.

Ich möchte Ihnen jetzt das Schicksal einer Patientin vorstellen, an dem die Probleme der Kinderwunschberatung bis hin zur extrakorporalen Befruchtung deutlich werden.

An diesem Beispiel soll erkennbar werden, daß junge Frauen ihren natürlichen Wunsch und Anspruch auf ein eigenes Kind sehr wohl auch gegen Widerstände durchsetzen wollen - gegen Widerstände im sogenannten medizinischen Bereich, wohl wissend, daß im gesellschaftlichen Umfeld weitere Probleme - z.B. zwischen Berufstätigkeit und Muttersein - sie erwarten.

Eine Patientin, Ende zwanzig, die etliche Jahre in meiner Betreuung ist, hat folgende Anamnese:

Als junge Frau mit 17/18 Jahren hat sie eine Intrauterinspirale getragen. Nachdem ihr diese Beschwerden gemacht hatte - und retrospektiv läßt sich sagen, daß sie eine undramatisch verlaufende Eileiterentzündung durchgemacht hat - hat nach Entfernung der Spirale einige Jahre Ovulationshemmer genommen.

Nach Beendigung ihres Studiums kommt sie zur Kinderwunschberatung, möchte die Pille weglassen und bald ein Kind bekommen.

Nach der üblichen Kinderwunschberatung über Basaltemperaturmessung, Empfängnisoptimum usw. tritt auch bald eine Schwangerschaft ein. In der 6. Woche muß unter dramatischen Begleitumständen eine Extrauteringravidität (Eileiterschwangerschaft) operiert werden. Intraoperativ läßt sich die weitestgehende Resektion des Eileiters nicht vermeiden, und es stellt sich auch heraus, daß der andere nicht betroffene Eileiter erhebliche Verwachsungen aufgrund der früheren Entzündung aufweist.

Die Oberärztin, die sie operiert hat, muß ihr mitteilen, daß die Wahrscheinlichkeit, daß sie auf natürlichem Wege schwanger wird, erheblich eingeschränkt ist, wenn nicht sogar unmöglich.

Es handelt sich also um die typische Indiktion zu einer extrakorporalen Befruchtung, und die Patientin kommt auch sehr prompt bald nach der Krankenhausentlassung mit diesem ganz konkreten Wunsch zu mir in die Sprechstunde.

Sie ist jung verheiratet, ihr Mann begleitet sie, es werden alle Möglichkeiten - und besonders eben die extrakorporale Befruchtung im homologen System - besprochen. Wer wollte ihr das in dieser Situation verwehren - man mag über die modernen Entwicklungen in dieser Richtung denken, wie man will - wenn ein so junges Ehepaar vor einem sitzt und dringend sich ein Kind wünscht, ist es für mich einfach unmöglich, aus allgemeinen grundsätzlichen - auch ethischen - Überlegungen heraus, von dieser Behandlungsmethode abzuraten. Leider weiß ich nicht, ob die Behandlung inzwischen erfolgreich war.

Retrospektiv muß man natürlich sagen, diese Patientin hätte als junge Frau, die noch nie schwanger war, damals keine Spirale tragen dürfen - ich darf mich hier exkulpieren, ich habe dies immer abgelehnt, aber auch hier ist man ja wohl teilweise noch unterschiedlicher Meinung.

Aber an diesem Patientinnenschicksal wird sehr deutlich, wie unser Eingreifen in die natürlichen Fortpflanzungsvorgänge negative Folgen haben kann, die wir natürlich eigentlich nicht wollen. Daß dies unsere ärztliche Verantwortung ist, ist kein Zweifel. Eine Verantwortung, die wir aber sehr wohl *gemeinsam* mit unseren Patientinnen tragen müssen.

Unsere geistigen Großväter und Großmütter würden uns auf der Basis ihrer damaligen Moralvorstellungen sicherlich Vorwürfe machen, daß wir bei jungen Frauen auf die eine oder andere Weise die natürliche Fortpflanzungsfähigkeit aufs Spiel setzen und dadurch die Frau an der Erfüllung ihrer originären weiblichen Lebensaufgabe, dem Kindergebären, hindern.

An dieser Stelle möchte ich die Frage noch einmal aufgreifen, welchen Einfluß die Frauenheilkunde auf die Frau und ihr neues Selbstverständnis hat, oder aber ob die Frauen mit ihrem neuen Selbstverständnis die Frauenheilkunde verändert haben. Sicherlich ist es doch so, daß Frauen heute nicht mehr Gebärfähigkeit, heiraten und Kinderkriegen als ihre einzige Lebensaufgabe ansehen.

Sie erheben – und meiner Ansicht nach zu Recht – den Anspruch, sich auch in anderen Bereichen selbständig zu entwickeln, Berufe zu erlernen, berufstätig zu sein, und sie erheben den berechtigten Anspruch, daß dies mit ihrer weiblichen Rolle als Frau und Mutter vereinbar sein muß!

Und ich möchte hier ganz deutlich sagen, daß ich der festen Überzeugung bin, daß unsere Gesellschaft, so wie wir heute leben und so wie wir das Leben heute betrachten, auch überhaupt nicht auf die Berufstätigkeit von Frauen in allen Bereichen, in allen Schichten verzichten kann.

Vor allem aber wollen wir Frauen auch nicht darauf verzichten!

Ich denke schon, daß die sogenannte „Frauenemanzipationsbewegung" auch die Forschung nach effektiveren Schwangerschaftsverhütungsmethoden im Sinne der Intensivierung beeinflußt hat und daß auch aus dieser Entwicklung heraus der Anspruch an unser Fachgebiet, Familienplanung zu ermöglichen, herangetragen worden ist. Das hat zwar auch zur Folge, daß das Leben der Frauen in stärkerem Maße denn je medikalisiert ist, und somit abhängig geworden ist von Ärzten und ärztlicher Tätigkeit.

Verständlicherweise bereitet dies vielen Frauen – und auch der Frauenbewegung – Probleme, und ich möchte daran erinnern, daß es feministische Frauengruppen gibt, die Selbstuntersuchung und Selbstbehandlung versucht haben, zu etablieren, um auch damit das Selbstbestimmungsrecht der Frau deutlich zu machen.

Daß das nur wenig gelungen ist, liegt meiner Ansicht nach in der Natur der Sache – der Wunsch ist mir aber verständlich und sollte gerade ein Aufruf – nicht nur an Frauenärzte und Frauenärztinnen, sondern an alle Ärzte und Ärztinnen sein, sich in diesen Bereichen noch mehr zu engagieren.

In diesem Zusammenhang ist die Frage zu stellen, wie eigentlich die gesamte Entwicklung in der Frauenheilkunde zu erklären ist, die in den letzten Jahrhunderten dazu geführt hat, daß die Geburtshilfe von Frauen untereinander (also von den weisen Frauen der frühen Dorfgemeinschaft als Vorläuferinnen der Hebammen) übergegangen ist in die Hände chirurgisch tätiger Bader-Ärzte - anfangs sicher nur in pathologischen Fällen - um dann zunehmend in das sich entwickelnde Medizinalsystem hineingeholt zu werden, und heutzutage in den meisten europäischen Ländern ein Gebiet darstellt, das, außer in Rußland, überwiegend von unseren männlichen Kollegen wahrgenommen wird.

Die Frage gerade von jungen Kolleginnen und Studentinnen „warum gibt es so wenig Frauen*ärztinnen*", konnte ich bisher, und kann ich auch heute noch nicht beantworten.

Dies zu erforschen, wäre sicher eine dankbare Aufgabe für Medizinhistoriker, Medizinsoziologen und -psychologen, und erste Ansätze dazu sind mir bekannt.

Die Auseinandersetzung um die Rolle der Frau in unserer Gesellschaft, um ihre Aufgabe im Bereich der Fortpflanzung ist nicht loszulösen vom Gesamtbereich der menschlichen Sexualität.

Ich möchte noch einmal zu den Problemen der Sexualberatung zurückkehren, die - so meine ich - heute eine zentrale Rolle in der frauenärztlichen Sprechstunde spielt.

In Zeiten, als die operative Medizin noch viel risikoreicher war als heute, hat man bei älteren und alten Frauen zur Behebung von den damals sehr viel häufigeren Genitalsenkungen und Totalvorfällen des Uterus noch operative Maßnahmen mit Scheidenverschluß durchgeführt (subtotale Kolpokleisis nach Labhardt Martius).

Herr Prof. von Massenbach pflegte in solchen Fällen dann dezent zu mir zu sagen: „Sie müssen jetzt aber mit Frau X noch einmal kurz darüber sprechen, wie es denn mit ihrem Eheleben ist - denken Sie daran, daß auch bei alten Ehepaaren Sexualität gelegentlich noch stattfindet."

Am Anfang hat mich das erstaunt, denn ich wußte nicht recht, in welchem Lebensalter die menschliche Sexualität eigentlich endet. Darüber wurde auch nicht öffentlich oder bei der Visite gesprochen. In der Ausbildung war das Thema überhaupt nicht vorgekommen.

Wie gesagt - dezent - zurückhaltend - ein bißchen auch unter vorgehaltener Hand wurde das Thema Sexualität angedeutet, denn Gespräche über Sexualität hatte noch damals sehr den Beigeschmack des Unmoralischen.

Ich hoffe und denke für die junge Generation von Frauenärzten und -ärztinnen, daß dieses Problem nicht mehr hinter vorgehaltener Hand besprochen werden muß, sondern daß Sie und wir alle lernen und gelernt haben, daß ärztliches Tun - und vor allen Dingen frauenärztliches Tun - ohne die Berücksichtigung der gesamten Probleme der Sexualität nicht denkbar ist.

Die Sexualität ist ein integraler Bestandteil der menschlichen Person und somit auch Voraussetzung für weibliches Selbstverständnis.

Aber trotzdem begegnen wir auch heute noch immer wieder Situationen im Gespräch mit Patientinnen, die mich stutzig werden lassen, und wo ich mich und unser Fachgebiet fragen muß, ob wir mit den sich uns anvertrauenden Patientinnen wirklich richtig umgehen und ihr weibliches Selbstverständnis wirklich wahrnehmen wollen.

Vor kurzer Zeit kam eine 42 Jahre alte Patientin neu zu mir und eröffnete das Gespräch folgendermaßen:

„Ich war schon zweimal im Krankenhaus, weil ich kleine Zysten am Eierstock habe. Diese wurden immer mit so einem Bauchspiegeleingriff durch den Bauchnabel entfernt. Jetzt war ich wieder zur Krebsvorsorge, Beschwerden habe ich nicht, und es war auch nichts zu fühlen. Aber durch diese neue Spezialuntersuchung mit dem Ultraschall wurde festgestellt, daß ich an einem Eierstock wieder so eine Zyste haben soll, die 2/2 cm groß sei. Es wurde dann gesagt: „Nun lassen Sie sich doch endlich operieren, Sie sehen ja, daß Sie dazu Veranlagung haben und das wird sich immer wiederholen. Wer weiß, was daraus einmal wird - in Ihrem Alter will man doch keine Kinder mehr - da kann man doch die Gebärmutter mit den Eierstöcken entfernen - dann können Sie auch keine bösartigen Erkrankungen mehr bekommen und für die dann eventuell auftretenden Beschwerden können Sie ja Hormontabletten nehmen."

Die Patientin war einerseits einsichtig gegenüber diesem Vorschlag, konnte auch die beratende Kollegin oder den Kollegen ganz gut verstehen, aber sie fühlte sich erheblich dadurch gestört, daß man so einfach sagte: „Sie wollen doch keine Kinder mehr mit 42 Jahren, da kann man doch die Gebärmutter gut entbehren."

Für sie bedeutet es den Verlust eines ganz zentralen Organs, mit dem sie ihre weibliche Identität in starkem Ausmaß in Zusammenhang bringt. Sicher ist für uns Ärzte das vielleicht nicht so gut verständlich, aber ich erlebe es häufiger, daß Frauen sich hier einfach von uns nicht ernstgenommen fühlen und - lassen Sie mich das sehr deutlich aussprechen, was Frauen in solchen Fällen dann auch öfter zu mir sagen -: „Die Ärzte meinen wohl, Gebärmutter und Eierstöcke sieht man ja nicht, das kann man dann einfach wegnehmen."

Man fragt sich, wie gehen Ärzte eigentlich mit Männern um, oder wie sehen sie das für sich selbst, wenn man ihnen vorschlägt, daß der Hoden weggenommen werden muß

Ich will damit sagen, daß wir die Verlustängste der Patientinnen und ihr Bedürfnis, einen unversehrten Körper zu behalten, was sie sicher heute sehr viel deutlicher und bewußter erleben, - wahrnehmen müssen - auch dann, wenn sie nicht konkret darüber sprechen. - Am augenfälligsten ist es doch bei der Brustamputation. Da verstehen wir es am besten, weil wir es eben sehen!

Es gibt umfangreiche Untersuchungen darüber, welche Folgeerscheinungen zu beobachten sind, wenn Frauen nach gynäkologischen Operationen nicht rechtzeitig und richtig in die Lage versetzt wurden, ihren Verlust sinnvoll und verständnisvoll zu verarbeiten.

Auch hier hat sich doch etwas gewandelt und verändert! Wir Ärzte können nicht mehr einfach nur Diagnosen stellen und Maßnahmen anordnen und durchführen, sondern wir müssen in vermehrtem Umfange gerade in diesen intimen und diffizilen Bereichen die Selbstwahrnehmung unserer Patientinnen ausloten, mit ihnen darüber sprechen, um dann mit ihnen *gemeinsam* zu einer

Lösung zu kommen. Autonomie und Selbstverantwortung der Patienten stellen einen Wert dar, an dem wir unser ethisch verantwortliches Handeln messen müssen.

Eine andere Gewichtung - vor allen Dingen in der Verteilung der Verantwortung - bekommen diese Gespräche, wenn es um bösartige Erkrankungen geht, da hier die Autorität und das Wissen des Arztes in einer anderen Form eingebracht werden muß, als in anderen Situationen.

Frauenärztinnen und Frauenärzte sind natürlich mit dem Krebsproblem - mit Krebs und Sterben - genauso belastet wie alle anderen Kollegen und Kolleginnen.

Die vielen Frauen mit Mammacarzinom, die ihre Brust verloren haben und die wir mitbetreuen, bedürfen unseres Verständnisses gerade auch im seelischen Bereich, denn daß Frauen unter dem Verlust einer Brust sehr leiden, ist uns doch sehr verständlich. Wir sollten aber diesen Aspekt der Krebserkrankung genauso ernstnehmen, wie die medizinische Behandlung und die onkologische Nachsorge, die damit ganz eng verbunden ist.

Wie wenig Vertrauen Patientinnen offenbar oft in ärztliches Handeln haben, mag ein ganz kurzes Beispiel verdeutlichen:

Eine Patientin wurde von mir 18 Jahre lang betreut nach doppelseitiger Brustamputation.

Die erste Brust wurde wegen eines Mikrocarzinoms entfernt, es erfolgte eine Nachbestrahlung, die gut vertragen wurde. Ein Zweitcarzinom in der kontralateralen Brust mußte wenige Jahre später operiert werden, und es war natürlich ein sehr schwieriger Prozeß, bis die Patientin in diesen Eingriff einwilligte (zahlreiche Konsultationen außerhalb von Lübeck in anderen Kliniken usw.). Danach verlief alles sehr gut, Nachbestrahlung und Chemotherapie war nicht nötig, Rezidive sind nicht aufgetreten - auch emotional hatte ich das Gefühl, daß die Patientin sich mit ihrer Situation gut arrangiert hatte, und sie formulierte es auch so: „Nachdem jetzt beide Brüste weg sind, komme ich mir wenigstens wieder symmetrisch vor und alles stört mich viel weniger."

Alle Kontrolluntersuchungen wurden regelmäßig wahrgenommen, ich hatte das Gefühl eines sehr guten Kontaktes, in dem alles besprochen werden konnte. Aber nach 18 Jahren offenbarte sie mir, daß sie der Überzeugung sei, sie habe ihre Krebserkrankung darum ohne Rückfall überlebt, weil sie regelmäßig zweimal jährlich eine Aufbaukur mit Spritzen etc. (erhebliche Geldmittel waren nötig) bei einem Heilpraktiker durchführen ließ - also war das Vertrauensverhältnis doch nicht so gut, und die Patientin hat sich jahrelang nicht getraut z.B. ihren Wunsch nach einer allgemeinen „stärkenden" Behandlung ihres Körpers mir nahezubringen.

Natürlich müssen wir auch bei unseren schwerstkranken Patientinnen immer Hoffnung behalten und immer Hoffnung erwecken können. Wir müssen die Patientinnen auch akut ermutigen können, denn auch eine infaust wirkende Erstdiagnose muß sich nicht bestätigen.

Ich möchte Ihnen in diesem Zusammenhang ein Beispiel erzählen, an dem mir in eindrücklicher Weise das für einen Arzt ungeheuer positive Erlebnis ermöglicht wurde, bei einer so infaust wirkenden Situation doch auch einmal Glück zu haben!

Eine über 70 Jahre alte Dame kam etwa vor 3½ Jahren erstmalig in meine Sprechstunde - ja, ich möchte sagen, mit der typischen Facies ovarica, wie wir sie noch in älteren Lehrbüchern sehen. Eingefallenes krankes Gesicht, dazu einen aufgewölbten - auch unter der Kleidung als sehr angeschwollen imponierenden - Leib, dick geschwollene Beine mit stark heraustretenden Krampfadern.

Die geschwollenen Beine und die Krampfadern hatten sie zu ihrem Arzt geführt, das war ihr lästig, das behinderte ihre Alltagsarbeit, denn sie war noch berufstätig!

Der dicke Leib hatte sie gar nicht so sehr irritiert, obwohl sie jetzt auch Bauchbeschwerden bekam.

Die Diagnose war schnell klar, es handelte sich um einen bis zum Nabel reichenden großen Ovarialtumor - bei dem Alter und bei dem Gesamteindruck, und im Zusammenhang mit den erhobenen Blutbefunden, war die Diagnose Ovarialcarzinom sicher.

Um ihre Operabilität - ihren Gesamtzustand - näher zu beobachten, habe ich sie ins Krankenhaus aufgenommen, und eigentlich herrschte die Vorstellung vor, daß man sie nicht noch mit großen operativen Maßnahmen quälen sollte, denn die Prognose erschien aussichtslos.

Ich konnte das mit dieser geistig frischen und sehr lebensklugen Frau ruhig besprechen. Sie hatte zu Gott und ihrem Schicksal großes Vertrauen und setzte auch viel Vertrauen in mich. Wir haben klar besprochen, daß es zwei Möglichkeiten gibt: entweder das Risiko der Operation auf sich zu nehmen mit der recht großen Wahrscheinlichkeit, daß dann ein baldiger Tod zu erwarten ist, oder aber auch die Chance, daß es dann noch eine Zeit gutgeht oder gar besser - oder aber die andere Möglichkeit, aktive Maßnahmen zu unterlassen und dann ein langsames, aber deutlich fortschreitendes Siechtum auf sich zu nehmen.

Wider das Anraten ihrer Angehörigen sowie meiner Kolleginnen und Kollegen habe ich die Patientin operiert. Es war dann sogar nur eine Palliativoperation.

Die alte Dame hat sich jedoch blendend erholt - die Operation liegt gut drei Jahre zurück. Es besteht kein Anhalt für ein Rezidiv. Die ganze onkologische Nachsorge besteht in zwei Tabletten Endoxan pro Tag und kleinen harmlosen Begleitmaßnahmen.

Während in diesem Fall das Handeln, das Operieren zielführend war, ist es in vielen anderen Fällen, die Entscheidung zum Nicht-Eingreifen - der Verzicht auf Maßnahmen für den Patienten - günstigere und somit die bessere und ethisch vertretbarere Entscheidung.

Das sind die Erlebnisse, die zu den glücklichen Stunden eines Arztes gehören, wo ärztliche Verantwortung darin liegt, Risiken bewußt in Kauf zu nehmen.

Aber ich denke, das Besondere war auch die Offenheit, mit der ich das mit meiner Patientin besprechen konnte und dazu sollten wir häufiger den Mut haben.

Wie schwer das ist, über infauste Diagnosen und Prognosen mit Patientinnen zu sprechen, wissen Sie alle. Ich habe an mir selbst erlebt, wie häufig ich ganz „zufällig“ vergessen habe, bei einer Patientin eine Visite zu machen, einfach weil ich Angst hatte (wie ich glaube) ein Problem, eine ungünstige Prognose zu besprechen. Aber ich denke, wir reden soviel vom mündigen Bürger, und wir sollten auch unseren Patientinnen diese Mündigkeit zugestehen und unsere eigene Angst überwinden im Wissen darum, daß unsere Patientinnen einen Anspruch darauf haben, sich auch dann mit ihrem Leben - ihrem Schicksal - auseinanderzusetzen, wenn es ein vorhersehbar schwieriges Schicksal sein wird. Ich habe immer wieder erlebt, daß eine viel vertrauensvollere, offenere Atmosphäre zwischen uns herrschte, wenn ich den Mut aufbrachte, mit den Patientinnen die Wahrheit zu besprechen, und daß es dann viel besser möglich war, alles zu tun, um die Lebensqualität des restlichen bevorstehenden Lebens wirklich zu verbessern.

Ein Schlüsselerlebnis hierfür war für mich, daß ich einer Patientin einmal in früher gewohnter Manier einen Arztbrief an ihren Hausarzt verschlossen und versiegelt mitgegeben habe, den sie natürlich geöffnet hatte und aus dem sie ihre eigene infauste Prognose entnehmen mußte. Sie kam verzweifelt und wutentbrannt zurück und machte mir bittere Vorwürfe darüber, daß ich sie belogen hätte und sie im unklaren gelassen hätte über ihr Schicksal und sie beinahe daran gehindert hätte, wichtige Entscheidungen für den Rest ihres Lebens zu treffen.

Wir haben uns dann wieder verständigt und ich konnte die Patientin gut bis zu ihrem Lebensende begleiten.

Ich bin dieser Patientin - wie manch anderer Patientin - in schwersten Lebenslagen, die inzwischen lange verstorben sind, noch heute dankbar für das, was sie mir vermittelt haben.

Ich möchte den Versuch machen, zusammenzufassen, was ich Ihnen anhand praktischer Beispiele und eigener Erfahrungen mitteilen wollte.

Die Frage, ob sich unsere Moralvorstellungen und ihre ethische Begründung gewandelt haben, möchte ich bejahen.

Der heutige Mensch mit seinen größeren Möglichkeiten und seiner größeren Freiheit hat auch eine größere Verantwortung, die er wahrnehmen will und muß, auch wenn er uns als Patient gegenübertritt. Eine neue Verantwortungsstruktur zwischen Arzt, Patient und Gesellschaft bestimmt unser ärztliches Handeln. Zu den größeren Möglichkeiten des heutigen Menschen gehört auch unser Wissen um die Trennung von Sexualität und Fortpflanzung. Dieses Wissen wird in weiten Kreisen unserer Gesellschaft akzeptiert und wird gelebt und stellt auch uns Frauenärzte vor neue Aufgaben, die neue Lösungsversuche auch im Sinne neuer Therapiekonzepte erfordern.

Dem Selbstverständnis des heutigen Menschen steht ein ganzheitlicheres Bild vor Augen, dem wir gerecht werden müssen, und das sich unter anderem auch ausdrücken sollte in einem veränderten Verhalten der Geschlechter zueinander.

Ich habe versucht, dies an der neuen Rolle der Frau in unserer Gesellschaft zu verdeutlichen.

Diese Entwicklung erfordert auch von uns ein neues Verständnis des ärztlichen Berufes.

Auch wenn unsere herkömmlichen Moralvorstellungen sich wandeln, bleibt die Grundidee ärztlichen Handeln - das nihil nocere - niemals schaden - bestehen, aber mehr denn je ausgerichtet auf einen ganzheitlichen Menschen, der uns als selbstbestimmte Person gegenübertritt.

Ethische Aspekte in der Chirurgie

FRIEDRICH W. SCHILDBERG

Ethische Aspekte in der Chirurgie bedeutet nicht, daß es eine spezielle chirurgische Ethik gibt oder gar eine gesonderte Ethik für Chirurgen. Unter Fachleuten ist sogar die Existenz einer medizinischen Ethik umstritten, und viele vertreten die Ansicht, daß es sich dabei nur um die Anwendung einer allgemeinen Ethik auf die Situation in der Medizin handelt. Ethische Aspekte gibt es natürlich auch für andere Berufe - für Juristen, für Lehrer, für Geistliche und andere Gruppen -, die den Menschen zum Ziel ihrer Handlung haben, ist dies allgemein akzeptiert; aber auch bei Kaufleuten, Künstlern, Handwerkern und Arbeitern spielen ethische Fragen eine Rolle bei der Ausübung ihres Berufes. Feststehende Begriffe wie „ehrbares Handwerk", „faires Geschäft" und andere geben dafür Zeugnis. Wenn dennoch Ethik in der Medizin häufiger diskutiert wird - und dies nicht erst in unseren Tagen, sondern schon seit Jahrhunderten - so liegt dies wohl in erster Linie daran, daß sich in diesem Fach ethische Fragen besonders aktuell und dringend stellen, weil die Interessen sowie die geistige und körperliche Integrität anderer Menschen berührt werden. Außerdem hat die Medizin in den letzten Jahren bis dato kaum gekannte Fortschritte gemacht, die besonders stark in die Individualität des einzelnen Menschen eingreifen können. Ich möchte hier nur die Begriffe künstliche Befruchtung, Geburt, Reanimation, Sterbehilfe, Organtransplantation und Intensivmedizin nennen, um anzudeuten, was hier mit dem Begriff „medizinischer Fortschritt" gemeint sein könnte.

Der Begriff Ethik und damit auch die ethischen Aspekte werden in ihrer Bedeutung keineswegs einheitlich gesehen. Es ist deshalb notwendig zu definieren. Unter Ethik in der Chirurgie ist das sittliche Handeln in der operativen Medizin zu verstehen. Dies besagt zweierlei:

1. Die medizinische und chirurgische Ethik geht - wie schon Schäfer (1983) darlegt - vom Handeln aus und hat das Handeln zum Ziel, es ist eine Handlungsethik.
2. Die chirurgische Ethik ist sittlich. Damit orientiert sie sich am Normenkatalog sittlichen Handelns, der von den Erwartungen des einzelnen, von gesellschaftlichen Forderungen sowie von ideologischen oder religiösen Vorstellungen geprägt wird. Es handelt sich bei den ethischen Forderungen also nicht um absolute Werte, vielmehr stehen diese unter dem Einfluß gesellschaftlicher, kultureller und individueller Entwicklungen und sind somit veränderlich. Unabhängig davon gibt es natürlich auch im chirurgischen

Handeln wie in anderen Berufen Sachzwänge, die außerhalb ethischer Überlegungen stehen und stehen müssen.

Man darf keineswegs davon ausgehen, daß es sich bei dem Normenkatalog um eine bloße Aneinanderreihung sittlicher Wertbezüge handelt, um einen Sammeltopf aller Normen, Sitten, Umgangsformen, für Etikette als Benehmen und Moral als praktisches Verhalten - wie Hartmann es ausgedrückt hat (Hartmann 1987). Vielmehr hat jede sittliche Norm auch ihre eigene abgestufte Wertigkeit. Es ist nicht selten, daß im Entscheidungsfall mehrere sittliche Normen zu berücksichtigen sind. Sie treten zueinander in Konkurrenz. Dabei entstehen unvermeidliche Spannungsfelder. Dies soll an einigen Beispielen aus den Bereichen Aufklärung, Op.-Indikation, Intensivmedizin und Neuland-Operationen erläutert werden:

Die Aufklärung

Eines der in der Öffentlichkeit am meisten diskutierten ethischen Spannungsfelder in der Chirurgie - aber nicht nur dort - betrifft die praeoperative Aufklärung. Sie ist keine Erfindung oder Errungenschaft unserer Zeit, vielmehr war das präoperative aufklärende, erklärende und beruhigende Gespräch zwischen dem Patienten und seinem Arzt immer schon als Ausdruck verantwortungsbewußten ärztlichen Handelns wichtiger Bestandteil des chirurgischen Alltags. Seit 1892 ist es gesetzlich vorgeschrieben. Es mag sein, daß in der Vergangenheit gelegentlich qualitative Defizite zu beklagen waren, doch fanden diese Gespräche allgemein in einer Atmosphäre gegenseitigen Vertrauens statt. Dies änderte sich in den letzten 2 Jahrzehnten mit der gestiegenen Anspruchsmentalität unserer Gesellschaft und unter dem Eindruck einer geänderten Rechtsauffassung, wobei die einschlägige Rechtssprechung nach unserer Beurteilung eine wesentliche Schrittmacherfunktion innehatte. Grundlage für die heute oft noch vertretene Auffassung einer weiten und möglichst vollständigen Aufklärung bilden das Selbstbestimmungsrecht des Patienten und die rechtliche Klassifikation des chirurgischen Eingriffs als Körperverletzung. Es wird - m. E. völlig zurecht - davon ausgegangen, daß nur der aufgeklärte Patient einer Verletzung seiner körperlichen Integrität zustimmen könne. Es gilt somit alles als Körperverletzung, was nicht ausdrücklich die Zustimmung des Patienten gefunden hat.

In der Realität ist die vollständige Aufklärung allerdings kaum durchführbar. Die Liste möglicher Komplikationen, auf die hingewiesen werden müßte, kann lang und dem einzelnen Chirurgen in ihrer Vollständigkeit kaum bekannt sein, da ja auch auf Komplikationen, deren Häufigkeit im Promille-Bereich liegt, hingewiesen werden soll. Zum Beispiel umfaßt die Aufzählung aller Komplikationsmöglichkeiten bei der Entfernung des entzündeten Blinddarms mehrere voll beschriebene DIN-A4-Seiten. Die Aufzählung all dieser Störungen würde zwar dem Buchstaben, aber keineswegs dem Sinn der Rechtsvorschriften gerecht, weil der Patient ganz offensichtlich damit nichts anfangen könnte und es insofern auch für ihn keine Entscheidungshilfe darstellt. Es ist m. E. ein Gebot der Vernunft, hier eine Auswahl zu treffen, von der man meint, daß sie für den Patienten von Wichtigkeit sein könnte.

Dazu ein Beispiel:

Ein 48-jähriger Patient, von Beruf Lehrer, leidet an einer Vergrößerung der Schilddrüse, die ihn wegen einer sichtbaren Vorwölbung am Hals stört. Die nähere Untersuchung mit Hilfe der Sonographie zeigt eine knotige Veränderung, die bei der Stoffwechseluntersuchung mit radioaktivem Technetium eine deutliche, nicht unterdrückbare, radioaktive Belegung aufweist. Es handelt sich somit um ein autonomes Adenom, d.h. um eine knotige Drüsengewebswucherung, die vermehrt und unabhängig vom Bedarf des Körpers Schilddrüsenhormone bildet und damit im Laufe der Zeit für den Patienten nachteilig werden könnte. Es wird dem Patienten von seinem Hausarzt zur Operation geraten. Im Rahmen des präoperativen Aufklärungsgespräches wird er darauf hingewiesen, daß auch eine konservative Behandlung des Leidens mit radioaktivem Jod möglich ist, wenngleich diese Behandlung länger dauert und mit einer Strahlenbelastung des Körpers einhergeht, letztlich aber über ähnliche Langzeitergebnisse verfügt wie die operative Behandlung. Letztere ist direkt, kurz und effektiv und wird dadurch von den meisten Patienten bevorzugt, zumal bei der mikroskopischen Untersuchung des Operationspräparates der Pathologe auch zur Dignität der Geschwulst - also zur Frage der Gut- oder Bösartigkeit - Stellung nehmen kann, was bei der Radiojodtherapie nicht möglich ist. Allerdings stören ihn die typischen Komplikationsmöglichkeiten, auf die der Chirurg ausdrücklich aufmerksam gemacht hat, nämlich einseitige Schädigung des Stimmbandnerven mit vorübergehender oder bleibender Stimmbandlähmung und die Störung des Calcium-Stoffwechsels durch versehentliche Entfernung der Nebenschilddrüse, 4 stecknadelkopfgroße Gewebsknötchen an der Hinterwand der Schilddrüse. Beide Komplikationen können nicht vollständig vermieden werden, da die genannten Gebilde schwer zu erkennen sind. In Anbetracht der Tatsache, daß der Patient einerseits glaubt, als Lehrer eine Schwächung seiner Stimme nicht in Kauf nehmen zu können und andererseits sich mit der Radiojod-Behandlung eine therapeutische Alternative anbietet, verweigert er die Zustimmung zur Operation und zieht die Radiojod-Therapie vor.

Im dargestellten Fall hat der Chirurg zweifellos ethisch richtig gehandelt. Er hat beim Aufklärungsgespräch die für den Patienten vermutlich wichtigste Komplikationsmöglichkeit ganz in den Vordergrund gestellt und andere weniger gewichtet und - was ebenso wichtig ist - er hat Alternativen angeboten, so daß der Patient eine echte Entscheidung treffen konnte.

In diesem Fall erwies sich das Aufklärungsgespräch als einfach und effektiv: Der intelligente Patient konnte der Darlegung medizinischer Details folgen, sie in bezug auf seine persönliche Situation richtig interpretieren und daraus auch die für ihn richtigen Schlüsse ziehen. Kann dies aber jeder Patient, ist jeder Patient überhaupt aufklärungsfähig und -willig?

Ich erinnere mich an eine 73-jährige Patientin, die eines Abends mit dem Vollbild eines Dünndarmverschlusses aufgenommen wurde. Vorausgegangen war 1½ Jahre zuvor eine Operation wegen eines bösartigen Unterbauchtumors, dessen Diagnose der Patientin bekannt war. Das jetzige Krankheitsbild hatte sich langsam entwickelt, so daß bis zur Krankenhauseinweisung einige Tage vergangen waren. Der Allgemeinzustand der Patientin war dadurch deutlich reduziert, der Wasser-Elektrolyt-Haushalt gestört und die Kreislauffunktion beeinträchtigt. Nachdem die Patientin über die Diagnose und die notwendige Therapie informiert worden war, lehnte sie die vorgeschlagene Operation ab. In einem langen Gespräch erklärte sie die Gründe für ihre Entscheidung: Sie nehme an, daß es sich jetzt um eine Ausbreitung des bösartigen Tumors handele und diese sei ja letztlich nicht heilbar. Sie wolle aber kein langes Siechtum sondern bevorzuge ein rasches Sterben. Und im übrigen: Sie sei jetzt 73 Jahre alt, somit eine alte Frau, die ihr Leben gelebt habe und jetzt zu nichts mehr nutze sei und auch nicht mehr gebraucht werde. Das erste Argument der Tumorgeneralisation war zwar einleuchtend, aber keineswegs zwingend, da der Tumor als Ileusursache nicht nachgewiesen war. Das zweite Argument ihres Alters und der befürchteten Nutzlosigkeit war nicht überzeugend. Es zeigte nur, daß der Lebenswille dieser Patientin infolge des schlechten Allgemeinzustandes nach tagelangem Leiden gebrochen war, sie wollte nicht mehr einen in ihren Augen nutzlosen Kampf kämpfen, sie leistete keinen Widerstand mehr.

Was ist in einer solchen Situation richtig? Wie soll man sich entscheiden? Wenigstens drei Aspekte, 3 ethische Normen sind zu berücksichtigen: Die ethischen Gesichtspunkte der Patientin, die des Arztes und die der Rechtssprechung.

Eine eigentliche Patientenethik ist bis heute nicht verbindlich formuliert, sondern erst in Ansätzen zu erkennen (Schäfer 1983). Passivität in fast allen Situationen, d. h. in unserem Falle die Verweigerung der aktiven Mitbeteiligung am Heilungsprozeß, die mangelnde Compliance ist hervorstechendes Merkmal vieler Patienten. Die ethische Forderung in dieser Situation beinhaltet den aktiv an seiner Heilung mitarbeitenden Patienten, wie Beckmann dies bereis 1961 vorgeschlagen hat. Die zu fordernde ethische Grundeinstellung wäre hier die positive Motivation zum Heilungsversuch und somit die Zusage zur Operation. Dies war jedoch vorerst nicht zu erreichen.

Andererseits steht dieser Forderung das Recht des Patienten auf Selbstbestimmung entgegen und im vorliegenden Falle des Ileus auch das sogenannte Recht auf den eigenen Tod und ein würdiges Sterben. Dies berechtigt die Patientin, sich weiteren Heilversuchen, die sie ja - wie wir gesehen haben - für sinnlos hielt, zu entziehen.

Diese beiden ethischen Forderungen stehen nur scheinbar im Widerspruch zueinander, denn auch die Operationsverweigerung kann durchaus als aktive Beteiligung interpretiert werden, dies allerdings nicht in dem Sinne der Heilung sondern im Sinne einer Abkürzung des (befürchteten) Leidens.

Auf der Seite des Arztes sind die ethischen Implikationen eindeutig. Er ist zum Heilversuch, d. h. im vorliegenden Fall zur Operation verpflichtet, er muß sie empfehlen, solange die Inoperabilität der vorliegenden Komplikation (die keineswegs mit dem vermuteten Grundleiden identisch ist) nicht bewiesen werden kann. Dies war nicht der Fall, da ohne Operation die Ursache des Ileus nicht feststellbar war.

Und schließlich die Aspekte der Rechtssprechung: Diese kennt die nur vom Arzt zu beurteilende und nur von ihm richtig als passagere Störung zu wertende emotionale Situation der Patientin nicht. Die Weigerung der Patientin, sich operieren zu lassen, ist für sie verbindlich, eine Ausnahmeregelung existiert nicht. Aus rechtlicher Sicht bestünde - wenn ich das richtig sehe - nur die Möglichkeit, die Patientin durch das Gericht entmündigen zu lassen, eine Maßnahme, die angesichts der geistigen Klarheit der Patientin wenig Aussicht auf Erfolg gehabt hätte.

Was soll der Chirurg in solchen Situationen tun? Folgt er dem geäußerten Patientenwillen und der Rechtsprechung - voluntas aegroti suprema lex - so hätte er die Patientin ihrem Schicksal überlassen müssen. Fühlt er sich jedoch der ärztlichen Ethik - salus aegroti suprema lex - verpflichtet, muß er die Operation erzwingen. Das ethische Spannungsfeld dürfte allen deutlich erkennbar sein. Wie auch immer entschieden wird, es wird gegen ethische Normen verstoßen. Im vorliegenden Falle wurde erkannt, daß die emotionale Situation der Patientin eine rational gesteuerte Entscheidung nicht gestattet, sie deshalb nicht aufklärungsfähig ist und deshalb der Arzt im mutmaßlichen Sinne der Patientin zu entscheiden hatte. Daß die Patientin sich letztlich nach erneutem langen Gespräch von der Notwendigkeit des operativen Vorgehens überzeugen oder vielleicht auch nur überreden ließ, tut dabei kaum noch etwas zur Sache. Man hätte in jedem Fall - wie auch am selben Abend geschehen - operieren müssen. Es fand sich kein Tumorrezidiv, sondern nur ein Verwachsungsstrang, der leicht durchtrennt werden konnte. Die Patientin erholte sich rasch, stand bei der Entlassung ihrer Situation aufgeschlossen und zuversichtlich gegenüber und lebt bis heute beschwerdefrei seit mehr als 5 Jahren.

Ein drittes Beispiel soll die Problematik der Aufklärung noch vervollständigen. Hier handelt es sich nicht um die Aufklärung vor der Operation, sondern um die Information des Patienten über die maligne Natur seines Leidens, aus der er natürlich prognostische Schlüsse ziehen kann und ziehen wird.

Ein 64-jähriger Patient wurde zur Operation eines Magengeschwürs eingewiesen. Schon dem Endoskopiker war der Verdacht eines bösartigen Wachstums gekommen, doch konnte er dies histologisch nicht belegen. Intraoperativ bestätigte sich jedoch der Verdacht eines Magenkrebses, die Lymphknoten des Kompartiments I und II waren bereits befallen, sie wurden im Rahmen der systematischen Lymphadenektomie mitentfernt. Gleichzeitig erfolgte die Gastrektomie mit Wiederherstellung der gastrointestinalen Kontinuität durch eine Oesophago-Jejunostomie. Der postoperative Verlauf war ungestört, so daß die Entlassung für den 10. postoperativen Tag in Aussicht genommen werden konnte.

Vorher stellte sich jedoch noch die Frage nach der Notwendigkeit der Aufklärung des Patienten über die Unheilbarkeit seines Leidens. Diese gehört zweifellos zu den schwierigsten Aufgaben des Arztes. Deshalb stehen diese Fragen auch immer wieder im Mittelpunkt ärztlicher Diskussion und werden je nach Standpunkt und Zeit unterschiedlich beantwortet. In früheren Jahren stand das Mitgefühl für den Patienten an erster Stelle. Man glaubte, den dem Tode geweihten Kranken nicht die letzten Wochen und Monate seines Lebens durch das Wissen um den bevorstehenden Tod belasten zu sollen. Dieser Einstellung kam entgegen, daß selbst aufgeklärte und sachkundige Patienten, zu denen viele berühmte Ärzte gehörten, offenkundige Symptome der Krebserkrankung mißachteten, leugneten oder in ein für sie günstigeres Licht rückten. Sie verdrängten ihre Erkrankung.

Es gab daher nicht wenige Chirurgen, die ihre Patienten über die Natur ihrer Leiden im unklaren ließen und durch Schweigen oder wahrheitswidrige Mitteilungen, den Patienten beruhigten. Ein bekanntes Beispiel, das auch Eingang in die Literaturgeschichte gewonnen hat, war das Magenleiden - in Wirklichkeit der Magenkrebs - des Dichters Theodor Storm. Die Ärzte verschwiegen ihm die Bösartigkeit seines Leidens. In den letzten Wochen seines Lebens hatte er noch einmal eine sehr fruchtbare Schaffensperiode und hinterließ uns u.a. das von Todesahnung geprägte, einfühlsame Gedicht: „Beginn des Endes“ und konnte außerdem noch die Arbeiten am „Schimmelreiter“ fertigstellen.

In den letzten Jahrzehnten hat sich jedoch die Ansicht über die Notwendigkeit der Aufklärung geändert. Die Totalaufklärung des Patienten wird heute - wenn überhaupt noch - im wesentlichen nur von der Rechtssprechung gefordert. Ärzte standen dieser weitgehenden Forderung immer eher zurückhaltend gegenüber, doch auch bei ihnen hat sich die Ansicht gewandelt. Sie lehnen mehr und mehr eine falsche Unterrichtung des Patienten vollständig ab. Wenige fordern inzwischen auch den sogenannten Mut zur Aufklärung, wobei unklar bleibt, ob dabei der Mut des Arztes oder der des Patienten mehr strapaziert wird (Heberer 1986). Einvernehmen zwischen allen Beteiligten besteht jedoch darüber, daß es unethisch ist, dem Patienten die Unwahrheit zu sagen. Über das Ausmaß der Wahrheit gehen die Meinungen jedoch erheblich auseinander. Chirurgen haben die Form der rücksichtslosen Aufklärung überwiegend abgelehnt. So hat der Heidelberger Chirurg K. H. Bauer 1979 darauf hingewiesen, daß fast jeder Krebskranke auf die volle Wahrheit stets negativ reagiert - manche mit Depressionen und manche auch mit suizidalen Absichten und Versuchen. Was soll man von einem Verhalten sagen, das Patienten in den Tod treibt? Er betont deshalb, daß die Aufklärung nicht gefährlicher sein darf als die Krankheit. Als Ausweg weist Zenker (1978) auf die Möglichkeit der teilweisen, der eingeschränkten Information hin: alles was man sagt, muß wahr sein, aber nicht alles was wahr ist, muß man auch sagen. Heberer (1986) unterscheidet zwischen Wahrheit und Wahrhaftigkeit und definiert letztere als die Einstellung, die sich um ein gleichermaßen wahres, ehrliches und redliches Verhalten in Reden, Denken und Handeln bemüht. Auf Wahrhaftigkeit soll das Verhältnis des Arztes zu seinen Patienten beruhen und umgekehrt.

Es ist nicht leicht, in diesem ethischen Spannungsfeld zwischen Rechtssprechung, den Interessen von Patienten und den Arztpflichten den richtigen Weg zu finden. Es gelingt nur durch Eingehen auf die Individualität des Patienten, durch vorsichtige Prüfung seines Aufklärungswillens und vor allen Dingen auch seiner Aufklärungsfähigkeit. Letztlich müssen auch berufliche, familiäre und gesellschaftliche Aspekte in diese Überlegungen miteinbezogen werden. Nur die Berücksichtigung aller Gesichtspunkte kann m. E. zum ethisch richtigen Weg führen: nämlich dem zu Tode Kranken soviel mitzuteilen, wie er unbedingt wissen muß und soviel, wie er ertragen kann.

Es zeigt sich an diesem Beispiel die Aufklärung unheilbar Kranker, daß die ärztliche Ethik kein Gedankengebäude und schon gar kein einschichtiges ist, sondern täglich erlebte und täglich zu bewältigende Realität. Ihre Vielschichtigkeit relativiert alle Forderungen, nur einen Wert, nämlich das Selbststimmungsrecht des Menschen, als Richtschnur ethischen Handelns anzuerkennen. Ärztliche Ethik, die ich nicht als gleichbedeutend mit medizinischer Ethik betrachte, sondern als eine ihrer Untergruppen, verlangt nach mehrdimensionalem Denken und Fühlen, um den tatsächlichen Bedürfnissen des Patienten in vielen verschiedenen Situationen einigermaßen gerecht werden zu können. Dies macht das ethische Handeln nicht leichter sondern schwerer, so daß Fehlentscheidungen immer wieder vorkommen müssen. Die angesprochene Vielgestaltigkeit steht m. E. auch der Beurteilbarkeit der ärztlichen Ethik und ihrer Implikationen durch Außenstehende bzw. auf diesem Gebiet Unerfahrene entgegen, was in den seit Jahrzehnten unverändert anhaltenden Meinungsunterschieden zwischen Ärzten und Juristen zum Ausdruck kommt. Eine Lösung für diese unterschiedlichen Auffassungen ist nicht in Sicht. Bis sich die Standpunkte ändern, wird der Arzt nach reiflicher Überlegung und evtl. auch Beratung durch andere entsprechend seiner Überzeugung handeln müssen, wohl wissend, daß er dabei in einen Gegensatz zur gegenwärtigen Rechtssprechung geraten kann.

Die Operationsindikation

Ich möchte die Problematik der Patientenaufklärung an dieser Stelle verlassen, um mich einem anderen ethischen Aspekt in der Chirurgie, der Operationsindikation zuzuwenden. Die Möglichkeit, Patienten durch eine Operation zu gefährden, ja sogar zu schädigen, verlangt hier eine ganz besondere Sorgfalt. Lassen Sie mich dies wiederum an einem Beispiel verdeutlichen:

Ein Patient wird wegen einer zunehmenden Gelbsucht, die ihm keinerlei Schmerzen verursacht, in das Krankenhaus eingewiesen. Die Untersuchung zeigt hier einen Verschluß des Gallengangs, der wahrscheinlich auf dem Vorhandensein einer Krebsgeschwulst im Kopf der Bauchspeicheldrüse zurückzuführen ist. Die operative Behandlung erweist sich als unumgänglich und wird durchgeführt. Bei der Operation bestätigt sich die Diagnose. Der Bauchspeicheldrüsenkrebs ist in den Gallengang eingewachsen, zusätzlich findet der Pathologe in vergrößerten Lymphknoten, die ihm zugesandt worden waren,

Krebszellen. Damit war klar, daß eine Heilung des Patienten durch welche Maßnahme auch immer nicht mehr in Frage kommen konnte. Zwei operative Alternativen stehen nun zur Behandlung der Gelbsucht zur Verfügung: die Duodenopankreatektomie, d. h. die Entfernung des Kopfes der Bauchspeicheldrüse unter Mitnahme der unteren Magenhälfte, des Zwölffingerdarms und einem Teil der Gallenwege - insges. also ein großer Eingriff - oder die einfache Operation der Galleableitung in den Darm durch Verbindung zwischen Gallengang und dem Dünndarm. Welchen Eingriff soll der Chirurg durchführen? Die Duodenoankreatektomie entfernt zwar den Primärtumor und stellt für den Chirurgen die größere technische Herausforderung dar, aber sie ist für den Patienten risikoreicher, größer und hat auf längere Sicht kein besseres Ergebnis. Man muß sich deshalb für den kleineren Eingriff entscheiden, der nicht die Grundkrankheit sindern nur ihre Komplikation - nämlich den Ikterus - behandelt. Solche Eingriffe bezeichnet man als palliative Operationen. In der geschilderten Situation besteht über die Berechtigung des Palliativeingriffs keine Diskussion. Der Ikterus durch Gallenwegsverschluß führt zu einem anhaltenden, äußerst quälenden Juckreiz, so daß allein wegen dieser Störung operiert werden darf und werden muß, auch wenn das Grundleiden dabei unberücksichtigt bleibt und die Lebenserwartung nicht verlängert werden kann. Das Operationsziel ist also die Verbesserung der Lebensqualität.

Generell bilden Palliativeingriffe jedoch oft Grund zu ethischen Überlegungen. Wann ist es gerechtfertigt, Operationen ohne das Ziel einer Heilung durchzuführen? Ich spreche nicht von den Situationen, in denen der Chirurg sich vor der Operation keine Klarheit verschaffen kann, sondern von den Eingriffen, deren palliativer Charakter von vornherein klar ist. Ich glaube, daß in solchen Situationen heutzutage oft zu viel des Guten getan wird. Mit einer Operation, die dem Patienten keine Linderung und keine Lebensverlängerung bringt, ist ihm im allgemeinen kein guter Dienst erwiesen. Im Gegenteil, seine Leiden werden durch die Operation erhöht, seine Abwehrkraft geschwächt und er muß einen Teil der ihm noch verbleibenden Lebensspanne im Krankenhaus oder als Rekonvaleszent verbringen. Palliativeingriffe dürfen m. E. nur dann durchgeführt werden, wenn der Vorteil für den Patienten evident ist oder zumindest sehr wahrscheinlich gemacht werden kann. Solche Vorteile können in einer Minderung des Leidens, Verhütung oder Behandlung von Komplikationen oder in der Verlängerung des Lebens bestehen. Sind Vorteile nicht erkennbar, sollte auf Palliativeingriffe verzichtet werden. Allzuoft kommt es leider dennoch vor, daß der Patient wegen des Übereifers seines Chirurgen oder seines Arztes in den letzten Monaten seines Lebens mit zusätzlichen Leiden belastet wird. Gegen solche Belastungen kann er sich am besten schützen, wenn er in Zweifelsfällen zur Operationsindikation die Meinung eines zweiten Arztes hört. In den Vereinigten Staaten soll diese Einholung einer „second opinion" inzwischen weit verbreitet sein und von manchen Krankenversicherungen sogar als Voraussetzung für den Eintritt des Versicherungsfalles gefordert werden.

Eine ganz andere Problematik stellt sich bei der Operationsindikation im hohen Lebensalter. Dazu ein Beispiel aus jüngster Zeit, welches keineswegs eine Ausnahme darstellt:

Ein 78-jähriger Patient litt an einer vorübergehenden, etwa 1 Min. anhaltenden Sehstörung auf dem rechten Auge. Fachlich spricht man hier von einer sogenannten Amaurosis fugax. Als Ursache fand sich bei diesem Kranken eine hochgradige Einengung der rechten A. carotis interna, eine der 4 Arterien, die das Gehirn mit Blut versorgen. Es muß angenommen werden, daß sich von diesem Herd aus kleinste Partikel gelöst haben und in die Augenarterie abgeschwemmt wurden, wo sie zum Verschluß und zu Durchblutungsstörungen führen. Darüber hinaus kann ein solches Partikel auch einmal in eine der Gehirnarterien wandern und Ursache für einen vorübergehenden oder bleibenden Schlaganfall mit Lähmungserscheinungen sein. Die Wahrscheinlichkeit eines solchen Zwischenfalls kann statistisch kaum und in bezug auf den einzelnen Patienten überhaupt nicht vorhergesagt werden.

In der Situation des vorgestellten Patienten wird von vielen Ärzten die Operation abgelehnt. Es wird argumentiert, daß 78-jährige Patienten ihr natürliches Lebensende erreicht haben und daß es nicht gerechtfertigt und auch nicht nötig sei, zu operieren, es sei denn, es liegt eine absolute Indikation wegen einer akut lebensbedrohlichen Situation vor.

Unsere Meinung dazu ist eine völlig andere. Ein 78-jähriger Patient ist keineswegs am Ende seines Lebens. Die statistische Lebenserwartung beträgt noch etwa 8 Jahre. Aber auch wenn sie nur halb so lang wäre, hielte ich es für leichtfertig, hier nicht die Möglichkeit des Schlaganfalls durch eine Operation auszuschließen. Wir werden also dem Patienten die Operation empfehlen, da wir wissen, daß ihre Letalitäts- und Morbiditätsrisiken unter 3% und damit unter der Wahrscheinlichkeit eines Schlaganfalls liegen. Es kommt hinzu, daß der Eingriff als solcher - wenn er gelingt - dem Patienten nicht sehr und nur für 2-3 Tage in seinem Wohlbefinden beeinträchtigt. Die ethische Norm der evtl. Lebensverlängerung in Beschwerdefreiheit und Unversehrtheit steht so im Vordergrund, daß andere Überlegungen wie die Vermeidung unnötigen Leidens, Verringerung von Kosten oder auch das Risiko des Eingriffs demgegenüber völlig zurücktreten. Leider wird das Alter als solches von vielen Ärzten als Argument gegen eine Operation gesehen, was ich für völlig abwegig, ja fast für diskriminierend halte. Zwar ist die Alterschirurgie mit erhöhten Schwierigkeiten und vermehrten Komplikationen verbunden, aber man kennt heute ihre Determinanten und kann sie somit berücksichtigen. Voraussetzung für eine erfolgreiche Alterschirurgie ist neben der Kenntnis der altersspezifischen Veränderungen das komplikationsarme Operieren und die Beherrschung der postoperativen Behandlung. Man muß wissen, daß insbesondere letzteres personal- und technik-intensiv ist und darf solche Eingriffe nur durchführen, wenn die Ausstattung des Hauses darauf ausgerichtet ist.

Intensivmedizin

Lassen Sie mich nach der Aufklärung und der Operationsindikation noch wenige und keineswegs erschöpfende Gedanken zum Sterben bzw. zum Verhalten des Chirurgen gegenüber dem sterbenden Patienten darlegen. Diese Situation stellt in einer Zeit, da 90% aller Menschen nicht zu Hause sondern in der fremden Umgebung von Krankenhäusern sterben müssen, für einen Chirurgen keineswegs eine außergewöhnliche Situation dar. Erlauben Sie mir, dies an zwei Beispielen aus der Klinik zu verdeutlichen.

Eine 48-jähr. Frau wird mit einer eitrigen Bauchfellentzündung eingeliefert. Ursache dafür war der Durchbruch eines Dickdarmdivertikels. Die Pat. wurde sofort operiert, um die Ursache der Bauchfellvereiterung zu beseitigen. In den Folgetagen erholte sie sich anfänglich, dann verschlechterte sich der Allgemeinzustand, die Atmung reichte nicht mehr aus, so daß eine maschinelle Beatmung erforderlich wurde. Spätestens zu diesem Zeitpunkt mußte man sich darüber Rechenschaft ablegen, daß die Krankheit nicht beherrscht war und die Patientin wahrscheinlich sterben werde. Welche Einstellung sollte man beziehen? Im vorliegenden Falle wurde unter der Vorstellung, daß das Organversagen der Lunge Folge einer fortbestehenden Infektion im Bauchraum war, erneut der Bauchraum eröffnet und alles entzündliche Material ausgewaschen und entfernt. Diese Operation wurde daraufhin täglich wiederholt, insgesamt 8mal. Trotzdem kam es auch im weiteren Verlauf zu Nierenversagen, wodurch der Einsatz der künstlichen Niere notwendig wurde und schließlich auch zum Leberversagen. Schließlich wurde aber das Abdomen infektfrei, nach Wochen besserten sich auch das Lungen- und Nierenversagen, so daß auf die Beatmung und die künstliche Niere verzichtet werden konnte. Die Patientin genaß vollkommen.

Was hier so einfach geschildert werden kann, steckt in Wirklichkeit voller Probleme, Probleme, vor die sich nicht nur der Arzt, sondern auch Schwestern und Pfleger täglich gestellt sehen. Die Gespräche drehen sich immer wieder um dasselbe Thema: Darf man dieses Leben noch durch künstliche Maßnahmen verlängern oder soll man den Dingen ihren Lauf lassen und das Sterben nicht mehr behindern? Viele Ärzte haben immer wieder beim Vorliegen von Peritonitis, Lungen- und Nierenversagen von der sogenannten inkurablen TRIAS gesprochen und die Therapie beendet. Wir gehörten nie zu dieser Gruppierung sondern haben bei jedem Patienten versucht, den Tod abzuwenden. Schließlich stellten sich erste Erfolge ein, und heute wissen wir, daß jeder dritte bis vierte Patient eine solche inkurable TRIAS überleben kann. Dennoch haben die Probleme nicht nachgelassen. Sie resultieren aus der Tatsache, daß man im Einzelfall nicht vorhersagen kann, ob die therapeutischen Maßnahmen erfolgreich sein werden oder nicht. Mit anderen Worten: von 4 Patienten mit einem Multiorganversagen werden drei vergeblich behandelt und haben evtl. auch unter dieser Behandlung zu leiden, obwohl wir uns bemühen, dies zu vermeiden. Diese Tatsache ist ein Teil der Kritik an der sogenannten Apparate-Medizin und hat in den letzten Jahren die Vorbehalte in der Bevölkerung an der Arbeit in den Krankenhäusern verstärkt. Einen Ausweg aus diesem Dilemma sehe ich nicht: Entweder man bekennt sich zu dieser Therapie trotz der Gewißheit, drei Viertel aller Patienten vergeblich zu behandeln und hofft auf weitere Verbesserung durch Vertiefung und Ausweitung der Kenntnisse oder man verzichtet von vornherein auf die Therapie und bringt dabei ein Viertel aller Patienten um die Chance der Heilung. Der Mittelweg, nämlich die Gruppe der wirklich unheilbar Kranken frühzeitig zu erkennen und auf ihre Behandlung zu verzichten, ist bisher nicht existent. Zwar wird daran gearbeitet, doch alle bisher gefundenen Parameter sind eben keine verläßlichen Indices sondern bestenfalls Symptome. Mit Hilfe der statistischen Methode der Multivarianz-Analyse ist es gelungen, gewisse Symptome bei schwerstkranken, intensivtherapiepflichtigen Patienten zu erfassen und im Hinblick auf ihre Bedeutung für das Überleben zu gewichten, so daß sich bei Intensivpatienten in etwa eine Prognoseabschätzung durchführen läßt. Diese Aussage ist aber nur für die ganze Krankengruppe relevant. Eine Aussage für den einzelen Patienten ist jedoch nicht möglich. Sein Krankheitsverlauf bleibt trotz aller Ähnlichkeiten mit den Verläufen bei anderen Kranken stets individuell und entzieht sich bis heute einer prognostischen Abschätzung.

Das ethische Spannungsfeld, in dem sich die Intensivmedizin hier vollzieht, wird m.E. sehr deutlich. Die Unmöglichkeit, individuelle Krankheitsverläufe vorherzusagen, verpflichtet zur Behandlung und erlaubt keinen frühzeitigen Therapieabbruch. Durch diese Forderung werden auch Menschen in Mitleidenschaft gezogen, die von einer letztlich doch sehr invasiven Behandlung keinen Vorteil haben, weil ihr Krankheitsverlauf zum Tode führen wird. Die eigentliche Frage, die sich uns stellt, lautet also: darf man bei vielen Menschen das Leiden verlängern und verstärken, um wenigen das Leben zu erhalten?

Die Antwort darauf hat viele Ärzte in unserer Zeit beschäftigt. Erst vor wenigen Jahren (1979) hat die Deutsche Gesellschaft für Chirurgie dazu in einer Resolution Stellung genommen

„Unter den genannten Bedingungen (gemeint ist sowohl das plötzliche Versagen von Vitalfunktionen als auch ein fortschreitender Kräfteverfall) ist grundsätzlich alles zur Lebenserhaltung und Leidensminderung notwendige zu tun. Bei ungewisser Prognose muß die Behandlung immer und auch dann begonnen bzw. fortgesetzt werden, wenn mit irreparablen Schäden zu rechnen ist".

Unsere eigene Einstellung deckt sich mit dieser Auffassung. Wir bejahen die invasive Therapie auch - wenn erforderlich - unter Einsatz eines hochtechnisierten Instrumentariums, solange Aussicht auf Erfolg besteht und reduzieren therapeutische Maßnahmen auf das zur Linderung von Schmerzen und Leiden notwendige Maß nur dann, wenn der unausweichlich zum Tode führende Charakter einer Erkrankung feststeht. Ablehnung und Verächtlichmachung des überlegten Einsatzes von Technik in der Intensivmedizin, wie sie heute unter dem Stichwort der inhumanen Apparatemedizin Mode sind, entbehren m.E. jeglicher Grundlage, solange sie von Leuten vorgebracht werden, die davon nicht unmittelbar betroffen sind. Noch nie habe ich einen Kranken getroffen, der den Einsatz von Apparaten für sich selbst abgelehnt hat, wenn noch Aussicht oder Hoffnung auf Heilung bestand. Aber sorgen wir durch ständige kritische Selbstprüfung und anhaltende Bemühungen um Verbesserungen dafür, daß die angesprochenen Vorwürfe nicht eines Tages zurecht gemacht werden. Die Chirurgen-Schule, die auch für unser Denken mitbestimmend war, hat ihre Grundeinstellung zu diesen Fragen auf folgende Kurzform zusammengefaßt: Das Leben nicht verkürzen und das Sterben nicht verlängern (Zenker 1978).

Neulandoperationen

Eine letzte Überlegung gilt der Frage der Forschung und von sogenannten Neulandoperationen. Solche Eingriffe sind dadurch gekennzeichnet, daß sie trotz aller theoretischen Überlegungen und möglichen Vorteilen in ihrer tatsächlichen Wirksamkeit und auch in ihrer Nebenwirkungsrate nicht bekannt sind. Ihnen haftet also stets ein experimenteller Charakter an. Die Unsicherheit, ob und wann man solche Eingriffe durchführen darf, ist groß. Allgemeingültige Antworten sind nur schwer zu formulieren, da es bei näherer Betrachtung sehr unterschiedliche Kategorien solcher Eingriffe gibt. So ist es beispielweise nicht dasselbe, ob man in einer schwierigen Situation für die konkrete Lage eines Patienten durch Einsatz neuartiger Verfahren nach einem Ausweg sucht oder ob man für eine Erkrankung einen neuen Behandlungsweg entwikkeln möchte. Im ersten Falle liegt es nämlich im Interesse des Kranken, ein vielversprechendes neues Vorgehen anzuwenden, im zweiten Fall liegen die Vorteile im allgemeinen weniger bei dem Patienten selbst als bei den Kranken, die später mit der neu entwickelten Methode behandelt werden sollen. Die ethische Ausgangslage ist im ersten Fall m. E. gut überschaubar und kaum problematisch. Ich möchte mich deshalb auf die zweite Form, die der Neuentwicklung einer Methode gilt, konzentrieren.

Ich tue dies am Beispiel des Außenbandapparates am Sprunggelenk. Sie wissen, daß dieser Bandapparat für die einwandfreie Funktion des Sprunggelenkes und die Sicherheit beim Gehen von großer Bedeutung ist und leider beim Umknicken doch sehr leicht verletzt werden kann. Die Empfehlung geht heutzutage allgemein dahin, die Bandstabilität durch operative Maßnahmen wieder herzustellen. Wie berechtigt diese Einstellung ist, soll uns hier im Moment nicht weiter interessieren. Die Operation besteht in der Naht des Bandes, wodurch die beiden Enden lose miteinander vereinigt werden und wieder zusammenwachsen können. Damit dies ungestört erfolgen kann, muß der Fuß für 6 Wochen durch einen Gipsverband ruhiggestellt werden. Als Nachteile dieser Methode finden sich nach dieser Zeit die Muskulatur verschmächtigt, das Gelenk teilversteift, der Knochen teilweise entkalkt und das tiefe Venensystem nicht ganz selten thrombotisch verschlossen. Diese Folgezustände können - wenn überhaupt - nur durch intensive krankengymnastische Behandlung behoben werden.

Zur Vermeidung dieser Nachteile wurde von uns eine Methode entwickelt, die es erlauben sollte, auf die störende Ruhigstellung nach der Operation zu verzichten. Diese Methode besteht darin, nach der Naht des Bandes dieses durch einen eingebrachten Kunststoff-Faden so zu entlasten, daß es nicht unter Zug gerät und somit in Ruhe ausheilen kann. Das Kunststoffband löst sich nach einigen Monaten völlig auf, so daß dann nur noch das geheilte Band verbleibt und für die Stabilität verantwortlich ist. Nachuntersuchungen an über 100 Patienten haben gezeigt, daß die neuentwickelte Operation erfolgreich ist und für den Patienten Vorteile bringt.

Was ist aus ethischer Sicht bei der Neuentwicklung solcher Operationsmethoden zu beachten? Wann darf man eine neue Methode erstmalig anwenden? Erste Voraussetzung ist zweifellos, daß die gewählten Verfahren mit großer Wahrscheinlichkeit für den Patienten unschädlich sind. Dies war im vorliegenden Fall gegeben. Das verwandte Material ist seit Jahren als biologisch unschädlich bekannt, da es sich als Nahtmaterial in vielen Situationen bewährt hat. Die Auflösungsgeschwindigkeit des Materials ist bekannt. Es überdauert die für eine Bandheilung geforderte Zeit von 6 Wochen deutlich. Und schließlich konnte die Wirksamkeit des Prinzips, d.h. die Entlastung des gewählten Bandes, zuvor am Modell erprobt werden. Die Zwischenschaltung einer tierexperimentellen Phase, die sonst allgemein gefordert wird, schien unter den genannten Praemissen verzichtbar, zumal mit auf die Humanmedizin übertragbaren Ergebnissen aus verschiedenen Gründen nicht hätte gerechnet werden dürfen.

Eine weitere Voraussetzung ist, daß die Operation unter größter Sorgfalt durchgeführt und ihr Ergebnis fortlaufend und lang genug überprüft wird, so daß evtl. Störungen früh genug erkannt und behandelt werden können. Dazu ist es notwendig, den Patienten in eine prospektive Studie einzubringen, die mit statistischem Sachverstand geplant ist und die wirklich relevanten Fragen beantworten kann.

Ferner muß das Einverständnis des unterrichteten Patienten vorliegen. Dies setzt voraus, daß der Patient genügend Einsicht hat und die zu erläuternden medizinischen Sachverhalte verstehen und einordnen kann. Damit sind alle solche Kranken vom Versuch ausgeschlossen, bei denen die Annahme naheliegen muß, daß sie nicht einsichtsfähig sind. Somit müssen auch alle Versuche, die – wie es früher offenbar geschah –, an geistig Kranken durchgeführt wurden, aus ethischen Gründen abgelehnt werden. Selbstverständlich muß die Einwilligung vom Patienten völlig freiwillig gegeben werden und der Arzt darf seine Stellung und sein Ansehen nicht zur Einflußnahme auf die Entscheidung des Kranken benutzen, und der Patient muß sicher sein dürfen, daß der Arzt bei Ablehnung des Eingriffs ihm nicht seine Zuwendung entzieht.

Ob es notwendig ist, daß der Patient, der einer solchen Neulandoperation zustimmt, auch selbst unmittelbaren Vorteil aus einem solchen Eingriff ziehen kann, wird unterschiedlich gesehen. Im strengen Sinne ist eine solche Forderung ohnehin nicht realisierbar, da im Stadium des klinischen Experiments, zu dem eine Neulandoperation zählt, Vor- und Nachteile einer Methode nicht erkennbar sein können. Sicher ist es aber eine wesentliche Voraussetzung, daß die Neulandoperation das Ziel verfolgt, in einer gegebenen Situation ein möglichst gutes Ergebnis für den behandelten Menschen zu erzielen. Inwieweit hier der Mensch nicht als Individuum, sondern als sozialer Begriff interpretiert werden darf (Böckle 1982), bleibt weiter in der Diskussion.

Unter den genannten Voraussetzungen erscheint mir eine Neuland-Operation ethisch vertretbar und ohne vorausgehende Tierversuche einsetzbar - auch wenn man bedenkt - daß das Arzt/Patienten-Verhältnis zu ganz besonderer Zurückhaltung in dieser Hinsicht verpflichtet. Hans Jonas sagte hierzu: „Da den schon Geplagten nicht zusätzliche Lasten und Risiken zugemutet werden sollten, daß sie in ganz besonderer Hut der Gesellschaft und in der ganz besonderen des Arztes stehen - das sagt uns unser elementarstes sittliches Gefühl" (Jonas 1986).

Schluß

Die wenigen Beispiele aus dem chirurgischen Alltag mögen genügen, um einige Gedanken zur Ethik in der Chirurgie zu verdeutlichen. Das ethische Spannungsfeld ist natürlich in der Realität vielgestaltiger, als ich es heute zum Ausdruck bringen konnte. Probleme bei der Organtransplantation, der Organspende, ultraradikale Operationsmethoden, des Therapieabbruchs und schließlich auch des Unterrichts konnten nicht zur Sprache kommen. Dennoch meine ich, daß einige Gesetzmäßigkeiten deutlich geworden sind.

Wie bereits eingangs dargelegt, existiert im Hinblick auf die Tätigkeit des Chirurgen ein ganzer Katalog von sittlichen Werten und Normen, von denen jeder für sich einen hohen Wert darstellt. In unseren Beispielen hat sich jedoch gezeigt, daß es im praktischen Alltag schwierig sein kann, alle in Betracht kommenden Werte auch zu berücksichtigen. Es entsteht also eine Konkurrenz der Werte, die das eigentliche ethische Spannungsfeld oder die ethische Konfliktsituation ausmacht. Die Lösung solcher Konfliktsituationen kann kaum je im Kompromiß liegen, denn Kompromisse bedeuten stets Teilverzicht auf Wertbezüge und sind somit kaum geeignet, die Gültigkeit eben dieser Wertbezüge als Richtschnur des Handelns zu unterstreichen. Es ist deshalb m. E. unumgänglich, ethische Prioritäten zu setzen und eine Hierarchie der Werte einzurichten. Was aber sollen wir an die erste Stelle setzen? Das Gemeinwohl, den medizinischen Fortschritt, das Recht oder die Rechtsprechung, die soziale Tat, die Idee, die Ideologie oder die religiöse Überzeugung, die Rücksicht auf die belebte und unbelebte Umwelt, das Recht der nachfolgenden Generation auf körperliche Unversehrtheit, wozu letztlich auch der genetische Apparat zählt, der Vertrag zwischen den Generationen oder Gesichtspunkte der Volkswirtschaft? Diese Auswahl ist durchaus willkürlich, unvollständig und nicht repräsentativ. Im Rahmen der praktischen Medizin kann nur das Ziel unseres Handelns, nämlich der Patient im Mittelpunkt ethischer Überlegungen stehen. Alles andere wäre das Ende der von gegenseitigem Vertrauen erfüllten Arzt/

Patienten-Beziehung. Jonas (1987) führt dazu aus: „Im Verlauf der Behandlung ist der Arzt dem Patienten verpflichtet und niemandem sonst. Er ist nicht der Sachwalter der Gesellschaft oder der medizinischen Wissenschaft oder der Familie des Patienten oder seiner Leidensgefährten oder der künftig an derselben Krankheit Leidenden. Der Patient allein zählt, wenn er in der Fürsorge des Arztes steht ... Wir können von einem heiligen Treueverhältnis sprechen. Strikt in seinen Sinn ist der Arzt sozusagen allein mit seinem Patienten".

Diese Feststellungen sind nicht weit entfernt von den Forderungen, die die Gesellschaft an den Ärztestand stellt. Marcel (1956) und andere haben diese Frage untersucht. Danach verlangt der Patient ein Mindestmaß an Einsicht in seine Krankheit, er verlangt die Freiheit der eigenen Entscheidung, wozu die Aufklärung unabdingbare Voraussetzung wäre, er verlangt Redlichkeit und die Achtung seiner Person. Im sittlich relevanten Teil des Forderungskataloges steht, das Leben absolut zu setzen, der Arzt soll Gedult haben, Zuversicht ausstrahlen, nicht hoffärtig oder herrschsüchtig sein, er soll Verantwortung übernehmen, als Autorität zugleich fest und mild sein und sich in väterlicher Sorge und Herzensgüte um den Kranken mühen.

Eine Hierarchie der Werte, die geeignet sein soll, in ethischen Konfliktsituationen das praktischen Handeln zu bestimmen, muß auswählen. Sie kann in Grenzsituationen oft nicht mehr Ethik der Medizin im Sinne eines Konsens oder Gleichgewicht von Patienten-, Arzt- und Gesellschaftsinteressen sein, sondern muß sich einengen auf die ethische Norm des Arzt-/Patienten-Verhältnisses mit einer deutlichen Akzentuierung und Ausrichtung auf die Patientenbedürfnisse. Aus diesem Grund finden sich Äußerungen von Chirurgen zu den ethischen Aspekten in der Chirurgie fast ausschließlich unter dem Gesichtspunkt der Humanitas, womit die Ausrichtung des Handelns auf die Situation des Patienten gemeint ist. Der kranke Mensch ist die Quelle der Motivation chirurgischer Tätigkeit und zugleich auch ihr einziges Ziel.

Literatur

1. Bauer KH (1979) Aufklärung und Sterbehilfe bei Krebs aus medizinischer Sicht In: Kaufmann A (Hrsg) Festschrift für Paul Bockelmann zum 70. Geburtstag. München
2. Beckmann P (1961) Der aktive Patient. Ärztliche Praxis 8:1887 (zit nach Schäfer)
3. Böckle F (1982) Zur Ethik des medizinischen Fortschritts In: Doerr W, Jakob W, Laufs A (Hrsg) Recht und Ethik in der Medizin. Springer, Berlin Heidelberg New York
4. Deutsche Gesellschaft für Chirurgie (1979) Resolution zur Behandlung Todkranker und Sterbender In: Mitteilungen der Dtsch Ges f Chirurgie Heft 3
5. Hartmann F (1987) Sittliche Spannungslagen ärztlichen Handelns. Focus MHL 4:255
6. Heberer G (1986) Humanitas im Krankenhaus – Anspruch und Wirklichkeit In: Heberer G, Opderbecke HW, Spann W (Hrsg) Ärztliches Handeln – Verrechtlichung eines Berufsstandes. Springer, Berlin Heidelberg (1986)
7. Jonas H (1986) Das Prinzip Verantwortung Insel, Frankfurt
8. Jonas H (1987) Technik, Medizin und Ethik. Zur Praxis des Prinzips Verantwortung. Insel, Frankfurt

9. Marcel G, Thibon G, de Corte M, Fouché S, Brunier G, Debidour VH, Robin J (1956) Was erwarten wir vom Arzt? Hippokrates, Stuttgart (zit. n. Schäfer)
10. Schäfer H (1983) Medizinische Ethik. VfM Dr Fischer, Heidelberg
11. Zenker R (1978) Ärztliche Ethik am Krankenbett aus der Sicht des Chirurgen In: Gross R, Hilger HH, Kaufmann W, Scheurlen PG (Hrsg) Ärztliche Ethik. FK Schattauer, Stuttgart New York

Ethische Probleme in der Neurochirurgie

HANS ARNOLD

Jeder Mensch hat Angst, manipuliert zu werden. Diese Angst ist besonders berechtigt gegenüber operativen Eingriffen am Hirn, dem Substrat des Bewußtseins, der spezifisch menschlichen Eigenschaften und der individuellen Persönlichkeit. Viele Erkankungen des Gehirns führen an sich schon zu einer mehr oder minder offensichtlichen Einschränkung der intellektuellen Leistung, zu Wesensveränderungen im weitesten Sinne, zu Störungen der Bewegungsabläufe bis zu schweren Lähmungen oder zur Vergröberung oder parteillem Verlust der Wahrnehmung. Das gilt potential auch für Operationen am oder im Hirn. Die Entscheidungsschwierigkeiten, vor denen Patient und Angehörige einerseits und Arzt andererseits stehen, wachsen mit der Unsicherheit der Prognose.

Die Intensivmedizin, die Neurochirurgie in der heutigen Form erst ermöglicht hat, rettet zahlreichen Hirnverletzten, Tumorkranken und Patienten mit Blutungen aus Hirngefäßmißbildungen das Leben. Bei Behandlungsbeginn ist der künftige Verlauf aber oft nicht abzusehen. Resultat tage- oder wochenlanger Intensivtherapie ist nicht immer ein lebenswertes, d.h. seiner selbst bewußtes Leben mit - seien sie auch eingeschränkt - planbaren Aktivitäten, Kommunikation, Einflußnahme innerhalb des eigenen Lebenskreises und persönlichem *Er*leben.

Gelegentlich verbleiben schwere Störungen, die ein Weiterleben nur in der Abhängigkeit von einer pflegenden Person gestatten. Nicht immer gelangt der Patient zu bewußtem Leben zurück, sondern existiert - als Persönlichkeit tot, aber dennoch ein Wesen mit menschlichem Aspekt -, evtl. für Jahre weiter. Schließlich hat auch der Tod durch die Intensivmedizin ein anderes Gesicht erhalten. Das Hirn - und damit der Mensch - kann tot sein, während dank apparativer Unterstützung Atmung und Blutkreislauf noch funktionieren.

Mit der Darstellung ethischer Probleme in der Neurochirurgie möchte ich bei diesem Produkt der Intensivmedizin, dem Hirntod, beginnen.

Er ist definiert als irreversibler vollständiger Verlust der Hirnfunktion. Dieser irreversible Verlust der Hirnfunktion tritt beim beatmeten Patienten bei schlagendem Herzen ein, wenn infolge einer primären Hirnschädigung, z.B. nach Schädelhirntrauma, oder einer sekundären Hirnschädigung, z.B. nach längerem Blutdruckabfall, das Hirn schwillt und der Druck in der Schädelkapsel soweit ansteigt, daß er schließlich die Höhe des Blutdruckes erreicht. Das Hirn ist dann nicht mehr durchblutet, es erleidet einen ischämischen Totalinfarkt.

Unter Ärzten ist, von wenigen Ausnahmen abgesehen, heute nicht mehr strittig, daß mit dem irreversiblen Verlust der Hirnfunktion der Patient aufgehört hat, als Individuum zu existieren: Er ist tot. Diese Auffassung kollidiert mit der überkommenen Todesdefinition, wonach der Tod eingetreten ist, wenn Atmung und Herzschlag ausgesetzt haben. Genau besehen, steht aber hinter der älteren Todesdefinition ebenfalls der irreversible Verlust der Hirnfunktion, der spätestens wenige Minuten nach Sistieren von Atmung und Herzaktion eintritt. Daß Stillstand von Herz und Atmung allein nicht zwangsläufig den Tod bedeutet, haben erfolgreiche Wiederbelebungsversuche auch schon vor der Ära der Intensivmedizin bewiesen.

Die Gleichsetzung des Hirntodes mit dem Tod des Individuums hat zwei Aspekte:

1. Alle intensivmedizinischen Maßnahmen können nach Feststellung des Hirntodes beendet werden. Einige Minuten nach Abbruch der Beatmung tritt dann auch der Herzstillstand ein.
2. Mit Feststellung des Hirntodes gilt der Patient als Leichnam, nicht mehr als Person. Ggfs. können dem noch beatmeten Leichnam, dessen Herz noch schlägt, Organe zur Transplantation entnommen werden.

Besonders dieser zweite Aspekt hat öffentliche Streitgespräche heraufbeschworen. Sie sind noch nicht beendet. So schreibt der Philosoph Hans Jonas noch 1985 dazu:

„Die Grenzlinie zwischen Leben und Tod ist nicht mit Sicherheit bekannt. Es besteht Grund zum Zweifel daran, daß – selbst ohne Gehirnfunktion – der atmende Patient vollständig tot ist ... Der Patient muß unbedingt sicher sein, daß sein Arzt nicht sein Henker wird."

Natürlich ist die Gleichsetzung des Hirntodes mit dem Tod des Individuums eine Übereinkunft. Sie erscheint aber auch unter ethischen Aspekten sinnvoll, da mit dem irreversiblen Verlust der Hirnfunktion das bewußte Leben des Patienten unwiederbringlich vorüber ist. Das Weiterschlagen des Herzens ändert daran nichts. Im übrigen: Selbst nach Sistieren der Herzaktion finden weiterhin Stoffwechselvorgänge im Körper des Verstorbenen statt, die man als Lebensvorgänge bezeichnen könnte. Und: Wir sind heute auch in der Lage, Körperzellen verschiedener Organe des Leichnams in der Gewebekultur über Jahre am Leben zu erhalten. Niemand wird aber daraus schließen wollen, daß der Patient, von dem diese Zellen stammen, in ihnen weiterlebe. – Die Sicherheit, daß der Arzt nicht zum Henker des Patienten wird, ist beim heutigen Stand der Diagnostik absolut vorhanden. Die Kriterien des Hirntodes sind eindeutig. Die zu seiner Feststellung zu ergreifenden diagnostischen Maßnahmen mit den entsprechenden Sicherheitsintervallen lassen keine Fehldiagnose zu. Sie schließen die fälschliche Feststellung des Hirntodes und einen vorzeitigen Behandlungsabbruch aus.

Für den Fall der Organentnahme muß der Hirntod von 2 voneinander unabhängigen mit diesem Zustandsbild vertrauten Ärzten festgestellt werden, von denen keiner mit der Organtransplantation befaßt sein darf.

Als behandelnder Arzt ist der Neurochirurg verpflichtet, mit den Angehörigen des für tot erklärten Patienten zu sprechen. Er muß sie in diesem Gespräch nicht nur über den eingetretenen Tod unterrichten, sondern womöglich auch ihre Zustimmung zur Organentnahme erreichen. Ich habe viele solche Gespräche geführt und nur extrem selten eine Ablehnung der Organentnahme erlebt. Die weit überwiegende Mehrzahl meiner Gesprächspartner bewertete die Möglichkeit, durch Organspende anderes Leben zu retten, höher als die eigenen Skrupel gegenüber dem Verstorbenen.

Die Transplantatentnahme ist kein Problem, wenn der Tote zu Lebzeiten zugestimmt hat oder die Angehörigen einwilligen. Sie kann, juristisch betrachtet, unter dem Gesichtspunkt des rechtfertigenden Notstandes (§ 34 StGB) bei Güterabwägung aber auch *trotz* Weigerung der Angehörigen erfolgen; – der Lebende hat immer Recht; wenn er z. B. eine Niere zum Überleben braucht, darf sie dem Toten entnommen werden –. *Wir* sind in praxi so verfahren, daß wir den Willen der Angehörigen immer respektiert haben. Zweifellos dient eine solche Haltung dem Vertrauensverhältnis zwischen Patienten und Arzt. Ist sie aber gegenüber den zahlreichen Anwärtern auf ein Spenderorgan zu rechtfertigen?

Um das Dilemma neurochirurgischer Entscheidungen bei *erhaltener* Hirnfunktion leicher verständlich zu machen, möchte ich einen Teil der Funktionen des menschlichen Großhirns kurz erläutern. Ich stütze mich dabei im wesentlichen auf Befunde von Sperry und Mitarbeitern und zusammenfassende Darstellungen von John Eccles.

Sperry und Mitarbeiter untersuchten eine Anzahl von Patienten, bei denen zur Behandlung einer Epilepsie der Balken, die Verbindung zwischen beiden Großhirnhälften, durchtrennt worden war. Der Balken enthält etwa 250 Mio Fasern, über die pro Sekunde 1–2 Milliarden Informationen zwischen den Großhirnhälften ausgetauscht werden können. Die Untersuchungen nach Unterbrechung dieses hochpotenten Bahnsystems ergaben, daß beide Hirnhälften sich funktionell stark unterscheiden. Die dominante Hirnhälfte, in der Regel die linke, verfügt auch nach Durchtrennung des Balkens über bewußte Wahrnehmung, induziert bewußte Handlungen, analysiert, rechnet, liest, spricht, schreibt. Die subdominante Hemisphäre ist in der Lage, sinnvolle Handlungen zu induzieren, diese werden jedoch nicht bewußt.

Wesentlich für unsere weiteren Erörterungen ist, daß das menschliche Selbstbewußtsein in der dominanten Hemisphäre lokalisiert ist.

Hier ist es wiederum in erster Linie an *die* Regionen gebunden, die der Sprache sowie Lesen und Schreiben dienen. Bei intaktem Balken sind große Teile des Stirnlappens oder des Hirnhauptlappens oder der Pol des Schläfenlappens entfernbar ohne Gefahr schwerer Störungen der Persönlichkeit. – Die Funktionen des Großhirns kommen nur zum Tragen, wenn die Verbindungen vom und zum Hirnstamm intakt sind.

Aus einer schweren Hirnverletzung kann eine Störung der Verbindung zwischen Großhirnrinde und Hirnstamm resultieren. Dieses Zustandsbild wird als apallisches Syndrom oder Coma vigile bezeichnet. Der „Apalliker" ist wach, seine Augen sind offen, er nimmt aber nichts wahr und reagiert nicht auf Licht- oder Schallreize. Dieses Syndrom kann für Tage oder Wochen andauern, ehe sich wieder mehr oder minder eingeschränkte Bewußtheit einstellt, es kann aber auch als Endzustand bestehen bleiben. Nur bei Jugendlichen und Kindern wird es fallweise auch nach Monaten noch überwunden, bei glücklichem Verlauf müssen keine schweren Störungen persistieren.

Ausgedehnte oder nahezu vollständige *Zerstörung* der Verbindung zwischen Hirnstamm und Großhirnrinde bedeutet den *vollständigen Verlust der Persönlichkeit*. Dieser darf als irreversibel betrachtet werden, wenn er über eine Beobachtungszeit, deren Länge je nach Alter zwischen Wochen und Monaten variiert, bestehen geblieben ist. Wir haben dann ein dem Aspekt nach menschliches Wesen vor uns, dessen Hirnleistung jedoch unterhalb der eines jeden beliebigen Wirbeltieres liegt. Es atmet aber selbst und kann bei ausreichender Nahrungs- und Flüssigkeitszufuhr, wie der in den USA viel diskutierte Fall der Karen Ann Quinlan zeigt, Jahre überleben. Als Persönlichkeit hat es endgültig aufgehört zu existieren, nicht aber als Person.

Eibach schreibt dazu in Medizin in Recht und Ethik Nr. 12, Encke-Verlag 1983: „Die Würde der Person ist auf die Ganzheit des Individuums Mensch zu beziehen, nicht nur auf einen Organteil (Großhirn). Eine Bemessung des Rechtsguts „Leben" nach seinem Nutzwert (bzw. Schaden) für die Gesellschaft ist entschieden abzulehnen. ...

Im überlegten Verzicht (Unterlassen) auf Lebensverlängerung geschieht keine eigenmächtige Verfügung über den Lebenswert, sondern die Anerkennung dessen, daß ... die Krankheit irreversibel auf den Tod zuläuft." Dies bedeutet, daß das Leben des Apallikers nicht durch aktive Maßnahmen beendet werden darf, eine Unterlassung lebensverlängernder Maßnahmen aber geboten ist. Nach geltender Auffassung ist jedoch eine ausreichende Ernährung zu gewährleisten.

Wie wir gesehen haben, ist ein großer Teil der linken Großhirnhemisphäre im Zusammenwirken verschiedener dort repräsentierter Fähigkeiten in ihrem Bestand Voraussetzung für das bewußte *Ich-Erleben*. Der Kommunikationsverlust, der auf ein Tumorwachstum in diesen Regionen folgen kann, stellt deshalb einen Schwerpunkt der Überlegungen bei der Indikationsstellung zu operativen Maßnahmen dar. Als die Operationsmethoden noch gröber waren als heutzutage, nahmen manche neurochirurgischen Kliniken generell von operativen Eingriffen in diesen Regionen Abstand, sogar dann, wenn es sich um Tumoren handelte, die nur von außen auf das Hirn drückten. Ein Beispiel einer Operation mit anschließender jahrelanger Sprachstörung ist der Dirigent Otto Klemperer, der 1939 an einem links temporal gelegenen Meningiom operiert werden mußte; er überwand nach jahrelangem Training seine Dysphasie, um nach 1946 wieder in großem Stil tätig zu werden und 1959 die Leitung des London Philharmonia Orchestra zu übernehmen.

Vergleichsweise aussichtslos ist die Situation, wenn ein vom Hirn selbst ausgehender bösartiger Tumor, ein Glioblastom, sich in zentralen Bereichen der dominanten Hirnhälfte ausbreitet. Eine über 70-jährige Patientin bot bei Klinikaufnahme bereits eine Halbseitenschwäche rechts und eine Sprachstörung. Die Diagnose eines Glioblastoms war schon nach dem Computer-Tomogramm eindeutig. Bei Operation und anschließender Bestrahlung hätte die Patientin bestenfalls noch 2 Jahre zu leben, davon voraussichtlich einen längeren Zeitabschnitt mit komplettem Sprachverlust. Die Sprachstörung könnte möglicherweise auch durch den operativen Eingriff schon verschlimmert werden. Die Behandlung selbst würde wenigstens 6–8 Wochen in Anspruch nehmen. Eine vollständige Tumorentfernung ist, ohne die Kommunikationsmöglichkeit der Patientin sofort und dauerhaft zu zerstören, nicht möglich. Nach Gesprächen mit den Angehörigen und mehreren Gesprächen mit der Patientin selbst, die aber nur unvollständig verstand, haben wir in diesem Fall von einer Operation abgeraten, obgleich die Lebenserwartung der Patientin dadurch sicherlich verkürzt wurde. Wir haben auch keine Bestrahlung empfohlen, da deren Effekt erfahrungsgemäß gering ist.

Gesetzt den Fall, wir würden einen ähnlichen Tumor bei einer 30jährigen Frau vorfinden, die womöglich kleine Kinder zu versorgen hat, so wären wir bestrebt, ihn möglichst schonend von innen her zu verkleinern und nachzubestrahlen. Auf eine Operation *drängen* würden wir nicht.

Die jüngere Patientin müßte zwar bei der Operation dasselbe Risiko der Sprachverschlechterung tragen wie die Ältere, bei der wir die Operation ablehnten, sie hätte aber bessere Chancen, sie zu kompensieren. Als mitten im Leben stehender Mensch braucht sie außerdem die psychologische Stütze ärztlichen Handelns, braucht Hoffnung. Die evtl. erreichbare Lebensverlängerung, wenngleich mit eingeschränkter Aktivität, erhielte durch vorhandene Kinder einen weiteren Sinn. – Betrifft ein Tumor dieser Lokalisation ein Kind, so kann man sich die Indikation zur Radikal-Operation überlegen. Bei Kindern bis zu 5 Jahren ist, wenn damit der Tumor tatsächlich vollständig entfernt werden kann, die Resektion selbst der dominanten Großhirnhemisphäre möglich. Die Sprachfunktion und damit auch die Ich-Funktion wird von der subdominanten Hemisphäre übernommen. Auch bei älteren Kindern findet, wenn sich der Tumor in der dominanten Hemisphäre langsam entwickelt und dort bereits zu Störungen führt, ein Transfer von Fähigkeiten der dominanten auf die subdominante Hemisphäre statt, bei Erwachsenen jedoch nicht mehr.

Für kindliche Tumorträger stellt sich also die Frage, ob es zu vertreten ist, die befallene Großhirnhälfte zu entfernen, um den Tumor auszurotten; die Kinder verbleiben allerdings mit einer spastischen Halbseitenlähmung, mit der sie aber gehfähig sind, und einem halbseitigen Gesichtsfeld-Defekt sowie einer etwas verminderten Hirnleistung. Sie stellen dann keinen Pflegefall dar, sind sogar in der Lage, bei entsprechender Förderung einen Beruf zu erlernen und selbständig und unabhängig zu leben. Die Entscheidung über solch eine radikale Operation kann nur in ausführlichem und wiederholtem Gespräch mit den Eltern getroffen werden. Der Patient, der später mit der Behinderung leben muß, ist ja zur Zeit der Entscheidungsfindung noch nicht entscheidungsfähig.

In verschärfter Form stellt sich das Problem der Entscheidung über die Zukunft eines noch nicht Entscheidungsfähigen bei einem Neugeborenen, das mit einer Mißbildung der Wirbelsäule und des Rückenmarkes und einem Hydrozephalus geboren wird. Ein Beispiel: Die Mißbildung betrifft die untere Brustwirbelsäule. Die neurologische Untersuchung ergibt, daß beide Beine nahezu komplett gelähmt sind; schwache Bewegungen sind nur in den Hüften möglich. Außerdem besteht eine Lähmung des Afterschließmuskels und der Blase. Der Kopfumfang ist vergrößert, die Hirnkammern sind erweitert. Der Durchmesser des Hirnmantels beträgt etwa ½ cm. Der mit Liquor gefüllte häutige Sack, der den freiliegenden Abschnitt des Rückenmarkes umgibt, ist durchscheinend, an einer winzigen Stelle entleert sich etwas Liquor. In der Aussprache mit dem Vater des Neugeborenen wird die voraussichtliche Entwicklung dargestellt: Die Lähmung der Beine, der Blase und des Mastdarms wird bestehen bleiben. Die Meningo-Myelocele am Rücken kann operativ verschlossen werden. Wegen des Hydrozephalus ist zunächst eine Operation erforderlich, die gewährleistet, daß der Liquor aus den Hirnkammern über ein Kunststoffsystem in die Bauchhöhle abfließen kann. Es ist sehr wahrscheinlich, daß im späteren Leben weitere Operationen nötig werden. Im fehlgebildeten Wirbelsäulenabschnitt wird sich ein Gibbus bilden.

Wie die geistige Entwicklung des Kindes verlaufen wird, ist ungewiß. Auch unter günstigsten Umständen muß bei solchen Kindern in einem hohen Prozentsatz mit einer geistigen Behinderung gerechnet werden. Bestenfalls kann das Kind sich zwar geistig normal entwickeln, wird aber niemals gehfähig.

Eine chronische Harnwegsinfektion wird nicht zu vermeiden sein. In der Wachstumsphase muß damit gerechnet werden, daß sich die neurologischen Störungen verstärken, weil das Rückenmark, das das Wachstum der Wirbelsäule nicht mitmacht, im Fehlbildungsbereich gefesselt ist und an dem physiologischen Aufstieg um ca. 2 Wirbelsegmente, der sich während des Wachstums vollzieht, gehindert ist. - Nach dieser umfassenden Information und Rücksprache mit der Mutter des Kindes, die natürlich zunächst nur eingeschränkt gesprächsfähig ist, stimmt der Kindesvater dem Vorschlag der Ärzte zu, das Kind unbehandelt zu lassen. Dies geschieht in der Annahme, daß das Kind in Kürze sterben werde, entweder an einer Hirnhautentzündung oder einer Harnwegsinfektion oder auch an dem sich weiter entwickelnden Hydrozephalus.

Nichtbehandlung bedeutet, daß keine Medikamente verabreicht, die Grundbedürfnisse des Kindes aber befriedigt werden, d. h. es wird ernährt und gepflegt.

Entgegen den Erwartungen überhäutet sich die Meningo-Myelocele am Rücken, eine Meningitis tritt nicht auf. Der Hydrozephalus wächst weiter. Schließlich ist der Kopf so groß, daß die pflegenden Schwestern und Kinderärzte gemeinsam den Neurochirurgen bedrängen, aus pflegerischen Gründen eine liquorableitende Operation vorzunehmen. Dies geschieht in der üblichen Weise, der postoperative Verlauf ist störungsfrei. Der Kopf des Kindes verkleinert sich wieder und der Hirnmantel nimmt an Dicke zu. Die Eltern nehmen sich des Kindes an, ja sie bemühen sich zwangsläufig intensiver um dieses Kind als um sein älteres Geschwister. Das Kind entwickelt sich, bleibt aber in der geistigen Leistung hinter Gleichaltrigen zurück. Die am Tage der Geburt gestellte Prognose trifft ein. - Der weitere Verlauf spielt für unsere Überlegungen keine Rolle mehr. Wir stehen vor der Tatsache, daß unter ärztlicher Hilfe ein Kind mit schwersten Behinderungen aufwächst, das zeitlebens medizinischer Betreuung bedarf und ständig gefährdet ist. Geistig und körperlich behindert, wird es nie ein unabhängiges Leben führen können. Die Last dieses jammervollen Lebens trägt nicht nur das betroffene Kind allein, sondern vor allem auch dessen Familie.

Der in diesem Fall zunächst beschrittene Weg der sogenannten passiven Euthanasie (in der Annahme, daß das Kind unbehandelt in den ersten Lebenswochen sterben würde) wurde nicht konsequent weitergegangen. Aber auch die Verweigerung der neurochirurgischen Operation hätte nicht notwendigerweise zum Tode des Kindes führen müssen. Aus den Jahren, in denen derartige Operationen noch nicht möglich waren, wissen wir, daß geistig schwerstbehinderte Kinder und Erwachsene mit monströsen Köpfen die Pflegeabteilungen von Landeskrankenhäusern bevölkerten. Betrachtet man den geschilderten Fall, so muß man sich einerseits fragen, ob das Kind bei früherer Operation nicht bessere Chancen *geistiger* Entwicklung gehabt hätte, andererseits von den Angehörigen aber auch fragen *lassen* - und dies geschieht -, warum man sich so scharf an die Grenzen der passiven Euthanasie gehalten und damit Unglück über eine ganze Familie gebracht habe.

Jene Kinderchirurgen und Neurochirurgen, die die Frühoperation dieser Kinder befürwortet hatten, stellten nach 15 Jahren fest: Nur 40-50% erreichen das Erwachsenenalter. Es sind weder Mittel noch Möglichkeiten vorhanden, *alle* operierten Patienten auf Dauer optimal zu versorgen. *Zu* häufig ist das Resultat der Bemühungen der Familienangehörigen, Betreuer und Ärzte ein körperlich und geistig schwer behinderter Patient.

Betrachtet man nur den Patienten selbst, muß man sich wohl darüber klar sein, daß er, da er mit seinen Lähmungen aufgewachsen ist, sie weniger schlimm empfindet, als jemand, der zeitlebens gesund gewesen ist und durch einen Unfall eine Querschnittslähmung erleidet.

Von Querschnittsgelähmten, die auch die Arme kaum noch gebrauchen können, wird das Weiterleben oft als sinnlos empfunden. Ich habe einen 39jährigen Mann erlebt, der sich bei einem Badeunfall einen Bruch des 6. Halswirbels mit kompletter Querschnittslähmung zugezogen hatte. Er konnte die Arme in den Schultern relativ kräftig bewegen, sie aber nur noch schwach anbeugen und mit den Händen nicht mehr greifen. Rumpf und Beine waren gelähmt. Sobald er sich darüber Klarheit verschafft hatte, daß dieser Zustand auf *Dauer* bestehen bleiben würde, beschäftigte er sich mit dem Gedanken des Suizids. Da er selbst *nicht* in der Lage war, sich zu töten, bat er seine Angehörigen und die behandelnden Ärzte darum. Lange Gespräche, von den Angehörigen unterstützt, die ihm lebens- und erlebenswerte Aspekte in seinem Zustand zu eröffnen versuchten, änderten an seinem Wunsch nichts. Weder wir noch die Verwandten haben seinem Ansinnen entsprochen. Wir einigten uns jedoch darauf, evtl. auftretende Komplikationen und Folgeerkrankungen nicht zu behandeln. Er ist 1½ Jahre später an einer Lungenentzündung gestorben.

Nach § 216 des StGB ist Tötung auf Verlangen strafbar und wird mit 6 Monaten bis zu 5 Jahren Freiheitsstrafe geahndet. Dabei wird von juristischer Seite sehr fein zwischen Beihilfe zum Selbstmord, die straffrei ist, und Tötung auf Verlangen unterschieden. Römer hat das an folgenden Beispielen deutlich gemacht:

1. Dem Kranken wird eine tödliche Überdosis eines Medikamentes zur Verfügung gestellt.
2. Das Glas mit dem aufgelösten Medikament wird dem Kranken an den Mund geführt.
3. Das Medikament wird dem Kranken, der nicht mehr selbst trinken kann, eingeflößt.

Hier ist der Übergang zwischen Beihilfe zum Suizid wie 1. und Tötung auf Verlangen wie 3. fließend. Das 2. Beispiel könnte sowohl in ersterem als auch in letzterem Sinne interpretiert werden.

Problematisch ist der dargestellt Fall insofern, als der Patient selbst durch seine Krankheit gehindert war, seinen *Willen* zu vollziehen; er *hätte* sich sonst getötet.

Seine Abhängigkeit von den Angehörigen und den behandelnden Ärzten zwang ihn, in einer für ihn ausweglosen und objektiv hoffnungslosen Lage weiterzuleben. Der Konflikt zwischen Pflicht des Arztes nicht zu töten und dem einsehbaren Verlangen des Patienten nach Beendigung des Lebens blieb in diesem Falle ungelöst.

Die Deutsche Gesellschaft für humanes Sterben plädiert in ähnlichen Situationen für aktive Euthanasie. Diese darf und muß aber nicht Aufgabe des Arztes sein. Der Kommentar, mit dem der Todeswunsch eines hoffnungslos kranken Patienten von anderer Seite gelegentlich abgelehnt wird (erst das Leid verhelfe uns zum Menschsein), bezieht sich auf die menschliche Fähigkeit, in selbst erlebtem Leid zu reifen; angesichts eines völlig Hilflosen muß er aber als Zynismus verstanden werden. Macht man sich von der dahinterstehenden Ideologie frei, so kann man mit Fletcher zu einer Beurteilung kommen, die dem Todeswunsch des gequälten und hoffnungslosen Patienten gerechter wird: „In einer humanistischen Ethik ist der Selbstmord dann richtig, wenn er Menschen hilft, d.h., wir haben dann ein Recht, ihn zu begehen.“ ... „in jedem Fall ist das Recht auf Sterben nicht Recht, wenn es das Wohlbefinden anderer beeinträchtigt. Andererseits ist es Recht, wenn es sich dabei im echten Sinne und einzig und allein um eine persönliche Entscheidung handelt“.

Die Darstellung ethischer Probleme in der Neurochirurgie wäre unvollständig ohne Erwähnung der Psychochirurgie.

Erregte öffentliche Diskussionen gehen auf die Zeit vor Einführung der Psychopharmaka zurück, in der vor allen Dingen in den USA und England Leukotomien vorgenommen wurden, die mit den Namen Freeman und Scoville verbunden sind. Meines Wissens werden diese groben und wenig gezielten Stirnhirnläsionen, deren Indikation überwiegend auch noch *zweifelhaft* war, heute nicht mehr durchgeführt. An ihre Stelle sind stereotaktische Eingriffe getreten, die mit allergrößter Zurückhaltung indiziert werden. Aufgrund sorgfältiger Abwägung 40jähriger neuropsychiatrischer Erfahrung mit der Psychochirurgie kommt Kleinig zu folgender Indikationseingrenzung:

1. andere Behandlungsmethoden sind ausgiebig versucht worden oder können wegen ihrer Nebenwirkungen oder ihres vergleichsweise noch problematischeren Charakters nicht fortgeführt werden.
2. das Leiden muß chronisch sein. Besteht Grund zu der Annahme, daß es sich innerhalb eines überschaubaren und zumutbaren Zeitraumes bessern wird, kann die Psychochirurgie nicht als ultima ratio gelten.
3. Das Leiden muß für den Patienten so unerträglich sein, daß alles, was möglich ist, dagegen getan werden sollte.
4. Die Annahme, daß Psychochirurgie für die Behandlung des gegebenen Zustandes geeignet ist, muß begründet sein; die Tatsache, daß alle anderen Behandlungsmethoden versagt haben, genügt als Begründung nicht.

Als Mitglied der Hamburger Neurochirurgischen Klinik habe ich bis 1976 einige stereotaktische Eingriffe bei Triebtätern miterlebt. Aus sexualmedizinischer Indikation wurde stereotaktisch eine kleine Zerstörung im ventromedialen Hypothalamus gesetzt.

Es handelte sich ausschließlich um gewalttätige rückfällige Triebtäter, bei denen die medikamentöse Therapie mit Cyproteronazetat versagte und denen ein Leben in Sicherheitsverwahrung bevorstand. Die Überprüfung der unter den gegebenen Umständen besonders problematischen Einwilligung der Patienten und der Indikation oblag einem unabhängigen Gutachtergremium. Bis 1978 wurden 14 Fälle, im Mittel etwas über 3 Jahre nach der Operation, von einem Psychiater nachuntersucht.

Er konnte keine hirnorganische Leistungsminderung, keine Wesensänderung und kein Psychosyndrom an den Patienten feststellen. Alle berichteten über eine Reduzierung des Triebdruckes, Resozialisierung, Normalisierung der Partnerbeziehung und Aufgreifen anderer Lebensinhalte. Trotz dieser positiven Bilanz ist die Methode 1976 für 10 Jahre ad acta gelegt worden, um nach diesem Zeitraum an Hand neuer Nachuntersuchungsergebnisse zu entscheiden, ob und unter welchen Umständen die stereotaktische Hypothalamotomie als Behandlungsmethode für Triebtäter akzeptabel ist. Sie ist jedenfalls ein irreversibler Eingriff und muß deshalb unter allen Behandlungsmöglichkeiten sexueller Deviationen als die schwerwiegendste Therapieform angesehen werden. Aus dem Gesagten geht auch hervor, daß es sich nicht im engeren Sinne um Psychochirurgie handelt, sondern lediglich um Therapie im Sinne einer Ultima ratio bei schweren sexuellen für die Gesellschaft bedrohlichen Verhaltensstörungen. In einem Kommissionsbericht des Bundesgesundheitsamtes kommentiert Barbey 1978 wie folgt:

„Wenn auch das gegenwärtig vorliegende wissenschaftliche Material über die neurochirurgische Behandlung sexueller Verhaltensstörungen und die psychische Situation des inhaftierten oder untergebrachten Sexualdelinquenten im Einzelfall Zurückhaltung gegenüber der Durchführung der stereotaktischen Hypothalamotomie gebietet, so sollten andererseits forensische Patienten jedoch grundsätzlich nicht von neuen Behandlungsverfahren, die allen anderen Patienten zugänglich sind, ausgeschlossen werden. Bei forensischen Patienten sollte diese Operation aber an die Überprüfung der Einwilligung und der Indikation durch ein unabhängiges Gutachtergremium gebunden werden. Wenn in der öffentlichen Kontroverse um die psychiatrische Chirurgie wiederholt das „Humanum" als Kriterium auftauchte, so ist in diesem Zusammenhang auch abzuwägen, was das Inhumanere in einem individuellen Fall sein kann: Die gewünschte einverständliche operativ erzielte sexuelle Verhaltensänderung mit Aussicht auf Entlassung oder der langjährige bis lebenslange Freiheitsentzug eines Sexualdelinquenten. Wo immer aber die Art der krankhaften Störung und der Persönlichkeit des Probanden noch eine minimale Erfolgschance für eine andere Behandlungsmöglichkeit offenläßt, sollte auf die Durchführung einer stereotaktisch-neurochirurgischen Behandlung abweichenden Sexualverhaltens verzichtet werden." –

Ich habe eingangs von der Angst vor Manipulation gesprochen. Diese Angst wird besonders wach, wenn von Operationen, die auf *Verhaltens*änderungen abzielen, die Rede ist. Umso beruhigender ist nach meinem Empfinden, daß die Diskussion um die stereotaktische Hypothalamotomie zu einer Lösung geführt hat, die von allen Seiten akzeptiert werden kann.

Literatur

1. Barbey I (1978) bga-Bericht 3, S I/49–51
2. Basser LS (1962) Hemiplegia of early onset and the faculty of speech with special reference to the effects of hemispherectomy. Brain 85:427–460
3. Eccles JC (1977) Teil II. In: Popper KR, Eccles JC (Hrsg) Das Ich und sein Gehirn. Piper, München Zürich
4. Eibach U (1983) Passive und aktive Sterbehilfe – Kommentar aus ethischer Sicht. In: Troschke J von, Schmidt H (Hrsg) Ärztliche Entscheidungskonflikte. Medizin in Recht und Ethik 12. Enke Stuttgart S 80–93
5. Fletcher J (1976) In Verteidigung des Suizids. In: Eser A (Hrsg) Suizid und Euthanasie. Medizin und Recht 1. Enke, Stuttgart
6. Jonas H (1985) Technik, Medizin und Ethik. Inselverlag, Frankfurt
7. Kleinig J (1985) Ethical issues in psychosurgery. Georg Allen & Unwin, London
8. Pendl G (1986) Der Hirntod. Springer, Wien New York
9. Römer J (1984) Hilfe zum Sterben – Rechtslage. In: Prüfsteine Medizinischer Ethik. AMEG – Grevenbroich, S 263–290
10. Schara J (1982) Humane Intensivtherapie. Perimed, Erlangen
11. Sperry RW (1974) Lateral specialization in the surgically separated hemispheres. In: Smitt FO, Worden FG (eds.): The neurosciences third study program. MIT Press, Cambridge/Mass London pp 5–19
12. Valenstein ES (ed) (1980) The psychosurgery debate: Scientific, legal, and ethical perspectives. Freeman, San Francisco

Systematik und Ethik der Plastischen Chirurgie

GÜNTER M. LÖSCH

Vorbemerkungen

Die Plastische Chirurgie ist heute ein weltweit anerkanntes Fach. Der spezifische Akzent dieser Disziplin hatte, in Abhängigkeit von Wissen und Können, während der gesamten Dauer der Geschichte der Medizin im Streben der Ärzte und Verlangen Kranker und auch gesunder Menschen Bestand. Die Feststellung, daß der „Begriff des Plastischen" ein strukturelles Merkmal der Medizin sei, bedarf der Begründung, nach der zu allererst in der Historie gesucht werden muß. Sollen Ursprung, Bedeutung und Konsequenzen dieses Begriffes in der Medizin der Vergangenheit, Gegenwart und Zukunft untersucht werden, so müssen in die Betrachtungen die Systematik des Faches Plastische Chirurgie und die Strukturen der Medizinischen Ethik, die in den vorliegenden Beiträgen von v. Engelhardt und Hartmann aufgezeigt werden, einbezogen werden.

Der „Begriff des Plastischen" und „Gestaltwahrnehmung" als Fundamente des Faches, Herausforderung in Vergangenheit und Gegenwart

Die früheste Bezeichnung des Fachgebietes finden wir 1838 im Titel „Handbuch der Plastischen Chirurgie" von Zeis. Vor ihm wurde der Ausdruck „Plastique" von Desavit 1798 und gleichsam von v. Graefe 1838 in der Monographie „Rhino-Plastik" gebraucht (Zeis 1863). Goethes Wilhelm Meister (1807–20) vernimmt von einem seiner Lehrer, einem in der Anatomie wirkenden Künstler: „Der Chirurg, besonders wenn er sich zum plastischen Begriff erhebt, wird der ewig fortbildenden Natur bei jeder Verletzung gewiß am besten zu Hilfe kommen; den Arzt selbst würde ein solcher Begriff bei seinen Funktionen erheben." Diese Aussage entstand aus Goethes Studium und Erleben humanistischer Kultur und wissenschaftlichem Verständnis von Natur und Medizin.

Aus dem Corpus hippocraticum geht hervor, daß Physis als gewachsene Form der einzelnen Gliedmaßen und Körperteile zum ersten ästhetischen Normbegriff wurde, den sich die Medizin für ihre eigenen Bedürfnisse geschaffen hat. Es steht dort: „schön und sachgerecht ist daher die Einrichtung (einer Luxation) gemäß der Natur", „denn es gibt, von Ausnahmen abgesehen, kein besseres Wiederherstellungsergebnis als die naturgewachsene Form" (Michler 1985). Aus diesem therapeutischen Postulat wurde damals eine ratiomorphe, auf Gestaltwahrnehmung (Lorenz 1965) gründende wissenschaftliche Erkenntnismethode entwickelt. Ratiomorph und auf Gestaltwahrnehmung fundiert ist z. B. die Auffassung Galens, „der als Arzt zur Symmetrie feststellt, daß die Gesundheit auf der Symmetrie der Elemente, die Schönheit auf der Symmetrie der Glieder gründet, wie es im Kanon des Polyklet geschrieben steht" (Mainzer 1988). Bewußte wie unbewußte Gestaltwahrnehmung, die Informationen zwecks späterer Auswertung speichert, und völlig unbewußte sensorische und nervliche ratiomorphe Vorgänge, die in formaler und funktioneller Hinsicht logischen Verfahrensweisen streng analog sind (Lorenz 1965), bestimmen weitgehend das Selbstempfinden des Menschen und sein Streben nach psychischer und physischer Gesundheit und Leistungsfähigkeit. Die gestaltlichen Begriffe körperliche Intaktheit, Schönheit und Jugend haben heute in besonderer Weise Symbolkraft und sind im öffentlichen Diskurs maßgebend für die Wertung von physischer und psychischer Effizienz. Sie haben Einfluß auf das subjektive Empfinden von Gesundheit/Krankheit in der jeweils gegebenen gesellschaftlich und kulturell-geschichtlichen Situation der Menschen, die vom Plastischen Chirurgen Hilfe erwarten. Auch wenn die Kulturen unserer europäischen Länder auf Schönheit und Jugend besonderes Gewicht legen, so daß körperlich stark auffallende Veränderungen von den Hilfesuchenden, ihrer sozialen Umgebung und den zur Abhilfe bereiten Ärzten als Krankheit angesehen werden, entstehen Spannungslagen durch ungleiche Wertung der Befunde durch Vertrauensärzte der Krankenkassen. Dies kann z. B. nach Amputation einer Brust wegen Krebs vorkommen. Dafür lassen sich Ursachen subjektiver Art finden, die seitens der Patientinnen auf Persönlichkeit und Verhalten mit unterschiedlicher Durchsetzungsfähigkeit ihres Wunsches und seitens der Vertrauensärzte auf die Anwendung verschiedener Definitionen von Gesundheit und Krankheit und verschiedener Beurteilungsmaßstäbe gründen. Wendet sich die Patientin nach dem aufklärenden Gespräch mit dem Plastischen Chirurgen an einen Vertrauensarzt, der sich nach dem Begriff des Plastischen, im Wissen der „Gestaltwahrnehmung" und der durch den Verlust einer Brust individuell in verschiedenem Maße entstehenden unbewußten und bewußten Störungen des Befindens, orientiert, wird die Äußerung des Wunsches nach der operativen Rekonstruktion ausreichen, um die Kostenübernahme zu erreichen. Durch die Definition der WHO, nach der Gesundheit als vollkommenes physisches, psychisches und soziales Wohlbefinden definiert ist, erfährt seine Entscheidung zur Kostenübernahme ihre normative, einheitliche und objektive Grundlage. Die subjektive Entscheidung zur Rekonstruktion bleibt der Patientin überlassen, die dazu durch die Aufklärung über die Aussichten und Risiken der operativen Maßnahmen durch den Plastischen Chirurgen befähigt wird. Die zur Abhilfe bereiten Ärzte und Plastischen Chirurgen erfahren auch heute noch, daß Patientinnen, die nach wiedererlangter positiver Lebenseinstellung sich entschlossen haben, auch die unmißverständlich stets wahrnehmbaren und sichtbaren Folgen der lebensbedrohenden Krankheit mit der Plastischen Wiederherstellung zu überwinden, durch Ablehnung der Kostenübernahme frustriert werden. Dies kann geschehen, wenn Vertrauensärzte die aufgezeigten Begriffe, deren Konsequenzen und die rekonstruktiven Möglickeiten nicht kennen oder kraft eigener Ansichten nicht anerkennen wollen. Die Patientin wird als gesund beurteilt, da ihr die Fähigkeit zugeschrieben wird, mit den durch die Amputation bedingten „Krankheitsfolgen fertig zu werden". Die dieser Einschätzung zugrunde liegende Norm ist ein ärztlich und wissenschaftlich ungeeigneter Maßstab für die Beurteilung des Krankheitswertes des Verlustes einer Brust und der an ihrer Stelle vorhandenen Narbe. Bei dieser Art der Entscheidung wird seitens des Vertrauensarztes der wichtige Faktor des eventuell nur unbewußt vorhandenen Leidensdruckes nicht berücksichtigt. Dieser führt die Patientin dazu, die mit der operativen Wiederherstellung einhergehenden erneuten physischen und psychischen Traumata und die damit verbundenen Risiken auf sich zu nehmen. Diese Bereitschaft objektiviert dem Plastischen Chirurgen die notwendige Cooperationsfähigkeit der Patientin und dem Vertrauensarzt, selbst wenn er die letztgenannte Norm seiner Entscheidung zugrundelegt und er über den für seine Funktion notwendigen Sachverstand verfügt, daß die vom Karzinom verursachte Erkrankung in ihren Folgen noch besteht und er daher verpflichtet ist, die Kostenübernahme für die physisch und psychisch heilsam wirkende plastisch-chirurgische Behandlung zu befürworten. Es sollte zur ethischen Norm werden, daß die objektive Verunstaltung einer Frau nach Amputation einer Brust Krankheitswert hat. Die betroffenen Frauen sollten nicht mehr subjektiven Urteilen ausgesetzt werden, die ihnen zumuten, mit dem weitgehend behebbaren Verlust ihrer Integrität als Endzustand im Balanceakt zwischen den beiden Extremen vollkommener Gesundheit (Sanitas, Unsterblichkeit) und Krankheit (Aegritudo, Tod) fertig zu werden. Sie muß sich frei von sozial bedingten ökonomischen Zwängen zur plastischen Rekonstruktion entscheiden können.

Der überzeitliche „Begriff des Plastischen" fordert seitens des Plastischen Chirurgen nicht nur das Wissen und die Anwendung definierter Operationstechniken mit künstlerischer Begabung, sondern auch, daß zumindest er sich „als Arzt zu diesem Begriff erhebe". Diese Wertbezogenheit läßt ihn derzeit bei seinem Wirken in besonderer Weise in der Bundesrepublik in das von Hartmann so definierte Feld sittlicher Spannungslagen ärztlichen Handelns geraten.

Geschichtliche Aspekte

In allen Epochen der Geschichte erfüllten die Menschen, die bestrebt sind, Kranke zu heilen, einen hohen ethischen Auftrag. Ihr „Denken und Tun, Tun und Denken" hat Medizin entstehen lassen und weiter entwickelt. „Spezialisierung und Ganzheitlichkeit stehen in einem Spannungsfeld, das keineswegs neu ist" (v. Engelhardt 1986). Der Umgang mit der Krankheit und mit der Medizin als Wissenschaft und Praxis wird stets von historischen und kulturellen Traditionen beeinflußt. Seinem Handbuch ließ Zeis 1863 das Werk „Die Literatur und Geschichte der Plastischen Chirurgie" folgen, das 2008 „literarische Namen" erfaßt und bis heute eine unübertroffene Quelle historischen Wissens darstellt. Auf dem Weg „vom Nützlichen durchs Wahre zum Schönen" beginnt die Geschichte der Plastischen Chirurgie in der größten Zeit altindischer Heilkunde, die von 800 v. Chr. bis 1000 n. Chr. währte. Im Buch Samhita des Sushruta aus jener Epoche finden wir die Beschreibung folgender chirurgischer Tat: „Man nehme ein Pflanzblatt von der Größe der zu bildenden Nase, schneide nach dem Maß des aufgelegten Blattes ein Stück aus der Wange, aber so, daß es noch anhängt und setzt die Nase, nachdem angefrischt, rasch auf. Ist der Lappen festgewachsen, schneidet man den Stiel durch und kann nun nach Bedarf korrigieren". Im selben Werk steht: „Nur die Vereinigung der Chirurgie mit der Medizin bildet den vollkommenen Arzt", zu verstehen als Vereinigung des praktischen und theoretischen Wissens. „Der Arzt, dem die Kenntnis des einen dieser Zweige abgeht, gleicht einem Vogel mit nur einem Flügel". Die für die Transplantationen so wichtige Lehre von der Wundheilung reicht bis in das griechische Altertum zurück. Der Römer Celsus (25–35 n. Chr.) beschrieb die Methode der seitlichen Verziehungen mit Hilfe von Entspannungsschnitten, die für kleinere Defekte an Nase, Ohr und Lippen angewendet wurde. „Branca Vater und Antonius Branca Sohn rekonstruierten abgetrennte Nasen mit Fleisch aus dem Gesicht" (Zeis 1938). Tagliacozzi hatte den Verdienst, Operationen „wie seine Vorgänger sie bereits 150 Jahre lang praktiziert hatten, durchgeführt zu haben und das Verfahren wissenschaftlich begründet beschrieben zu haben (Zeis 1938)." Über die Zeit danach bis zum späten 17. Jahrhundert erklärte Dieffenbach (1845): „Je mehr Jahre nach Tagliacozzis Tod verstrichen, desto mehr sank die Plastische Chirurgie in Vergessenheit und Verachtung, desto häufiger wurden die alten Tatsachen als lächerliche Märchen behandelt". In der Zeit absolutistischer Herrschaft Ludwigs des XV. (1715–1774) und der Aufklärung Jean-Jaques Rousseaus (1712–1778) am Vorabend der Französischen Revolution wurde von der Pariser Fakultät die gestielte Transplantation von Haut aus dem Arm zur Nase als „illusorisch und rein spekulativ erklärt" (Marchand 1901). Der Engländer Carpue berichtete 1816, daß er zwei Offizieren mit Erfolg die Nase aus den Integumenten der Stirn wiederhergestellt habe (Joseph 1931). Dieffenbach beschreibt eindrucksvoll den Leidensweg von Patienten, die „anderen ein Schreckensbild" waren, und die sich seiner Operation zur Wiederherstellung der Nase unterzogen hatten. Es handelte sich um einen lebensgefährlichen Eingriff. In dieser Zeit begann eine große Wende in der Medizin. Sie befreite sich von der Philosophie. Es wurde zunehmend „Forschung im Sinne einer empirischen und geplanten, auf die Natur des Gegenstandes gerichtete Erkenntnissuche" praktiziert (v. Engelhardt 1979). Dieffenbach sah in der Plastischen Chirurgie "... ein grosses, wichtiges, künstlerisches Gebiet, auf dem die Physiologie der Chirurgie die Hand reicht." Die Definition von Aristoteles „Die Kunst fürwahr besteht in der Konzeption des Ergebnisses vor dessen handwerklicher Realisierung" sei in Erinnerung gebracht (Lösch 1972). Mit dieser Physiologie befaßte sich der Pathologe Marchand (1901), der grundlegendes Wissen über die Prozesse der Wundheilung mit Einschluß der Transplantation beigetragen hat. Bis zur Erfindung der Anästhesie hatten viele Kranke aus Furcht vor den Schmerzen auf chirurgische Hilfe verzichtet. Hinsichtlich der Geschichte der zahlreichen Operationstechniken aus dem 19. und den Anfängen des 20. Jahrhunderts müssen wir auf die Werke von Zeis (1838, 1863), Lexer (1931) und Joseph (1931) verweisen. In beiden Weltkriegen hatten Schußwaffen und Stellungskriege an allen Fronten zu einer großen Anzahl schwerer Gesichtsverletzungen geführt. Es wurden spezielle Lazarette eingerichtet. In der Zeit zwischen diesen Konflikten liegt der Beginn der „kosmetischen Chirurgie". Die Plastische Chirurgie der Hand ging besonders aus den schmerzhaften Erfahrungen des 2. Weltkrieges mit der industriellen Produktion und dem zunehmenden Einsatz technischer Waffen hervor; sie hat bis heute die Bedeutung einer organbezogenen Disziplin erlangt. Die Therapie der angeborenen Fehlbildungen, besonders der Lippen-Kiefer-Gaumenspalten, war in der jüngeren Entwicklung der Plastischen und Wiederherstellenden Chirurgie Mittelpunkt des Interesses. Die Behandlung von Verbrennungen hat für den Plastischen Chirurgen einen hohen ethischen Stellenwert. Da jede Verbrennung von 80% der Körperoberfläche bis zur kleinsten an Gesicht, den Händen, Füßen und äußeren Genitalien zu schweren Beeinträchtigungen führen kann (Arzt, Moncrief und Pruitt 1979), wird der Plastische Chirurg gefordert, durch frühestmögliche Exzision der verbrannten Schichten und Ersatz durch Transplantation der Bildung entstellender bzw. kontrahierender Narben vorzubeugen und den Schock und die Verbrennungskrankheit zu beherrschen. In der Geschichte haben Ärzte, die sich den „Plastischen Begriff" zu eigen gemacht haben, besondere Meriten; so empfahl Ambroise Paré (1570–1590) die Exzision der verbrannten Haut. Dupuytren (1832) widmete ein umfassendes Kapitel seiner „Vorträge" (Weyland 1832) den Verbrennungen. Wallace war der erste Generalsekretär der „International Society for Burn Injuries", in der 1969 bereits 73 Nationen vertreten waren. Nach Angaben der WHO standen damals unter den unfallbedingten Todesursachen die Verbrennungen und Verbrühungen an dritter Stelle. Das erste Zentrum für Behandlung Verbrennungskranker und für Plastische Chirurgie in der Bundesrepublik entstand im Knappschaftskrankenhaus in Bochum, das heute zur dortigen Universität gehört (Müller 1969).

Nur wenige von der sehr großen Anzahl derer, die an der Entwicklung der Plastischen Chirurgie seit Mitte des 19. Jahrhunderts teilhatten, können hier genannt werden. Zu dem derzeitigen Standard des Faches haben Entwicklungen in der Narkose, die Verfeinerung der Operationstechniken und vor allem Fortschritte des Grundlagenwissens in der Anatomie, allgemeinen und speziellen Pathologie und in vielen anderen die Plastische Chirurgie berührenden Fachdisziplinen wesentlich beigetragen. Die Spannungsverhältnisse zwischen „Ganzheitlichkeit" der Chirurgie und Plastischen Chirurgie als Spezialisierung, „Ganzheitlichkeit" der Plastischen Chirurgie und regionäre Spezialisierung der Plastischen Chirurgie in organbezogenen Disziplinen (Hals-, Nasen-Ohrenheilkunde, Kiefer- und Gesichtschirurgie) bestanden weniger in der Vergangenheit als während der derzeitigen Entwicklung der Medizin.

Tagliacozzi (1545–1599), Professor der Anatomie in Bologna, schrieb: „Wir rekonstruieren und ergänzen Teile, die zwar die Natur gegeben aber das Schicksal wieder zerstört hat, nicht so sehr zur Freude des Auges, sondern um den Betroffenen psychisch aufzurichten" (Lösch 1972). Dieses Zitat klingt wie ein Bekenntnis damaliger Fähigkeiten der Wiederherstellung, die sicher sehr begrenzt sein mußten. Es beleuchtet aber bereits die Bestrebung, mit Anwendung plastisch-chirugischer Techniken auch psychisch heilsam zu wirken. Nicht viel anders schreibt Joseph 1931: „Wir müssen uns beständig vor Augen halten, daß – unbeschadet der in besonderen Fällen zu erreichenden Funktionsverbesserungen – das Hauptziel der Plastischen Gesichtsoperationen darin bestehen muß, die psychische Depression des Patienten zu heilen. Wieweit dies im speziellen Fall gelingt, hängt, abgesehen von der objektiven Gestaltverbesserung des betreffenden Organs, von Art und der Stärke des ästhetischen Empfindungsvermögens des Individuums ab". Joseph war der Begründer der modernen Rhino- und Mammaplastik.

Tagliacozzi wurde wegen seiner Intention, vom Schicksal zerstörte Nasen zu heilen, von der damaligen Kirche verdammt, exhumiert und in ungeweihter Erde begraben, da sein Werk ungesetzlich und wider die Natur erschien. So verwundert es nicht, daß lange Zeit verstreichen mußte, bis die lebenswichtige Bedeutung und die segensreiche Auswirkung plastisch-chirurgischer Operationen voll erkannt wurde und praktiziert werden konnte. Die Voraussetzungen für dieses Verständnis wurden erst in den letzten Jahrzehnten mit dem Durchbruch eines neuen Bewußtseins erfüllt.

Wilflingseder wies in seiner Antrittsvorlesung 1967 an der neuerrichteten Lehrkanzel für Plastische- und Wiederhestellungschirurgie an der Universität Innsbruck, der ersten im deutschsprachigen Raum darauf hin, daß „Probleme und Zweck der Plastischen Chirurgie auch in theologischer Sicht eine ethische Bewertung von höchster Stelle erfahren hatten". So erklärte Papst Pius XII. am 14. 10. 1958: „Wenn wir die physische Schönheit in ihrem christlichen Licht betrachten und wenn wir die von der Sittenlehre gegebenen Bedingungen respektieren, dann steht die ästhetische Chirurgie, in dem sie die Vollkommenheit des größten Werkes der Schöpfung, des Menschen, wiederherstellt, nicht im Widerspruch zum Willen Gottes."

Gegenwart und Perspektiven der Plastischen Chirurgie

Normative Regelung der Fachdisziplin in der Bundesrepublik Deutschland

Die Entwicklung des Faches im 20. Jahrhundert, insbesondere vor und während des 2. Weltkrieges, führte zur Gründung von bis heute 49 nationalen

Fachgesellschaften auf allen Kontinenten, die 1955 ihren Zusammenschluß in der „International Confederation for Plastic and Reconstructive Surgery (IPRS)" fanden. Nach der international anerkannten Definition „gehören zur Plastischen Chirurgie Eingriffe, die sich mit der Wiederherstellung und Verbesserung der Körperform und sichtbar gestörten Funktion befassen. Sie sucht die Folge von Krankheit, Trauma und angeborenen Anomalien sowie Veränderungen, die durch regressive Vorgänge des äußeren Erscheinungsbildes entstanden sind, zu korrigieren". Für die Plastische Chirurgie ist eine Abgrenzung nach Körperregionen, wie sie für andere, vornehmlich organbezogene chirurgische Spezialdisziplinen vorgenommen wurde, nicht möglich. Eine Abgrenzung der Plastischen Chirurgie besteht vielmehr in der Wahl der erforderlichen speziellen Methoden, besonders der *Transplantationen*. Die *Arbeitsweise* des Plastischen Chirurgen ist ein weiteres Element für die Definition seines Faches. Da seine Aufgabe das Gestalten der Form und ihrer Ausdrucksfunktion ist, bedarf er eines hohen Maßes an anatomisch und funktionell begründetem plastischem Vorstellungsvermögen. Die Realisierung des Wiederherstellungsplanes erfordert oft einen hohen Zeitaufwand. Dies gilt für die einzelnen Operationen mit der Notwendigkeit einer feinsten anatomischen Darstellung bis hin zu Präparation und Naht feinster Gefäße und Nerven mit Hilfe des Operationsmikroskopes. Die Zeit ist die vierte Dimension der Plastischen Chirurgie. Bis zur endgültigen Deckung eines größeren Defektes oder der Herstellung schwieriger Formen, wie z. B. der Nase, Ohren und Brüste und der Ausdrucksfunktionen von Gesicht und Händen, verstreichen viele Monate. Für die Rekonstruktion mit Transplantation bzw. Modellierung des empfindlichen und daher äußerst schonend zu behandelnden „Materials" sind mehrere Schritte in Abständen von mindestens 3–4 Wochen erforderlich. Das „atraumatische" Arbeiten ist eines der höchsten Gebote für den Plastischen Chirurgen. So sind Grundeinstellung, Technik und handwerkliches Vorgehen des Plastischen Chirurgen so speziell geprägt, daß sie sich nicht allein nach dem gesetzten Ziel, sondern auch nach der Arbeitsweise und weiterentwickelten Methodik von der sogenannten Allgemeinen Chirurgie und den operativen organbezogenen Spezialfächern abgesondert haben. Die Chirurgie und die aus ihr entstandenen selbständigen operativen Fächer haben die Hauptaufgabe, der gestörten Funktion ihren physiologischen Ablauf zurückzugeben. Darüber hinaus sieht der Plastische Chirurg in der Restitution der Form und ihrer Ausdrucksfunktionen eine ebenso wichtige Aufgabe. Zur Plastischen Chirurgie gehören jene Operationen, die von vornherein das Ziel der Wiederherstellung von Form und Funktion verfolgen. Entscheidend wird die Plastische Chirurgie durch ihre methodische Sonderstellung abgegrenzt. Naturgemäß sind dabei Überschneidungen verschiedener Fachdisziplinen unvermeidbar.

In der Bundesrepublik Deutschland wird nach Abschluß der Berufsausbildung zum Arzt von der Weiterbildungsordnung der Ärztekammern der Bundesländer die Weiterbildung geregelt. Das Ziel ist „Ärzten nach Abschluß ihrer Berufsausbildung im Rahmen einer Berufstätigkeit unter Anleitung dazu ermächtigter Ärzte eingehende Kenntnisse, Fähigkeiten und Erfahrungen in den

Gebieten, Teilgebieten und Bereichen zu vermitteln, für die zur Ankündigung einer speziellen ärztlichen Tätigkeit besondere Arztbezeichnungen geführt werden dürfen" (§ 1). Durch Vertreter der Deutschen Gesellschaft für Chirurgie und Vertreter der Gefäßchirurgen, Kinderchirurgen, Plastischen Chirurgen, Thorax- und Vaskularchirurgen und Unfallchirurgen kam es zu einem Vorschlag über neue Richtlinien und Inhalt der Weiterbildung, der 1985 in die Weiterbildungsordnung Eingang fand. Dieser Regelung lagen Bestrebungen zugrunde, das Gebiet Chirurgie auf jeden Fall als Einheit zu erhalten und gleichsam enge wissenschaftlich-praktische Verbindung von „Gebiet und Teilgebieten" zu fördern. Die Weiterbildung ist grundsätzlich ganztägig und in hauptberuflicher Stellung durchzuführen. Sie erfolgt unter verantwortlicher Leitung von der Ärztekammer ermächtigter Ärzte in Einrichtungen der Hochschulen und in zugelassenen Krankenhaus-Abteilungen (§ 5 Abs. 1). Es muß ein Operationsverzeichnis, in dem Art und Mindestzahl der selbständig durchgeführten Operationen bestimmt ist, erfüllt werden. Für den Plastischen Chirurgen sind insgesamt 648, davon innerhalb des Gebietes 243 und des Teilgebietes 405. Für den Chirurgen sind insgesamt 440 Operationen vorgesehen. Die Operationen sind nach anatomischen Regionen (Kopf und Hals, Brustwand und Brusthöhle, Bauchwand und Bauchhöhle), anatomischen Strukturen (Stütz- und Bewegungssystem, Gefäß-, Nerven- und Lymphsystem) und fachspezifisch (Unfallchirurgie und Plastische und Wiederherstellungschirurgie) in Gruppen gegliedert. Diese werden dem Gebiet (Chirurgie) und den fünf oben genannten Teilgebieten zugeordnet und jeweils in die Operationsarten A (allgemein-chirurgische Operationen, innere Organe, Darm, Amputationen), B (Leber, Milz, Urogenitalsystem), C (angeborene Fehlbildungen, Versorgung von Verletzungen, Rekonstruktionen, aesthetische Chirurgie des Gesichtes, plastische Eingriffe an der weiblichen Brust, spezielle Handchirurgie, Haut- und Weichteiltumoren mit Rekonstruktion, Transplantationen von Haut, Knochen, Knorpel, Sehnen, Nerven, Implantation von Kunststoffen, Verbrennungen, Verätzungen, Strahlenschäden, Narben, Mikrochirurgie an Nerven und Gefäßen) unterschieden. Von der Gruppe C werden für die Arztbezeichnungen Kinderchirurg 20, Unfallchirurg 10, Plastischer Chirurg 110 Operationen, für die Arztbezeichnungen Chirurg, Gefäßchirurg, Thorax- und Kardiovaskularchirurg keine Eingriffe gefordert. Die Anerkennung einer Gebiets- oder Teilgebietsbezeichnung wird von der Ärztekammer aufgrund des Nachweises der Erfüllung des Operationsverzeichnisses, der vorgelegten Zeugnisse und nach Bestehen einer umfassenden Prüfung der während der Weiterbildung erworbenen Kenntnisse durch einen Prüfungsausschuss erteilt.

Normative Regelung in der Europäischen Gemeinschaft und deren Auswirkung auf das Fach Plastische Chirurgie in der Bundesrepublik Deutschland

„Einheit ist das Leitmotiv der Europäischen Gemeinschaft“, sie „kann nur bestehen, wo Gleichheit herrscht. Gemeint damit ist die Gleichheit sowohl der Gemeinschaftsbürger als auch der Mitgliedstaaten“. Zu den individuellen Grundrechten der Gemeinschaftsbürger gehört das der Bewegungs- und Berufsfreiheit. Dieses Recht wird von Bestimmungen des EWGV geregelt (Art. 48, Freizügigkeit der Arbeitnehmer, Art. 52, Freiheit der Niederlassung, Art. 59, Dienstleistungsverkehr). Soweit noch Hindernisse bestehen, sieht der EWG-Vertrag den Erlaß von Maßnahmen zur Koordinierung der mitgliedstaatlichen Regelungen über die Aufnahme und Ausübung selbständiger Tätigkeiten (Art. 57, Abs. 2 EWGV), sowie zur Anerkennung der Diplome, Prüfungszeugnisse und sonstiger Befähigungsnachweise (Art. 57 Abs. 1 EWGV) vor. Alle aufgrund der Staatsangehörigkeit bestehenden Beschränkungen der freien Niederlassung und der Dienstleistungsfreiheit sollten mit Ablauf der Übergangszeit am 31. 12. 1969 aufgehoben bzw. beseitigt worden sein und den Ausländern die Niederlassung und Erbringung von Dienstleistungen unter den gleichen Bedingungen wie den Inländern gewährleistet werden.

Innerhalb der „Union Europeenne des medicins spécialistes (UEMS)“ wurde von der „Section monospecialisé de Chirurgie Plastique“ 1970 die Anerkennung eines selbständigen Fachgebietes „Plastische Chirurgie“ in der EWG gefordert. Bisher haben alle Mitgliedsländer der Europäischen Gemeinschaft und darüber hinaus die deutschsprachigen Länder Österreich und Schweiz, nur nicht die Bundesrepublik Deutschland dieser Forderung entsprochen. „Die von der Europäischen Gemeinschaft getragene Rechtsordnung ist zu einem festen Bestandteil der politischen Wirklichkeit in den zehn Mitgliedstaaten der EG geworden“. Demnach kann angenommen werden, daß die die Plastische Chirurgie betreffenden Ungleichheiten der Berufs- bzw. Weiterbildungsordnung zwischen der Bundesrepublik Deutschland und den anderen Staaten der EG nicht auf Dauer erhalten bleiben werden. „Sittliche Spannungslagen ärztlichen Handelns“ könnten dadurch ausgeglichen werden. Zwei Beispiele dazu. Eine größere, aber nicht alle Inhaber von Lehrstühlen für Chirurgie umfassende Gruppe formulierte 1988 ein „Memorandum der Lehrstuhlinhaber für Chirurgie/Allgemeinchirurgie“, das einen auf die Teilgebiete übergreifenden Hegemonieanspruch formuliert. Dieser wird durch eine gemeinsame Stellungnahme von den Vertretern der 5 Teilgebiete mit Nachdruck unter Hinweis auf die „bestehenden Inhalte der Weiterbildungsordnung, die vielerorts funktionierenden Departmentsysteme, sowie die ärztliche Eigenverantwortlichkeit“ zurückgewiesen (Mitteilung der Deutschen Gesellschaft für Chirurgie Nr. 2 und Nr. 5 1988). Durch die Einführung der „Zusatzbezeichnung Plastische Operationen“ für organbezogene Disziplinen (Hals-Nasen-Ohrenheilkunde, Kiefer- und Gesichtschirurgie, Frauenheilkunde und Geburtshilfe,

Orthopädie) wurden „Superspezialitäten" normiert, die in allen anderen Ländern der EG nicht existieren. Zu diesen beiden aktuellen Spannungsfeldern schreibt Ungeheuer (1989), der derzeitige Generalsekretär der Deutschen Gesellschaft für Chirurgie: „An dieser Stelle kommen wir nicht an der Frage vorbei, inwieweit die Bezeichnung *Allgemeinchirurgie* eine Berechtigung hat. Es ist eine irreführende Bezeichnung. Der junge Assistent wird am Ende seiner Weiterbildungszeit nicht Allgemeinchirurg, sondern er wird Chirurg mit der Bezeichnung *Arzt für Chirurgie.* So haben auch alle Vertreter der Teilgebiete einmal diese Bezeichnung erhalten und sind ebenfalls Chirurgen. Einheit, Spezialisierung und Strukturwandel sind auch eng verzahnt mit der Ermächtigung der verantwortlichen Chefs zur Weiterbildung. Der Nachweis und die vertragliche Festlegung der Unabhängigkeit und Selbständigkeit in Krankenversorgung, Lehre und Forschung für leitende Gebiets- und Teilgebietsärzte ist eine der Voraussetzungen für ihre Ermächtigung. Es darf nicht unerwähnt bleiben, daß wegen immer neuer Forderungen bezüglich Neueinführung von Gebieten, Teilgebieten und Superspezialitäten mit Zusatzbezeichnungen sowohl bei Chirurgen wie auch bei der Bundesärztekammer, den Krankenhausträgern und Gesundheitspolitikern Unbehagen herrscht. Eine immanente Gefahr liegt auch darin, daß sich durch die an sich illegale Weiterentwicklung und Diversifikation der Spezialitätenbezeichnungen für beruflich Tätige nach außen hin Werbeeffekte in unseren ärztlichen Berufsstand einschleichen". Die als weise zu bezeichnende Systematik der Chirurgie als Gebiet mit Erhaltung einer interdisziplinären Basis der sonst auf diesem Gebiet fundierten fünf mißverständlich als Teilgebiete bezeichneten Fachdisziplinen der Chirurgie kann die internationalen Maßstäbe für letztere nur erfüllen, wenn Gebiete und sogenannte Teilgebiete als gleichberechtigte Disziplinen, dem Begriff der Monospezialität entsprechend, in Wissenschaft und Praxis ausgeübt und anerkannt werden. Eine Unterordnung der Teilgebiete unter das sogenannte Gebiet ist auch nicht mit der Deklaration über die „Rechte des Patienten" anläßlich der 34. Generalversammlung des Weltärztebundes (Lissabon 1981) in Einklang zu bringen, die für den Patienten das Recht, von einem unabhängigen Arzt behandelt zu werden, fordert. Der Inhalt der Weiterbildung in der Plastischen Chirurgie in der Weiterbildungsordnung der Bundesrepublik Deutschland berücksichtigt die Definition der „Section Monospécialisé de Chirurgie Plastique" der UEMS: „La chirurgie plastique est une branche de la médicine operative, qui s'occupe de la reconstruction, de la réparation et de la correction – tant morphologique que fonctionelle – des deformations et malformations des parties apparentes du corps humaine et qui fait appel à des methodes de réparation, de réarrangement et de transplantion tissulaires". Eine Forderung von unserer Seite sollte sein, daß auch in den anderen Mitgliedstaaten der EG der Nachweis einer hauptberuflichen grundsätzlich ganztägigen Tätigkeit an autorisierten Weiterbildungsstätten und ein Operationsverzeichnis selbstdurchgeführter Operationen erfüllt werden muß. Nur unter dieser Bedingung können international vergleichbare Qualitäten der Weiterbildung erreicht werden, deren Realisierung für die Anwendbarkeit der Art. 48, 52, 59 der Bestimmungen der EG bis zu dem 31. 12. 1992, angestrebt werden muß. Zu dem Fundament für den Aufbau eines geeinigten Europas gehören die anerkannten Grundwerte: Frieden, Einheit, Gleichheit, Freiheit, Solidarität, wirtschaftliche und soziale Sicherheit. Insbesondere für letztgenannte ist die Qualität ärztlicher Dienstleistungen von Bedeutung.

Umgang mit der Krankheit

„Der Umgang des Kranken mit der Krankheit oder die Coping-Struktur (Abb. 1) läßt sich angemessen in drei Ebenen gliedern: Der Kranke selbst, die Bereiche, auf die er in einem Kranksein reagiert, sowie die allgemeinen und individuellen Voraussetzungen, die seinen Umgang und jene Reaktionsbereiche beeinflußen" (v. Engelhardt 1986). Auf einige diesbezügliche, besonders wichtig erscheinende Aspekte, bezogen auf die Plastische Chirurgie, soll im folgenden eingegangen werden.

Als erstes stellt sich die Frage, ob die heute geltende Definition des Patienten „als Kranken aus der Sicht des Arztes" auch für das gesamte Spektrum der hilfesuchenden Menschen, denen der Plastische Chirurg begegnet, zutreffend ist. Eindeutig bejaht könnte diese Frage nur dann werden, wenn Krankheit durch direkte Umkehrung der Definition der WHO von Gesundheit „als physischem, psychischem und sozialem Wohlbefinden" definiert werden könnte. Weil sich bei solch direkter Umkehrung „jeder Mensch als krank bezeichnen

COPINGSTRUKTUR

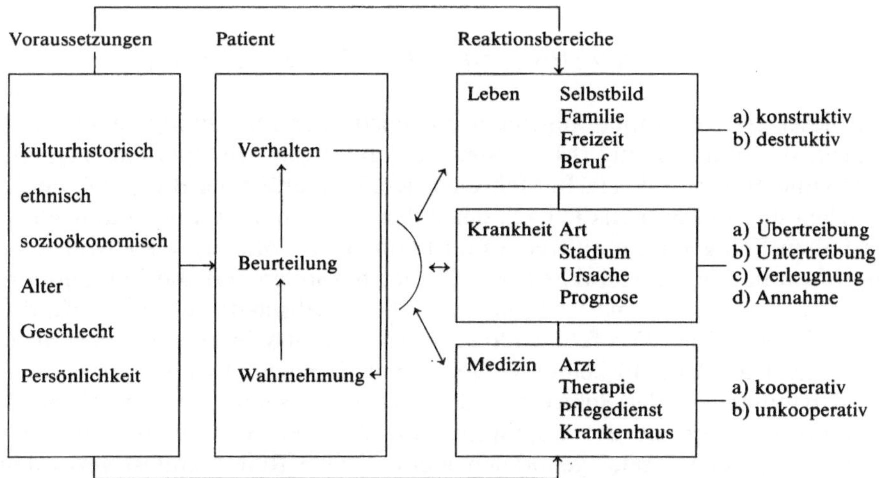

Abb. 1. Der Umgang des Kranken mit der Krankheit oder die Copingstruktur aus von Engelhardt (1986).

müßte", wird diese Definition von v. Engelhardt (1986) als utopisch gewertet. Ihr primärer Sinn besteht jedoch darin, daß sie der Welt und damit auch der Medizin höchste Ziele setzt. Allerdings ist auch dazu anzumerken, daß die Definition den Zusammenhang des einzelnen mit der Sozietät, aber nicht die für das individuelle und soziale Wohlbefinden notwendige Harmonie mit dem Kosmos (Welt) berücksichtigt. Die Naturwissenschaften zeigen unmißverständlich, daß die Gesundheit des einzelnen und der Menschheit auch unter dem Aspekt seiner Abhängigkeit von der Natur gesehen werden muß. Auch wenn unwidersprochen bleibt, daß von der Definition der WHO von Gesundheit nicht unmittelbar die von Krankheit abgeleitet werden kann, so entsteht durch sie dennoch ein hoher ethischer Anspruch, der für die Möglichkeit der Erhaltung von Gesundheit und physischer wie psychischer Leistungsfähigkeit durch plastisch-chirurgische Operation nutzbar ist. Der Plastische Chirurg wird auch mit Menschen konfrontiert, die seine Leistungen wünschen, aber nicht ohne weiteres als Kranke bezeichnet werden können. Ihr Verlangen wird durch Gestaltwahrnehmung veranlaßt, sie setzten voraus, daß durch seine Kunst „Erhaltung, Verbesserung oder Wiederherstellung der Schönheit des menschlichen Körpers" erreichbar ist. Barsky, Kahn und Simon bemerkten 1964 in ihrem Buch „Principles and Practice of Plastic Surgery", daß der „Patient", dem der Plastische Chirurg begegnet, sich von den Patienten, die Chirurgen aufsuchen, unterscheidet: Der Erstgenannte kommt zu dem Chirurgen in der Hoffnung, daß er einer Operation unterzogen werden wird, während jene, die den „allgemeinen Chirurgen" aufsuchen, hoffen, daß ihnen gesagt wird, daß keine Operation notwendig sei. Pathologie (Lehre von den Leiden) und Nosologie (Lehre von der Krankheit) lassen nach der allgemeinen Ätiologie Krankheitsgruppen herausstellen, (Eder, Gedigk 1975), die nachfolgend bezogen auf die Copingstruktur verwendet werden.

Pathologie des Wachstums und der Differenzierung

Zu dieser ersten Gruppe allgemein diagnostischer Zuordnung gehören: Störungen der Entwicklung, Miß- oder Fehlbildungen, Metaplasien, Hypertrophien und Hyperplasien (z. B. Makromastien, Übergröße der Brüste mit der Unterscheidung in Formen, die nach der Pubertät, nach der Gravidität, nach wiederholten Fehlgeburten auftreten und lipomatöse Formen), Geschwülste und die Mastopathie als Krankheit. Es sei hier besonders auf die Fehlbildungen eingegangen. *Angeborene Fehlbildungen:* Die Gesellschaft stellt jedes Kind vor ein definiertes Ziel. Das fehlgebildete Kind beginnt sein Leben anders als das normale. Das Ausmaß seiner vorgegebenen Benachteiligung wird entscheidend bedingt von der Schwere und Lokalisation seiner Krankheit und den Reaktionen innerhalb der Copingstruktur. Von der WHO wurde 1966 in 16 Ländern an im Hospital geborenen Kindern eine Rate manifest gewordener Fehlbildungen von 1 bis 2% ermittelt. In unseren Ländern werden früh nach der Geburt eines Kindes mit äußerlich sichtbaren und organischen angeborenen Fehlbildungen von den Gynäkologen und Geburtshelfern, mit der Frage nach der Indikation konstruktiver plastisch-chirurgischer Maßnahmen, Kollegen anderer operativer Disziplinen hinzugezogen. *Spezielles Wissen, Können* und *Erfahrung* werden gefordert. Die Erfüllung dieser drei Qualitäten kann in Anbetracht der Vielfalt der mit dem Leben zu vereinbarenden Fehlbildungen nur im Krankenhaus der Maximalversorgung, und selbst in diesem nicht immer für alle Fehlbildungen, erwartet werden. Es kann weitgehend davon ausgegangen werden, daß aus ärztlich-ethischer Verantwortung, dort wo fachliche Überschneidungen und konkurrierende Interessen bestehen, diese dem hohen Anspruch des Begriffes des Plastischen gehorchend sublimiert werden. Um die Abweichungen vom normalen Bauplan unter Berücksichtigung des Wachstums am besten korrigieren zu können, ist nicht selten interdisziplinäre Zusammenarbeit erforderlich. Die Eltern leiden, sobald sie von der Fehlbildung erfahren. Sie erwünschen, wie Thomas Mann im Roman „Königliche Hoheit" beschreibt, den „Spezialisten". Besonders die Väter fragen nach den möglichen Ursachen und der Entstehungsweise. Die Mitteilung einer möglichen, nicht erblichen Ursache, wie beim kleinen Klaus Heinrich, durch „Amnion-Stränge", daß diese nicht vorauszusehen oder vor Geburt erkennbar war und niemand ein Verschulden trifft, kann beruhigen. Bei Fehlbildungen des Gesichtes steht bei den Eltern die Angst vor der bleibenden Verunstaltung im Vordergrund. Die unter den Fehlbildungen im Bereich des Kopfes am häufigsten vorkommenden Lippen-Kiefer-Gaumen-Spalten werden bereits während der ersten Lebensmonate operativ behandelt. Je nach der Schwere der Fehlbildung ist das Wachstum begleitend kieferorthopädische und logopädische Therapie erforderlich. Kinder und erneut die Eltern erfahren ein psychisches Trauma, wenn angeborene Deformitäten Anlaß zu Verspottung und Ausschluß seitens gleichaltriger Kinder werden. So werden zum Beispiel Deformitäten der Ohren von den Kindern in Abhängigkeit von ihrer Umwelt als Fehlbildung im Alter von spätestens 4 bis 5 Jahren empfunden. Eltern fehlgebildeter Kinder zeigen „Overprotection", Ablehnung, Schuldgefühle, Ängstlichkeit und Depression als wichtige psychopathologische Züge, die das Selbstbewußtsein der Kinder wesentlich beeinträchtigen können. Viele Kinder scheuen sich davor, ihren Kummer oder ihre Auseinandersetzungen mit der Deformität Eltern und Arzt mitzuteilen, solange sie nicht vermuten können, daß eine Besserung der Deformität erreichbar sei. Eine Form, ihre Gefühle auf andere Weise zu offenbaren, besteht darin, daß sie emotionell verletzbarer werden. Die operative Korrektur soll möchlichst früh, jedenfalls vor Ausbildung des „Gestaltkonzeptes", begonnen werden, zum Beispiel an den Ohren vor dem 4. bis 5. Jahr. Operationen an diesen werden als nicht schmerzhaft empfunden. Kurze Klinikaufenthalte mit „rooming in" der Mutter sind zu empfehlen. Die Deformitäten werden mit geringerer Emotion in der Zeitspanne zwischen dem 7. und 10. Lebensjahr toleriert und finden erneut größere Bedeutung in der späteren Pubertät. Weitergehende Korrekturen werden erwünscht. Langzeitkontrollen haben zur Feststellung einer Stärkung des Selbstbewußtseins nach den operativen Korrekturen der Fehlbildungen geführt. Häufigste Fehlbildungen der Hände sind die Syndaktylien (fehlende Trennung der Finger), die bei 1 auf 1000 bis 2500 Geburten vorkommen, gefolgt von den Polydaktylien (Mehrfingrigkeit) mit einer Häufigkeit von 0,3 bis 3,6 auf 1000 Lebendgeborene. Bereits für die frühen Phasen der Entwicklung des Kindes ist die Hand von Bedeutung. Nach Rückbildung des Hand-Greif-Reflexes beginnt das Greifalter um die Mitte des ersten Lebensjahres. Um die Wende des zweiten Jahres werden Gegenstände, mit denen das Kind hantiert, hingestellt und aus einigem Abstand betrachtet. In dieses Handeln fließt bereits die Erfahrung des „Lernens durch Tun" ein. Aus diesem Wissen und um eine Stigmatisierung durch das Bewußtwerden der Fehlbildung zu vermeiden wird heute im Allgemeinen eine möglichst frühe operative Korrektur bereits innerhalb des 1. Lebensjahres empfohlen. Junge Mädchen mit Fehlbildungen der Brüste durch Aplasie, Anisomastie (Ungleichheit) und pubertäre Makromastie (Übergröße), die eine erhebliche physische und psychische Belastung darstellt, und deren Angehörige fordern eingehende Aufklärung, Beratung und zunehmend eine möglichst frühe plastisch-chirurgische Korrektur. Langzeitresultate nach plastisch-chirurgischer Verkleinerung krankhaft großer Brüste sind frühestens 1 Jahr nach der Operation zu beurteilen. Bei 110 von uns operierten Frauen äußerten sich diese 1 bis 7 Jahre nach dem Eingriff hinsichtlich der Form mit BH zu 95% zufrieden. Bezogen zu einem älteren Operationsverfahren (Strömbeck) beurteilten sie die Form der Brust ohne BH zu 56% als gut und zu einer jüngeren OP-Technik (Skoog) zu 85% als gut. Der untersuchende Plastische Chirurg beurteilte die Resultate hinsichtlich der Form kritischer, unter Kenntnis des Erreichbaren in Abhängigkeit von der biologischen Ausgangslage, als die Patientinnen. Patienten mit Geschlechtsanomalien leiden psychisch und physisch und wünschen geschlechtsumwandelnde Operationen. Auch auf diesem Gebiet ist vielseitige Zusammenarbeit mit Kinderchirurgen, Urologen, Pädiatern, Psychologen und Allgemeinmedizinern erforderlich. Die Anzeige zu diesen Eingriffen sollte vom Sexualmediziner gestellt werden, der den Patienten auch psychisch betreut. Der Plastische Chirurg wird die eingehende und offene Aufklärung über Erfolgsaussichten und Risiken übernehmen. *Geschwülste, Benigne und Maligne Tumoren:* Die Anzeige zur Operation und möglichst sofortigen Wiederherstellung ist in Abhängigkeit von der Gefährlichkeit des Tumors absolut oder relativ. Faktoren, die bei der Entscheidung zur Operation und Wahl des Vorgehens eine Rolle spielen, sind die Art und Lokalisation der Tumoren, das Alter und der gesundheitliche Zustand des Patienten. Vorteile und Risiken der operativen Exstirpation und plastischen Wiederherstellung müssen mit jenen der eventuell anderen in Frage kommenden Therapieformen (z. B. Bestrahlung) verglichen werden. Auch die Prognose bei Nichtbehandlung muß in das beratende, aufklärende Gespräch, wenn der Patient es verlangt, mit einbezogen werden. Bei Verdacht oder Feststellung eines malignen Tumors müssen das psychische Trauma, das durch eine Mitteilung der Diagnose und die Angst vor Verstümmelung, die besonders bei Tumoren des Gesichtes, der Hände, der Mammae und äußeren Genitalien unvermeidbar entsteht, fürsorglich bedacht werden. 90% der epithelialen Tumoren der Haut entstehen im Gesicht. Beim Vorliegen maligner Tumoren muß der Plastische Chirurg den Patienten beruhigen können, wenn er die Rekonstruktion im selben Eingriff erreichen oder beginnen kann. Es ist notwendig, wichtige Faktoren zu beachten. Sollten Größe und Lokalisation des Defektes oder notwendige adjuvante onkologische Behandlung die sofortige Rekonstruktion nicht angezeigt sein lassen, so kann der Plastische Chirurg mit Zusicherung frühest möglicher Wiederherstellung dem Patienten psychisch helfen. In unserem Land erkranken mehr als 15000 Frauen jährlich an Brustkrebs. Die positive Wirkung der Rekonstruktion nach Mammaamputation hat dazu geführt, daß diese zu einem festen Bestandteil im Therapiekonzept des Brustkrebses geworden ist. Das Ziel ist die Wiederherstellung einer möglichst subjektiv und objektiv natürlich wirkenden Brust. Entscheidende Faktoren, um dies an dem paarigen Organ erreichen zu können, sind hinsichtlich der Somatognosie die symmetrische Form und die Beschaffenheit der für die Rekonstruktion verwendeten autoplastischen (körpereigenen) Transplantate und alloplastischen (körperfremden) Implantate. Von einer Arbeitsgruppe um Sorrentino (1988), die 100 Patientinnen befragte, die wegen Krebs eine Brust verloren hatten, zeigte sich, daß 82% eine positive Einstellung zur Möglichkeit der Rekonstruktion hatten. 42% der Patientinnen kannten die wahre Ursache, die zur Mastektomie geführt hatte, nicht, 53% waren nicht ausreichend über die Möglichkeiten der Plastischen Chirurgie informiert, auch wenn einstweilen öffentliche Medien und medizinische Veröffentlichungen aufzeigen, daß diese Information von großer Wichtigkeit für die physische, psychische und soziale Gesundheit der Patientinnen ist. 59% der Patientinnen sagten, daß sie nicht von Ärzten, auch wenn sie diese als die dazu qualifiziertesten hielten, über die Möglichkeiten der Rekonstruktion informiert worden seien. Bei den 82%, die schießlich der Rekonstruktionsmöglichkeit positiv gegenüber standen, erwies sich, daß die erfahrene „Verstümmelung“ eine so starke Motivation zur Rekonstruktion erzeugt hatte, daß andere Faktoren, wie das sozio-kulturelle Umfeld und das gewonnene Wissen über die Möglichkeit der Rekonstruktion, als nicht maßgebend gewertet wurden.

Allgemeine Ätiologie, innere Krankheitsursachen und -bedingungen:

Genetische Erkrankungen, Disposition und das Altern als Alterskrankheit können zu psychosomatischen Veränderungen führen, die die Betroffenen zum Plastischen Chirurgen führen. Bei Übergewichtigen durch krankhafte Zunahme der subkutanen Fettschichten verbleibt nach diätetisch erreichter Reduzierung ein Haut-Unterhautüberschuß mit herabhängenden Hautfalten am Hals, den Extremitäten und am Rumpf, unter dem die Patienten physisch und auch psychisch leiden. Abhilfe kann geleistet werden; eine Zusammenarbeit mit Endokrinologen, Ärzten für Innere Medizin, Allgemeinmedizinern, Psychologen und Psychiatern ist meistens erforderlich. Jenseits des 30.–40. Jahres entsteht bei den meisten Menschen eine „fast normal zu nennende Erscheinung“, die von Joseph (1931) als „Hängewange“ benannt wurde. Sie wird von den meisten Menschen kaum als störend empfunden. Sie entsteht durch „Hypertrophie der Kutis, während das Unterhautfettgewebe meist atrophisch ist, besonders nach stärkerer Abmagerung, die oft eine Folge andauernder starker seelischer Depressionszustände ist“ (Joseph 1931). Joseph, der die Korrektur sehr häufig ausgeführt hatte, offenbarte sich „immer mehr die soziale Bedeutung dieser Operation, da die in Frage kommenden Personen (besonders Bühnenkünstler) durch die Operation in die Lage versetzt wurden, ihre gefährdete wirtschaftliche Selbständigkeit und zugleich das ins Wanken geratene seelische Gleichgewicht wieder zu erlangen“. Dies spricht dafür, daß von ihm die Indikationen zur Operation sorgfältig gestellt wurden. Pickring (1972) stellt den „älteren Arbeitslosen ohne spezielles Talent“ heraus und, daß dieser Typ des „Patienten“ eine Rhytidektomie (Korrektur der Ober- bzw. Unterlidfalten) wünscht, in der Erwartung danach eine Anstellung zu erlangen. Männer wie Frauen dieser Art sollen freundlich beraten werden. Der Plastische Chirurg kann deren letzte Hoffnung darstellen. Der Arzt muß erklären, daß die Veränderung des Aussehens, auch wenn hilfreich, keine Verbesserung hinsichtlich der Auswahl ihrer Einstellungsmöglichkeiten erbringen wird. Er muß andere Möglichkeiten, die geeignet sind, die sozioökonomische Stellung der Patienten zu verbessern, im Auge haben und sie dazu ermuntern, einen Berufsberater aufzusuchen. Kommt der Plastische Chirurg zum Schluß, daß der seine Leistung Wünschende nicht krank ist und es sich um ein ausschließlich kosmetisches (anaplastisches, Schmidt-Tintemann 1972) Verlangen handelt, so ist er zu einer „weitestgehenden“ Aufklärung verpflichtet, die erst, wenn diese und die Einwilligung zur Operation durch seine Unterschrift und die des „Patienten“ bestätigt vorliegen, ihn nach dem Deliktsrecht von dem Tatbestand der Körperverletzung bzw. Gesundheitsverletzung befreit. Nach der Rechtsordnung erfüllt der Plastische Chirurg bei einem medizinisch indizierten Eingriff einen „Dienstvertrag höherer Art“. Kosmetische (anaplastische) Operationen werden als medizinisch nicht indiziert definiert. Ein „Werkvertrag, bei dem Erfolg geschuldet wird, wird bei einer kosmetischen Behandlung angenommen“ (Raabe, Vogel 1987). Der den Chirurgen zur Formveränderung seines Körpers verpflichtende Hilfesuchende wird erst durch den von ihm gewünschten Eingriff bis zur Heilung der Wunden und eventuell auftretende Komplikationen zum Kranken, zum Patienten. Bei den eben geschilderten Menschen könnte aufgrund ihrer Bereitschaft, das Trauma und die Risiken der Operation auf sich zu nehmen, das Vorhandensein eines Leidensdruckes erkannt werden, der auf eine Störung des physischen, psychischen und sozialen Wohlbefindens hinweist, die ihn im Sinne der Definition der WHO nicht als gesund beurteilen lassen. Hier können Spannungsfelder innerhalb der Copingstruktur, insbesondere bedingt durch sozioökonomische Voraussetzungen, Persönlichkeit und das komplexe Verhältnis von Ethik und Recht entstehen. Diese Störung ist, wenn auch nicht als Krankheit, so doch als Anzeichen einer Lebenskrise zu werten. Der Plastische Chirurg ist zur Hilfe verpflichtet. Das Gespräch und, falls es erforderlich erscheint, der Vorschlag einer psychiatrischen Exploration zur Feststellung des Krankheitswertes der Störung können bereits dazu führen, daß die Hilfesuchenden sich als gesund erklären und bereit sind, die Kosten selbst zu tragen. Wird der Vorschlag zur Exploration angenommen, so führt sie in der Regel zur Klärung der medizinischen, sozioökonomischen Fragen und im Vorfeld der Operation zu einem psychisch hilfreichen besseren Selbstverständnis des operationswilligen Menschen oder Patienten. Bei Patienten mittleren Alters kann der Wunsch nach einem kosmetischen Eingriff beim Vorliegen eines wenig auffälligen oder objektiv nicht sichtbaren Befundes am Gesicht, insbesondere an der Nase, eine schwere psychiatrische Erkrankung maskieren. Diese Kranken sind nicht zufriedenzustellen, sie wünschen entweder immer neue Operationen oder sie richten, die vorher auf den sie „störenden Befund" polarisierte Aggression gegen den Operateur. Die Zeit der Aufklärung prägte die derzeitige Kultur so, daß der Begriff „Informed consent" entstand. Dieser muß in besonderer Weise bei allen plastischen Eingriffen erfüllt werden. Je großzügiger und freier von Normen ethische, moralische und kirchliche Begriffe formuliert werden, um so größer wird der Freiheitsraum und dadurch die ethische Verantwortung des einzelnen. Innerhalb der hier angesprochenen Copingstrukturen konzentriert sich die ethische Verantwortung bei der Entscheidung zu Durchführung oder Unterlassung von Operationen alleine auf den operationswilligen Patienten und den Plastischen Chirurgen. Aufgrund seiner ärztlichen Einschätzung des Hilfesuchenden muß der Plastische Chirurg durch seine Aufklärung diesem die Möglichkeit geben, die Bedeutung seiner Entscheidung für oder gegen den Eingriff zu erkennen. Er muß mitteilen, daß für den „kosmetischen Erfolg" keine Garantie übernommen wird. Bereits von Joseph (1931) und von vielen Autoren danach wurde betont, daß die Motivation zur anaplastischen Operation alleine von dem Wunsch des Patienten getragen werden soll, und daß er nicht durch einen anderen Menschen oder die Hoffnung, einen „Partner" an sich zu binden, maßgeblich bestimmt werden darf, weil die damit verbundenen Erwartungen kaum erfüllt werden und zwischenmenschlich bereits existierende Probleme nicht gelöst, sondern sogar akzentuiert werden können (Schmidt-Tintemann 1972).

Äußere Krankheitsursachen:

Betrachtet werden sollen die Folgen von Traumata, mit Verletzung der körperlichen Integrität, bei denen die Patienten die Hilfe des Plastischen Chirurgen benötigen. Für Eltern durch äußere Ursachen oder angeborene Fehlbildung kranker Kinder läßt die Definition von Gesundheit der WHO die Möglichkeit zu, auch diese aufgrund der durch die enge Bindung hervorgerufenen psychischen Belastung als Patienten anzusehen. Aus diesem ethisch vertretbaren Verständnis von Krankheit entstand auch die Praxis des „Rooming in" bei stationärer Behandlung kranker Kinder. Naturgemäß gelten für die hier betrachteten Patienten die bereits dargestellten Reaktionsweisen. Erörtert seien weitere, hinzukommende, spezifische Aspekte. Mit der Sofortbehandlung von Gesichtsverletzten, Handverletzten und Polytraumatisierten werden die in Krankenhäusern tätigen Plastischen Chirurgen häufig konfrontiert. Das Gesicht und die Hände gehören zu den exponierten Körperteilen. Statistiken zeigen, daß der Kopf bei Verkehrsunfällen in 72% und die Hand bei 40,4% der Arbeitsunfälle betroffen sind. Die Verletzung der anatomischen Strukturen und Organe mit den durch das Trauma verursachten, verschieden stark ausgebildeten Störungen der Durchblutung und des Stoffwechsels der Gewebe werden umso besser beherrscht werden können, je eher sie wahrgenommen, beurteilt und die für eine bestmögliche Behandlung zu berücksichtigenden Prioritäten erkannt und in den Therapieplan umgesetzt werden. Diese Prinzipien gelten sowohl für einfach wie auch mehrfach lokalisiert vorliegende Verletzungen. Der entscheidende Faktor für die Beurteilung der Durchführbarkeit der für die Rekonstruktion angezeigten Operationen ist die Belastbarkeit des Patienten. Diese ist abhängig vom Allgemeinzustand, dem Alter und den allgemeinen auf Krankheit und speziell auf die Verletzungsart zurückzuführenden Faktoren. Die Bewältigung der Gesamtheit dieser Aufgaben wurde durch die Spezialisierung in der Medizin und den Aufbau von koordiniert zusammen wirkenden Fachkliniken möglich. Die Zahl der verletzten Patienten, die Vielfalt der bei ihnen vorliegenden Verletzungsfolgen, ihrer Lokalisation und ihrer Schweregrade fordern die Präsenz rund um die Uhr ärztlicher, fachbezogener Bereitschaftsdienste in den Zentren der Maximalversorgung. Deren Fachkliniken obliegt die für Kontinuität, Aufrechterhaltung und Verbesserung der Qualität der Leistungen notwendige Weiterbildung und Förderung des ärztlichen Nachwuchses in Wissenschaft und Praxis. Naturgesetze bestimmen, daß nur bei der Erstversorgung innerhalb eines begrenzten Zeitraumes nach dem Trauma mit sachkundiger Erhaltung verletzter anatomischer Strukturen, integriert durch Transplantationen von Geweben und mikrochirurgische Replantation abgetrennter Körperteile, gemessen am Ausmaß der vorhandenen Wunden und Defekte und deren Schwere, jeweils die von den Patienten erhofften bestmöglichen Resultate erreicht werden können. Die sofortige plastisch-chirurgische Rekonstruktion kann die Dauer der Krankheit und Arbeitsunfähigkeit, die Schwere und Härte des Ausmaßes der Dauerfolgen und die dadurch bedingten sozioökonomischen Folgen auf das mögliche Mindestmaß einschränken. Nicht selten können Verunstaltung und Invalidisierung vermieden werden. Um eines unter vielen möglichen Beispielen zu nennen, konnte in unserer Klinik bei einer 19jährigen nach einer Verletzung durch die Frontscheibe eines Pkw die größtenteils mitsamt der Oberlippe und Teilen der linken Wangen abgetrennte Nase erfolgreich durch mikrochirurgische Naht einer Arterie und freie Verpflanzung und Naht einer Vene replantiert werden. Bei nicht erfolgter plastisch-chirurgischer Rekonstruktion wären Nase, Oberlippe und Wange verlorengegangen und selbst mit größter Kunst nicht in annähernd gleich guter Form wiederherzustellen gewesen. Besonders bei den Handverletzten muß vor der operativen Versorgung ein „Informed consent" durch sachkundige Aufklärung der Möglichkeiten operativer Wiederherstellung in Abstimmung mit den vom Patienten an seine Hand gestellten Ansprüchen erreicht werden. Für die Beurteilung sind die für den Patienten und seine Reaktionsbereiche kultur-historischen, ethischen, sozioökonomischen, Alter, Geschlecht und Persönlichkeit betreffenden Voraussetzungen wichtig (Abb. 1). Alle Bereiche seines Lebens und gleichzeitig vorhandene Krankheiten sind zu berücksichtigen. Eine umfangreiche Literatur befaßt sich mit Problemen, die den brandverletzten Patienten innerhalb der Copingstruktur betreffen. Emotionale Reaktionen und Probleme sind vielseitig. Vor allem Angst, Sorge und Unruhe müssen durch besonders humanes Verhalten und Hilfe durch Ärzte und das in den Spezialeinheiten vorhandene, speziell geschulte Pflegepersonal gelindert werden. Aus ethischer Verantwortung werden zunehmend an Plastisch-Chirurgischen Kliniken besonders für Brandverletzte klinische Psychologen eingestellt. Die Verbrennungskrankheit kann zu depressiven, regressiven und psychotischen Reaktionen führen. Psychiatrisch Erkrankte, Alterskranke und süchtige Patienten gehören zunehmend zu den Patienten der Verbrennungseinheiten. Kinder stellen eine besonders gefährdete und speziell zu behandelnde Altersgruppe dar. Akzentuierung oder Ausbruch latenter vorbestehender psychischer Konfliktsituationen können die langwierigsten Probleme für Ärzte, die sich mit Brandverletzten befassen, darstellen. Sie bedürfen einer geduldigen, heilsamen Unterstützung. Die größten psychischen Probleme entstehen nach Verbrennungen von Gesicht und Händen, die besonders ärztlich und in der Operationskunst erfahrene Plastische Chirurgen erfordern (Schrader, Lösch 1984). Bei der hier angesprochenen Patientengruppe ist nach Abschluß der Behandlung seitens des Plastischen Chirurgen erforderlich, daß er die Begriffe des Plastischen und der Gestaltwahrnehmung meisterhaft beherrscht, wenn er sich seiner Dienstleistung als Gutachter zuwendet. Es ist dies eine innerhalb der Copingstruktur des Patienten sehr wichtige Aufgabe. Er wird mit Rechtsfragen konfrontiert, er muß Funktionsprüfungen als Grundlage für die Objektivierung von physischen und psychischen Unfallfolgen anwenden, um auch hier seinen ethischen Auftrag zu erfüllen.

Perspektiven

Der Arzt, dessen Fach die Begriffe des Plastischen und der Gestaltwahrnehmung zugrunde liegen, muß die Geschichte seiner Disziplin kennen, normative und ethische Bedingungen erfüllen und über spezielle ärztliche Fähigkeiten verfügen, um die Bezeichnung Chirurg-Plastischer Chirurg führen zu dürfen. Er muß als niedergelassener Arzt in Praxis und Klinik seine Dienstleistungen erbringen. So wie für das Leben mit der Krankheit die Persönlichkeit des Kranken entscheidend ist, so ist die Persönlichkeit auch entscheidend für das Leben des Menschen mit den Veränderungen, die seine Gestalt durch Altern oder Krankheit erfährt. Alle innerhalb der Copingstrukturen betrachteten sozialen und individuellen Faktoren finden im einzelnen Menschen zusammen;

seine Emotionalität und Intellektualität, sein Wissen und seine Bildung prägen die Weise, wie Krankheit und Altern von ihm aufgenommen und bewältigt werden, wie seine Reaktionen auf die Medizin und den Arzt ausfallen.

Der Plastische Chirurg muß Sensibilität für diese psychisch und sozial die Lebenssituation des Hilfesuchenden bestimmenden Voraussetzungen haben, die seinen Wunsch nach der Therapie bzw. formverändernden oder verbessernden Operation bestimmen. Als Arzt muß er auch autonom bleiben, um nicht alle Forderungen des Patienten bedingungslos erfüllen zu müssen. Durch seine notwendige Autonomie kann der Plastische Chirurg seine Verantwortung gegenüber der Natur und der Gesellschaft wahrnehmen und durch seine Persönlichkeit, sein Wissen und seine Bildung auf Wertorientierungen und Verhaltensweisen sittlichen Einfluß ausüben. In manchen Fällen wird der verantwortungsvolle Plastische Chirurg an den Psychologen und Psychiater weiter verweisen. Hier stellt sich auch das Dilemma zwischen Ethik und Ökonomie. Es ist nicht zu erwarten, daß innerhalb der vorgeschriebenen Mindestzeiten er sich mit dem Abschluß seiner Weiterbildung und Ermächtigung zum Führen seiner Arztbezeichnung als Meister seines Faches empfinden kann. Wurde ihm der Sinn für sein Fach aufgeschlossen, wird er weiterhin „aus dem Bekannten das Unbekannte entwickeln“ und sich Meisterschaft aneignen können.

Aus ethischer Verantwortung fordern die Ärztekammern zur Erhaltung der Kontinuität und Qualität der ärztlichen Versorgung, daß die Weiterbildung an erster Stelle in Einrichtungen der Hochschulen und an zweiter in zugelassenen Krankenhausabteilungen unter verantwortlichen und dazu qualifizierten Ärzten erfolgt. Der Wissenschaftsrat der Bundesrepublik Deutschland empfahl im Jahre 1968, daß an einigen Hochschulen die Verselbständigung von Spezialgebieten des Faches Chirurgie und unter diesen der Plastischen Chirurgie angestrebt werden sollte. Im Komplex der Chirurgischen Klinik sollten Gruppierungen selbständiger Teilgebiete entstehen. Ungleichgewichte zwischen den einzelnen Gruppen, und daß damit eine Kernklinik, „die sich in Umfang und Struktur von einer Klinik alten Gepräges kaum unterscheidet“, entsteht, sollte vermieden werden. Bisher sind an Universitäten nur drei selbständige Kliniken für Plastische Chirurgie in den Bundesländern Niedersachsen (Hannover), Nordrheinwestfalen (Aachen) und Schleswig-Holstein (Lübeck) durch Landeshochschulgesetze sanktioniert entstanden. In Anbetracht des großen Bedarfes an qualifizierten Ärzten des Faches für eine den ethischen Anforderungen entsprechende Behandlung der Patienten, und insbesondere für Kontinuität und Fortschritt des Faches in Wissenschaft und Praxis, haben diese in ihrer Zahl viel zu wenigen Kliniken einen besonderen Stellenwert für die Erhaltung und weitere Entwicklung des Faches mit Förderung des akademischen Nachwuchses in der Bundesrepublik Deutschland. Wünschenswert erscheint, daß Fakultäten, Gesellschaft und Staat über die bisher nur drei Hochschulkliniken hinausgehend die Verselbständigung und Entwicklung weiterer Kliniken unterstützen. Denn „das Nützliche befördert sich selbst, die Menge bringt es hervor und alle können es nicht entbehren; das Schöne muß gefördert werden, denn wenige stellen es dar und viele bedürfens."

Literatur

1. Arzt CA, Moncrief JA, Pruitt BA (1979) Burns a Team Approach. WB Saunders Company, Philadelphia London Toronto
2. Barsky AJ, Kahn S, Simon BE (1964) Principles and Practice of Plastic Surgery. The Blakiston Division McGraw-Hill Book Company, New York Toronto London
3. Dieffenbach JF (1845) Die operative Chirurgie. Bd II, F.A. Brockhaus, Leipzig
4. Eder A, Gedigk P (1975) Lehrbuch der allgemeinen Pathologie und der Pathologischen Anatomie. Springer, Heidelberg
5. von Engelhardt D (1979) Historisches Bewußtsein in der Naturwissenschaft von der Aufklärung bis zum Positivismus. Verlag Karl Alber Freiburg, München
6. von Engelhardt D (1986) Mit der Krankheit leben, Grundlage und Perspektiven der Copingstruktur des Patienten. Verlag für Medizin Dr. Ewald Fischer, Heidelberg
7. Joseph J (1931) Nasenplastik und sonstige Gesichtsplastik nebst Mammaplastik. Verlag AG Curt Kabitsch. Leipzig
8. Lexer E (1931) Die gesamte Wiederherstellungschirurgie. JA Barth, Leipzig
9. Lösch GM (1972) Entwicklung, Aufgaben und Ziele der Plastischen und Wiederherstellenden Chirurgie. Tägl Prax 13:65–77
10. Lorenz K (1965) Gestaltwahrnehmung als Quelle wissenschaftlicher Erkenntnis. In: Über tierisches und menschliches Verhalten. Bd II:255–300. R Piper & Co Verlag, München
11. Mainzer K (1988) Symmetrie der Natur. De Gruyter, Berlin New York
12. Marchand F (1901) Der Prozeß der Wundheilung. Deutsche Chirurgie. Lieferung 16, Ferdinand Enke, Stuttgart
13. Michler M (1985) Die Geburt der Ästhetik im alten Griechenland und ihre Beziehung zur bildenden Kunst. In: Die Ästhetik von Form und Funktion in der Plastischen und Wiederherstellungschirurgie. G. Pfeifer (Hrsg.) Springer, Berlin Heidelberg New York Tokio
14. Müller FW (1969) Verbrennungskrankheit, Fortschritte in Klinik und Forschung. Schattauer, Stuttgart New York
15. Pickering PP (1972) Socioeconomic consideration of aesthetic surgery of the face, eyelid, and breast. Vol 4:7–10, Masters FW, Lewis JR (Ed) Mosby, Saint Louis
16. Raabe R, Vogel H (1987) Medizin und Rechtsprechung. ecomed Verlagsgesellschaft, Landsberg/Lech
17. Schmidt-Tintemann U (1972) Zur Lage der plastischen Chirurgie. Hefte zur Unfallheilkunde 109. Bürkle H, de la Camp (Hrsg) Springer, Berlin Heidelberg New York
18. Schrader M, Lösch GM (1984) Plastisch-chirurgische Wiederherstellung von Spätfolgen nach Verbrennungen der Hände. Langenbecks Archiv Chir, 363:103–110
19. Sorrentino P et al. (1988) Mastectomized woman's acquired knowledge about and attitude towards breast reconstruction. A prospective survey on 100 cases. The Italian Journal of Surgical Sciences. Vol 18 No 1:17–23
20. Weyland G (1832) Vorträge über chirurgische Clinik im Hôtel Dieu in Paris, gehalten von Baron Dupuytren. Bd 1 Paris, Heideloff und Campe
21. Ungeheuer E (1989) Einheit und Spezialisierung – Gedanken zum Strukturwandel. Deutsche Gesellschaft für Chirurgie. Mitteilung 1/89, 9–10, Deutscher Verlag Gräfeling
22. Zeis E (1838) Handbuch der plastischen Chirurgie. U. Reimer G, Berlin
23. Zeis E (1863) Die Literatur und Geschichte der Plastischen Chirurgie. Wilhelm Engelmann, Leipzig

Der alte Mensch in Gesundheit und Krankheit – Ethische Probleme?

RUDOLF-M. SCHÜTZ

„Wir leben, solange es Gott bestimmt hat. Aber es ist ein großer Unterschied, ob wir im Alter jämmerlich wie arme Hunde leben oder wohl und frisch: Und dafür vermag viel ein kluger Arzt."

Mit diesen Worten hat Goethe zu Beginn des 19. Jahrhunderts den Ärzten eine Hauptverantwortung bei der Lösung der Altersprobleme zugewiesen. Er hat nicht im entferntesten ahnen können, daß schwer diese Bürde heute auch für die Allgemeinheit wiegt: Denn in den letzten 100 Jahren hat sich die mittlere Lebenserwartung nahezu verdoppelt, und die Zahl der alten Menschen hat sich sprunghaft vermehrt.

Lassen Sie uns die hierdurch entstehenden Probleme aufgreifen und zunächst fragen: Wann und warum ist jemand alt?

Generell - aber sicher falsch - zählt man das Altsein vom Zeitpunkt der Pensionierung oder der Berentung ab. Altern aber ist ein vielschichtiges Problem, bei welchem neben biologischen und psychologischen auch soziale, finanzielle, ökonomische, epochale und ökologische Faktoren eine wichtige Rolle spielen. Wenn man dennoch nach einer umfassenden Umschreibung sucht - ohne daß auch diese unanfechtbar sein wird -, ließe sich am ehesten sagen: Ein Mensch ist so alt wie seine Adaptationsfähigkeit, d.h. sein Anpassungsvermögen und seine Anpassungsgeschwindigkeit an eine jeweilige Situation bzw. an deren Veränderungen. Diese Umschreibung berücksichtigt die wichtige Tatsache, daß erhebliche individuelle Unterschiede im Alterungsprozeß bestehen können und weist auf die vorrangige Bedeutung des biologischen Alters hin. Es gibt nicht „die alten Menschen", sondern allenfalls Gruppen von Individuen, die ähnliche Merkmale aufweisen können.

Sicher ist Altern an sich auch keine Krankheit: Es ist ein physiologischer Rückbildungsvorgang. Setzt man Funktionswerte des 30. Lebensjahres willkürlich mit 100% an, so nehmen im Rahmen dieses Rückbildungsvorganges zahlreiche Parameter prozentual ab, die Herz, Kreislauf, Nieren, Lunge, Endokrinium oder Magen und Darm betreffen. Und soweit diese Regressionen im physiologischen Rahmen verbleiben, können sie ein ganzes Altern klinisch stumm verlaufen.

Andererseits führen diese Adaptationsminderungen aber schon zu einer Verringerung der Widerstandskraft: Steinmann hat erstmals darauf hingewiesen und spricht in dem Zusammenhang von einer „inneren Krankheitsdisposition", die sich entwickle und den Älteren zunehmend anfälliger werden lasse für Krankheiten, insbesondere speziell für Infekte.

Dieser zu erwartenden Zunahme der Erkrankungsbereitschaft kann man auf mancherlei Art und Weise begegnen, so daß Gesundheit, Wohlbefinden und Leistungsfähigkeit bis ins hohe Alter erhalten bleiben können: Ich nenne als Möglichkeiten paradigmatisch
Vorsorgeuntersuchungen
Behandlung von Risikofaktoren
Eine wohlbedachte Haut- und Körperpflege
Die richtige Kleidung, insbesondere in den Übergangsmonaten zum Schutz vor Witterungswechsel
Eine angemessene Wohnung
Das Pflegen zwischenmenschlicher Kontakte
Selbständigkeit und Unabhängigkeit auf körperlichem und psychischem Gebiet
Schließlich einen strukturierten Tagesablauf, bei dem Beanspruchung und Pause, Arbeit und Ruhe in vernünftigen Abständen aufeinander folgen.

Fragen wir - die bisherigen Ausführungen abrundend - nach der allgemeinen Einstellung zum Alter in der Bundesrepublik heute, so fällt auf, daß in der Öffentlichkeit - im Gegensatz zu einem Jugendkult - noch vielfach negative Altersstereotypien überwiegen (Tokarski et al. 1987) wie:
Mit zunehmenden Alter tritt ein Leistungsabfall auf
oder
Alte Menschen sind nicht mehr belastbar,
oder
Menschen mit einem hohen Alter haben genug Arbeit, Mühe und Strapazen hinter sich: Sie sollen ihr Leben jetzt in Ruhe genießen.

Dieses sogenannte Defizitmodell des Alters beschreibt die gesellschaftspolitische Funktion der Geronten also mit Schlagwörtern wie Funktions- und Rollenlosigkeit, Reduktion der Fähigkeit, neue soziale Beziehungen zu knüpfen und ähnlichen.

Damit aber wird nicht nur die Situation der älteren Generation unangemessen verzerrt wiedergegeben, nein! Dieses Vorurteil kann sich zudem gleichzeitig negativ auf ihr Verhalten auswirken: Sie werden zu einem diesem Vorurteil zwar angepaßten, aber nach heutigem Wissen eben fehlerhaften inaktiven Verhalten verleitet, obgleich sie in der Lage wären, noch viele sinnvolle Tätigkeiten auszuüben. Diese Gefahr besteht besonders bei Menschen mit niedrigem sozialen Status. Der Amerikaner Mulford hat diesen Sachverhalt schon 1937 in seinem Buch „Vom Unfug des Sterbens" treffend so beschrieben: „Die Leistungsfähigkeit des älteren Menschen nimmt nur deshalb ab, weil er es sich hat einreden lassen, daß sie mit dem Alter abnehmen müsse".

Natürlich können bei Älteren biologische Veränderungen und eine gesteigerte Krankheitsanfälligkeit beobachtet werden oder psychische Störungen vorhanden sein. Ebenso sicher aber ist, daß man einen generellen Abbau geistiger Fähigkeiten nicht hat nachweisen können. Zwar laufen sprachlich ungebundene Reaktionen, die eine schnelle Umstellung verlangen wie das Lösen von Kombinationsaufgaben oder akute Anforderungen an hohe Merk- und

Konzentrationsfähigkeiten, im Alter schwerfälliger ab. Aber intellekutelle Fähigkeiten, bei denen ein vorhandener Erfahrungsschatz zu aktualisieren ist, erweisen sich als altersunabhängig recht konstant (Junkers 1987).

Diese wenigen Anmerkungen mögen genügen um zu belegen, daß die heute noch vielfach vertetenen Vorurteile, alte Menschen seien starrsinnig, unbeweglich, hätten eine geringe Mobilität, neigten wenig zu sozialen Interaktionen, zeigten ein dumpfes Dahindösen, Teilnahmslosigkeit und Inaktivität unzutreffend sind - ich will nicht verschweigen, daß selbst Ärzte und im Pflegebereich Tätige Altern oft mit diesen Vorstellungen verbinden -, sondern daß man diese Behauptung vielmehr ersetzen soll durch Begriffe wie unveränderte Lernfähigkeit und die Bereitschaft dazu, Unabhängigkeit, Erfahrung und Kompetenz, fehlender Leistungszwang, keine zeitlich limitierenden Verpflichtungen, Freizeit, d.h. mit Eigenschaften, die man hervorragend mit dem Begriff „Alter" assoziieren kann.

Die sogenannten Altersstereotypien treten selbst bei Chronischkranken nur selten auf. Sie betreffen - wenn sie erkennbar werden - besonders häufig Menschen, die sich ihr Leben lang nur mit dem Beruf, mit Leistung, mit Verantwortung und Macht identifiziert haben, d.h. mit Möglichkeiten, welche im Alter ja meist relativ schnell verlorengehen. Vernünftig alternde Menschen aber suchen vor ihrem Ausscheiden aus der beruflichen Tätigkeit schon nach neuen Rollen und Aufgaben, die sie ganz erfüllen können. In der Hilfe bei dieser Rollenfindung liegt eine vordringliche Aufgabe der heutigen Sozialpolitik.

Eine besonders krasse Fehlbeurteilung des 3. Lebensabschnittes stellt die Bezeichnung „Ruhestand" dar. Sie ist unsinnig, weil sie den alten Menschen geradezu zu Inaktivität verführt und ihm zudem eine Art „Dauerfreizeit" vorgaukelt: Denn in der Regel verläuft das Leben nach dem Ausscheiden aus dem Arbeitsprozeß sozial unsturkturiert ab, weil die Gesellschaft bisher nicht die Altersrolle definiert hat und daher jemanden, der als „alt" bezeichnet ist, außerhalb einer, d.h. aber ohne Unterstützung durch eine soziale Strukturierung beläßt.

Die gerontologische Forschung - und an diesen Ergebnissen sind deutsche Forscher führend beteiligt gewesen - hat aber eindeutig belegt, daß auch in den nachberuflichen Phasen nur ein strukturierter Tagesablauf das Eingebundensein in Sozialkontakte garantiert, daß unter Freizeit - rein operational - dann nur jenes Zeitdeputat zu verstehen ist, das aller Verpflichtungen einschl. der Aktivitäten des täglichen Lebens ledig ist (Schütz 1980), daß aber selbst diese Freizeit aktiv gestaltet und genutzt werden muß, damit man nicht bald in gähnende Langeweile und damit in Unzufriedenheit fällt. Es ist aber ganz sicher: Die Leistungsfähigkeit kann auch im Alter dann aufrechterhalten werden, wenn Senioren dazu motiviert sind und mittun. Eine nicht bewältigte „innere Leere" andererseits führt schließlich meist zum Griff nach dem Alkohol oder zum Ausweichen in die Krankheit.

Wie hilflos schon der noch arbeitende Mensch seiner ihm durch Arbeitszeitverkürzung zusätzlich geschenkten ungebundenen Zeit gegenübersteht, erhellt aus der Tatsache, daß es inzwischen den Beruf der Freizeitanimateure gibt.

Daraus kann man m. E. doch nur folgern, daß die Mehrzahl der Mitbürger keine sie ausfüllenden Freizeitinteressen oder -tätigkeiten kennt.

Bei einer angestrebten Altersgrenze von 60 Jahren und einer möglicherweise noch weiterhin steigenden Lebenserwartung aber bleiben viele Jahre übrig, die einer sinnvollen Nutzung harren. Es wäre grauenvoll, wenn einer mehr an sich selbst als an die Alten/Alternden denkenden Freizeitindustrie die Lösung dieser Probleme überlassen bliebe. Der Gefahr kann man nur begegnen mit der - wie ich meine ethisch begründbaren - Aufforderung an die Alten: Wehren Sie sich gegen negative Etikette, gegen Bevormundung und reines Verwaltetwerden! Bleiben Sie vielmehr aktiv und neugierig auf sämtlichen Gebieten! Gestalten Sie Ihr Leben differenziert, nach Ihren Vorstellungen und Wünschen, suchen Sie sich neue Aufgaben und füllen Sie diese auch aus! Verlangen Sie - und das ist Ihr Recht -, daß Sie diese Ihre Entscheidungen unbeeinflußt, frei und unabhängig möglichst lange, am besten für immer *selbst* treffen können. Dann bleiben oder werden Sie wieder selbstbewußt und empfinden Freude und Genugtuung auch im sogenannten 3. Lebensabschnitt! Und Sie tragen durch dieses Ihr Verhalten noch dazu bei, daß sich für Ihre und für die nachfolgende Generation die Einstellung der einzelnen wie die der Gesellschaft zum Alter und Altern positiv wandeln wird (Schütz 1980).

Die Gesellschaft aber - d.h. wir alle - ist verpflichtet, ihren alt gewordenen Mitgliedern bei diesen Bemühungen zu helfen: Nicht, indem sie ihnen sogenannte „seniorengerechte Angebote" quasi überstülpt. Denn Altern ist ein Prozeß zunehmender Differenzierung, womit ich sagen will, daß es nicht *den* oder *die Alten* gibt: Je älter Menschen werden, desto verschiedenartiger werden sie. Schaffen wir ihnen deshalb Freiräume für ein kreatives Wirken nach ihrer Wahl und ihren Wünschen einschließlich einer eigenständigen Verantwortlichkeit für sich und für andere auch im 3. Lebensabschnitt.

Ich bin moderat zuversichtlich, daß die heute 50- bis 65jährigen selbst Wesentliches zur Realisation dieser Forderung beitragen werden, wenn man sie rechtzeitig und sachlich richtig informiert: Denn Sie wissen aus eigenem Erleben, daß für die meisten das Älterwerden kein negativer, krankhafter, lediglich mit Abbau verbundener Prozeß ist, daß man andererseits aber zur positiven Bewältigung dieser Lebensphase selbst sehr viel beitragen kann und muß.

Wichtig für das Bewältigenkönnen des Alterns ist also, daß die Menschen nicht aus der Leistungswelt verdrängt werden, weil dann Altern einer Gettoisierung gleichkäme - eine heute gleichermaßen noch aus soziologischen wie auch aus epochalen Gründen reale Gefahr. Nein: Die Gesellschaft schadet sich selbst, wenn sie das Alter eindeutig nur als „Ruhestand" zuläßt, denn sie vergeudet dann noch viele vorhandene Energien und Talente.

Ich persönlich glaube, daß die Korrektur vom Bild eines im Lehnstuhl sitzenden inaktiven Pensionärs oder Rentners hin zu dem eines Menschen, der noch wesentliche Beiträge für die Gemeinschaft leisten kann, eines der vordringlich zu bewältigenden Probleme der Sozialpolitik und Sozialethik in der Zukunft darstellen wird.

Ich begründe diese Aussagen mit den schon in unserer Zeit erkennbaren und zukünftig zu erwartenden vielfältigen Veränderungen des Alterns und der Lebenslage im Alter in den Industrienationen und verweise dazu auf folgende Fakten:

1. Ältere Menschen stellen schon heute mit etwa 19% einen hohen Anteil an der Gesamtbevölkerung in der Bundesrepublik. Dieser Anteil wird sich auf etwa 40% im Jahre 2030 belaufen: Damit aber wächst auch der Bedarf an sozialer Versorgung.
2. Dieser absoluten Zunahme der Senioren in der Bevölkerung steht ein Rückgang der Jugendlichen und Erwerbstätigen gegenüber. Die Konsequenz: Während 1950 auf 1 pflegebedürftigen Rentner noch 64 Berufstätige entfielen, lag diese Relation 1985 schon bein 1:31 und wird sich im Jahre 2030 vermutlich auf 1:15 eingependelt haben.
3. Die im Jahre 2030 alt gewordenen Mitbürger - sie sind heute hier unter uns und zählen gerade 20 bis 40 Jahre - werden aufgrund ihrer Biographien sicher ein ganz anderes Altersbild leben wollen als die heutigen Senioren.
4. Die industrielle Entwicklung hat zu einer stetigen Verkürzung der Arbeitszeit geführt: Während 1850 etwa 50% des Tages zur Arbeit benutzt wurden, waren dies 1970 nur noch 28%. Die Freizeit stieg im gleichen Zeitraum von 8 auf 48%, das heißt auf das 6fache. Es wird zudem nicht nur zeitlich weniger, sondern auch körperlich mit geringerer Anstrengung gearbeitet als früher: Denn Maschinen und Computer übernehmen in weiten Bereichen schwere körperliche Arbeit. Statt dessen aber brauchen die Menschen gegenüber früher ein Mehr an Erfahrung, um die Maschinen zu bedienen und auch weiterentwickeln zu können.
5. Gegenwärtig wird dem „vorzeitigen Ruhestand“ das Wort geredet und dieses Angebot auch von vielen Bürgern angenommen: Nur die geringere Zahl tritt ihn aus gesundheitlichen Gründen an. Die meisten scheiden unvorbereitet aus, sowohl hinsichtlich der resultierenden sozialen Depravation als auch hinsichtlich der Frage, was sie den fürderhin unternehmen sollen und wollen: Denn das Gros dieser Gruppe ist noch im „Vollbesitz“ seiner Leistungsfähigkeit, aber jetzt eben ohne konkrete Aufgaben.
6. Auf diese Weise wächst eine neue gesellschaftliche Gruppierung heran, über die und über deren Strategien der Zukunftsbewältigung wir so gut wie nichts wissen, die aber bisher in den gesellschaftlichen Angeboten von Kultur, von Tätigkeitsformen oder Freizeitbewältigung - wenn überhaupt - dann kaum mehr berücksichtigt wurde als die Senioren: Ich spreche von der Gruppe der sogenannten „neuen Alten“, d.h. der Erwachsenen zwischen 50 und 65, die aus dem Erwerbsleben ausscheiden werden oder es schon sind und die zudem durch den Auszug der erwachsenen Kinder aus der Familie die traditionelle „Brutpflege“ zu ersetzen und gegen eine neue Partnerschaft einzutauschen lernen müssen. - Die sich hier abzeichnenden Probleme erscheinen so gravierend, daß die Deutsche Gesellschaft für Gerontologie bei ihrer Jahrestagung 1988 den anstehenden Fragen in interdis-

ziplinären Gesprächen nachgehen und nach Ansätzen für Wege zu deren Lösung suchen wird.

7. Alternden und Alten - und hier besonders häufig solchen mit niedrigem sozialen Status, deren Interessenhorizont oft nur sehr schmal ist - gelingt es oft nicht, in angemessener Zeit durch neue Aktivitäten oder durch den Aufbau einer „neuen partnerschaftlichen Zweisamkeit" einen Lebenssinn zu finden. - Ein Indikator hierfür ist m. E., daß gerade aus diesen Kreisen viele Menschen unbedingt über die Pensionierung hinaus in ihrem erlernten Beruf weiterarbeiten wollen, nachgewiesenermaßen meist nicht aus einer finanziellen Notlage heraus dazu motiviert. - Gelingt ihnen die Umstellung nicht, dann nehmen sie oft erstmals Beschwerden bewußt wahr, die zwar meist schon lange bestehen, bisher aber nicht in einem ernsten Zusammenhang gesehen worden sind, die jetzt aber als Krankheitszeichen gedeutet werden. Diese subjektive Einschätzung beeinflußt das Befinden dann weit mehr als der objektive Wert dieser Störung. Thomae faßt diese Fakten in seiner kognitiven Theorie folgendermaßen zusammen: „Ein älterer Mensch, der sich krank fühlt, ist auch dann als krank zu betrachten, wenn bei ihm objektiv alle körperlichen Befunde altersentsprechend normal sind" (Thomae 1971). Daraus aber folgt: Der Krankheitsbegriff im Alter kann völlig andere als die üblichen medizinischen Dimensionen annehmen: In ihn gehen zusätzlich psychosoziale und epochale Faktoren mit ein.

Wer aber - so ist aufgrund der zu erwartenden demoskopischen Entwicklung zu fragen -, wer aber wird zukünftig die Renten finanzieren? Und wer wird und auf welche Weise wird er die Rentner in der Zukunft betreuen und versorgen, wenn sie Hilfe benötigen? - Denn daß mit zunehmendem Lebensalter auch die Pflegebedürftigkeit steigt - denken Sie an die Demenz - liegt außerhalb jeden Zweifels. - Und wie denn können die notwendigen neuen Wege gefunden werden, welche die erkennbaren Auflockerungen der Familienstrukturen und -bindungen, d. h. der verwandtschaftlichen Beziehungen als Grundlage des Helfens, auffangen dadurch, daß Dritte veranlaßt werden, für den Nächsten etwas zu tun, auch wenn dieser für ihn ein Fremder ist? (Fink 1987)

Diese Probleme konnten u. a. in unserer heutigen Übergangsgesellschaft entstehen, weil der brüchig gewordene Kontext von sozialem Wandel, von Eingebundensein in die Familie und dem Ausmaß der möglichen personalen Entwicklung den einzelnen nicht mehr sicher trägt und er deshalb versucht, über seine Stellung in der ihm angemessenen Alterskohorte vorwiegend nur seine Interessen wahrzunehmen - ich denke hier beispielhaft an die „Grauen Panther" -. Um das Entstehen sozialer Ungerechtigkeiten zu verhindern, muß die Gesellschaft Lenkmechanismen entwickeln, damit das Verhalten von Millionen von Menschen sich ändert und damit eine Motivation neuer Art möglich wird.

Dieses könnte sie dadurch zu erreichen trachten - und Rufe danach sind ja unüberhörbar -, daß sie soziale Solidarität über eine behördliche Verfügung oder über einen Zwang, über das Anbieten eines Systems von Anreizen oder über das Schaffen sogenannter günstiger Rahmenbedingungen verordnet. Schopenhauer hat in seinem Buch „Über den Willen der Natur: Hinweise auf die Ethik" gesagt: „Moral predigen ist leicht, Moral begründen schwer", was doch nichts anderes besagt, daß man im Grundsätzlichen der Moral zwar schnell übereinstimmen kann, über die Grundzüge ihrer Anwendung und Umsetzung in der Praxis aber lange und trefflich zu streiten ist. - Aus diesem Grunde fürchten alte Menschen, daß solche Ansätze in Notsituationen für sie keinen quasi einklagbaren Rechtsanspruch mehr darstellen werden, sondern lediglich noch eine zu gewährende Gnade, die man ihnen aber jederzeit entziehen oder kürzen könnte. - Und eine solche Gefahr scheint mir besonders bei Zwang oder bei vergüteten Leistungen als Motivation durchaus im Bereiche des Möglichen. - Sie hängen - so meinen die Alten - wobei ich den Wahrheitsgehalt dieser Befürchtungen nicht prüfen will -, sie hängen zu sehr vom Wohlwollen der Jüngeren ab und haben zu wenig Rechte, die gnadenunabhängig existieren.

Die Gesellschaft muß einen solchen Einwand ernstnehmen und auch akzeptieren. Sie sollte deshalb als Grundlage des sittlichen Verhaltens gegenüber dem Alter statt nach Verordnungen besser nach ethischen Normen suchen, die auch heute noch für jung und alt verbindliche, motivierende sozialethische Grundsätze darstellen können. Was ich damit meine?

So gut wie in allen Kulturen - ich folge hier Gedanken eines Vortrages von Höffe - findet sich ein sozialethischer Grundsatz, der in seinem Kern offensichtlich allgemeinakzeptierte Wurzeln haben und sich deshalb zur Motivation eignen dürfte, ich meine den Grundsatz: „Das Altern zu ehren, ist ein moralisches Gebot" (Höffe 1987).

In unserem Kulturkreis steht dieses im Dekalog folgendermaßen: „Du sollst Vater und Mutter ehren, auf daß es dir wohlergehe und du lange lebest auf Erden". Wenngleich dieser Grundsatz sofort seine ihm unterliegende egoistische, auf Selbstinteresse abgestimmte Motivation erkennen läßt - nämlich das eigene Wohlergehen und ein langes Leben -, greift er als ein Gebot dennoch besser, als es eine Legitimation aus einer Solidaritätsverpflichtung der Gesellschaft heraus je tun könnte.

Auch Pflichten aus Geboten werden aber freiwillig nur erfüllt, wenn eigene Leistungen gegen andere eingetauscht werden können und dieses für alle vorteilhaft ist. Deshalb ist das Kümmern um die Alten auch nur solange gesichert, d.h. nicht in Frage gestellt, solange diese offensichtlich helfen: sei es durch Rat, Tat, Beziehung oder Geld.

Tragfähiger würde eine solche letztlich doch auch brüchige Beziehung aber durch das Erinnern daran, daß ein jeder von uns im Leben drei Generationsphasen durchläuft: Jeder beginnt seinen Weg als hilfsbedürftiges Kind, läßt sich dann - mehr oder weniger erfolgreich - auf die Geschäfte des Lebens ein, muß aber schließlich wieder von ihnen Abschied nehmen und Macht verlieren, schließlich wieder Hilfe in Anspruch nehmen. Bei Akzeptanz dieser Tatsache - und ich meine, man kann sie nicht leugnen - kann man dann eine sozialethische Grundforderung formulieren, nämlich: Mit derselben Selbstverständlichkeit, mit der jemand als Kind seine physischen Schwächen nicht ausgenutzt wissen wollte, darf er als Erwachsener nicht die Schwächen der Älteren ausnutzen.

Die Hilfsbedürftigkeit des Menschen am Anfang und am Ende seines Lebens berechtigt aber noch zu einem weiteren sozialethischen Vorschlag: Hilfe, die wir am Lebensanfang erfahren haben, sollten wir durch Hilfe an Älteren wiedergutmachen.

Im Familienverband geschieht dies schon dadurch, daß Eltern sich um ihre Kinder kümmern und später diese um ihre alt gewordenen Eltern, d.h. letztlich eine Generation um die andere. Dennoch wird infolge der demografischen Entwicklung die Familienhilfe quantitativ nachlassen (Scheuch 1978), so daß ein hoher Anteil von außerfamiliärer Hilfe notwendig wird. Die erforderliche Bereitschaft dazu könnte durch folgende Zusicherung gesteigert werden: Wer heute Pflegeleistung erbringt, erhält seinerseits einen Anspruch auf entsprechende Leistung in der Zukunft (Fink 1987).

Würde diese Einstellung wieder Allgemeingut und Grundlage des gesellschaftlichen Handelns, dann böte sie zudem die Möglichkeit, interessierte Senioren gleichermaßen wie neue Alte einzubinden in sozial relevante Rechte und Pflichten, ihnen damit eine Zukunftsperspektive zu schaffen und über diese Aktivitäten zu einer optimalen Befindlichkeit beizutragen, d.h. zur bestmöglichen Bewältigung ihrer jeweiligen Situation.

So ließe sich die Legitimation des Gebotes, das Alter zu ehren - statt aus einem finanziellen Anreiz heraus - sachlich aus einem aufgeklärten Selbstinteresse ableiten, verbunden mit dem Gedanken an eine Tauschgerechtigkeit in der Gemeinschaft. Höffe hat diese Überlegungen in einer „Goldenen Regel der Gerontologie" zusammengefaßt: Behandele hilfsbedürftige alte Menschen so, wie du als Kind und Jugendlicher von den Erwachsenen behandelt werden wolltest" (Höffe 1987).

Man sage mir nicht: Die für eine sinnvolle Sozialpolitik insbesondere auf das Alter bezogenen notwendigen Änderungen der allgemeinen Einstellungen ließe sich in unserer Gesellschaft heute kaum noch erreichen: Denn den Menschen seien angeborene Verhaltensmuster eigen. Ich halte dem entgegen, daß entsprechende Anlagen zu Beginn des Lebens lediglich Möglichkeiten, kaum aber Fähigkeiten darstellen, daß letztere sich vielmehr erst unter dem Einfluß epochaler Faktoren in einem Reifungsprozeß ausbilden, d.h. aber unter dem Einfluß der Gesellschaft entwickelt werden. Und hier kann die Gesellschaft dann sehr wohl, ja sie muß m E. innovativ tätig werden, damit ein gerechteres soziales Verhalten gegen alle Alterskohorten wiedergefunden wird.

Bei günstigen Voraussetzungen bleibt ein alter Mensch selbständig, unabhängig und kompetent ein Leben lang, d.h. er kann seine Lebenssituation meistern und bedarf keiner besonderen Betreuung. Quälen ihn aber Probleme - und diese können dann gleichermaßen finanzieller, sozialer, wohnungsmäßiger, kultureller oder auch gesundheitlicher Art sein -, dann können schon kleine negative Entwicklungen dazu führen, daß sich sein Wohlbefinden verschlechtert: Er fühlt sich dann krank, und er ist es nach der kognitiven Theorie dann auch (Thomae 1971).

Akute Krankheit schließlich kann auch bis dato kompetente ältere Menschen in eine Phase der psychischen Dekompensation führen, die in Abhängigkeit von der Akuität und dem Schweregrad des Krankheitsbildes sowie vom bisherigen Kompensationsgrad vorübergehend oder von längerer Dauer sein kann. Wird eine Krankenhauseinweisung erforderlich, können zusätzliche psychische Belastungen greifen. Diese muß man im Sinne eines Verlegungsschocks interpretieren, der dadurch entsteht, daß das Krankenhaus als Institution mit der ihm eigenen Gesetzmäßigkeit sich des Patienten quasi „bemächtigt". Die mit zunehmendem Alter aber geringere Anpassungsfähigkeit an geänderte Situationen kann dann ein Gefühl von Hilflosigkeit, Angst, Isoliertheit oder Mißtrauen induzieren und verstärken selbst dann, wenn der Kranke die Notwendigkeit seiner stationären Behandlung im Prinzip einsieht und sie bejaht.

Er kann offensichtlich das Vertriebensein aus seiner normalen Rollenbindung in der bisherigen sozialen Umwelt nicht mehr bewältigen. Nur ein möglichst schnelles Rückführen in die gewohnte Umgebung kann dieser Fehlentwicklung vorbeugen. Eine in diesem Kontext wichtige Rolle können für ältere Menschen Einrichtungen der teilstationären Behandlung wie Tageskliniken spielen (Meier-Baumgartner 1987).

Wichtig zu wissen ist: Das Ziel einer Therapie ist nicht immer die Beseitigung einer Erkrankung, sie muß nicht einmal unbedingt Besserung herbeiführen. Entscheidender können sein:

- ein Erhalt der Normalität des Wohnens, der sozialen Interaktionen und des Lebens außerhalb von Institutionen sowie
- der Erhalt eines Zukunftsbezuges.

Denn Gesundheit kann im Alter nicht mehr als das Fehlen aller Störungen definiert werden, sondern als die dem Individuum verbleibende Kraft, mit Störungen gewissen Ausmaßes leben zu können.

In der wissenschaftlichen Schulmedizin wird oft zu wenig berücksichtigt, daß der therapeutische Prozeß nicht nur davon abhängt, wie der Arzt seinen Kranken sieht, sondern auch davon, wie er sich selbst sieht und in den Prozeß einbringt. Ohne eine solche Reflexion ist ein tragfähiges Arzt-Patienten-Verhältnis kaum möglich.

Der heute noch existente Mangel oder die fehlende Bereitschaft zu einem solchen Verhalten erklärt wohl die Tatsache, daß die Zugkraft hin zu Heilpraktikern, zur asiatischen Medizin, zu sogenannten Naturheilverfahren, kurz: zur alternativen Medizin in unserer Zeit so deutlich zugenommen hat (Kautzky 1977). Ärztliche Behandlung muß deshalb konsequenterweise wieder zu einer partnerschaftlichen Interaktion zwischen Therapeuten und Hilfesuchenden werden, wobei beim alten Menschen interdisziplinär gearbeitet werden muß.

Bei chronisch fortschreitenden Erkrankungen ist nach abgeschlossener Diagnostik meist kein Zweifel mehr an der unheilbaren Natur der Krankheit möglich. Progredienz und evtl. Zeitpunkt des Todes aber sind oft allenfalls vermutungsweise festzulegen, nicht jedoch genau zu bestimmen, zumal es auch im Alter erhebliche krankheitsspezifische Verlaufsvarianten geben kann. Viele dieser Erkrankungen - wie das im Prinzip unheilbare Prostatakarzinom - können aber durch frühzeitige Diagnostik und frühzeitige kompetente Behandlung in ihren Verläufen verändert/verzögert, d.h. das Leben des Patienten kann über manches Jahr nahezu normal gestaltet und letztlich lebenswert verlängert werden. Hier lohnt sich dann jeder Einsatz, und die Motivation dazu ist für alle Beteiligten einfach zu finden (Lenard 1978).

Aber dann gibt es auch Krankheiten, bei denen keine medizinische Maßnahme den Krankheitsverlauf beeinflussen kann, beim älteren Menschen z.B. eine nicht mehr zu rekompensierende kardiale oder pulmonale Insuffizienz. Hier ist dann die Qualität des ärztlichen Engagements, die dauerhafte und personalisierte Fürsorge bedeutsam (Sporken 1977/1982). Weil aber Ärzte in ihrer Ausbildung überwiegend Krankheiten kennenlernen, die man beseitigen oder bessern kann, zu wenig aber von denen hören, bei denen dieses nicht möglich ist, ist die Betreuung Chronischkranker bei vielen Kollegen nicht sehr beliebt, zumal sie sich hier unsicher fühlen und ein Erfolg außerdem schwer meßbar ist.

Der kranke ältere Mensch aber ist nun einmal besonders sensibel für ein ehrliches Verhalten des Arztes ihm gegenüber. Mehr als jüngere Patienten neigt er dazu, nach wie vor die persönliche Autorität des Arztes zur Grundlage dieser Zweierbeziehung zu machen. Sachkompetenz hat für ihn oft nur nachgeordnete Wichtigkeit. Er bietet dem Arzt sein personales Vertrauen und erwartet dafür von ihm Zuwendung, damit er seine Abhängigkeit akzeptieren kann, in die ihn seine Krankheit gebracht hat. Apparative Diagnostik - auch wenn sie heute zunehmend nichtinvasiv durchgeführt werden kann - betrachtet er kritisch: Er hat keine nennenswerte Begeisterung für und kein nennenswertes Vertrauen in die technische Perfektion: Er will sich vielmehr in der zwischenmenschlichen Beziehung als Patient geborgen fühlen.

Nun ist sich andererseits jeder verantwortungsbewußte Arzt darüber im klaren, daß die sogenannte klinische, d.h. ohne apparative und laborchemische Unterstützung erstellte Diagnose meist nicht mehr als ein Verdacht ist, der mit Hilfe des erforderlichen technischen Aufwandes überprüft werden muß. Die vorherige Ärztegeneration wurde dahingehend ausgebildet, daß Diagnostik kaum vollständig genug sein könne und alle ihre Möglichkeiten bei Patienten mit ernsthaften Beschwerden auszuschöpfen seien. Schließlich - so F. J. Schulte (1978) - unterscheide sich dadurch der sorgfältige Arzt von seinem schlampigen Kollegen. Andererseits gehören diagnostische Rundumschläge zu den unangenehmsten Erscheinungen in der heutigen Medizin: Sie versuchen, mangelndes Wissen und/oder mangelnde Erfahrung durch hektischen und oft kritiklosen Einsatz aufwendiger Verfahren zu ersetzen. Die Entscheidung über das Maß der erforderlichen Diagnostik hat sich aber allein an der Frage auszurichten, ob sie therapeutische Konsequenzen für den Patienten bringt.

Daraus läßt sich besonders in der Geriatrie die Forderung ableiten, daß der Arzt das für den Einzelfall Notwendige streng und sehr gewissenhaft auswählt und das diagnostische Risiko so gering wie möglich hält. Und er muß ferner den Patienten über die geplanten Maßnahmen gut aufklären und informieren, um Angst abzubauen. Dabei müssen schlechtes Gehör und verminderte Sehfähigkeit, u. U. langsameres Begreifen sowie Nichtvertrautsein mit Fremdwörtern ins Kalkül einbezogen werden, d. h.: Für ein ärztliches Gespräch mit alten Patienten ist die dringlichste Forderung, sich viel Zeit zu nehmen.

Auch heute noch wird häufig die Auffassung vertreten, daß psychische Erkrankungen im Alter durch hirnpathologische Vorgänge hervorgerufen würden, die im Zusammenhang mit dem Prozeß des Alterns stehen. Aber gerade in den letzten Jahren wurde immer mehr die große Bedeutung von psychischen, sozialen und ökonomischen Bedingungen bei der Genese auch psychischer Alterserkrankungen hervorgehoben im Sinne einer nicht mehr gelungenen Adaptation bei einer Häufung von Streßeinwirkungen. Ergebnisse epidemiologischer Untersuchungen in verschiedenen Ländern stimmen darin überein, daß bei mindestens 25 bis 30% der über 65jährigen mit psychischen Störungen im weitesten Sinne gerechnet werden muß.

Nun läßt es sich nicht leugnen, daß psychische Störungen und Erkrankungen ungleich häufiger negativ gewertet werden als körperliche Schäden. Deshalb kann ein fortschreitender geistiger Abbau im höheren Lebensalter nicht nur eine vorzeitige Berentung, sondern - nach wiederholtem Krankenhausaufenthalt - auch eine voreilige Heimunterbringung zur Folge haben. Es kann andererseits notwendig werden, den alten Menschen unter Pflegschaft zu stellen oder gar zu entmündigen und ihm damit das Recht zu nehmen, sein Testament zu machen, seinen letzten Willen rechtsverbindlich zu erklären. Nie sollten diese Entscheidungen voreilig fallen: Sie stellen eine Einbahnstraße dar und verbauen dem alten Menschen den Rückweg in seine gewohnte Umgebung, falls doch noch einmal eine Besserung eintritt.

Sobald ein Laie sich einer psychischen Erkrankung konfrontiert sieht, treten bei ihm augenblicklich Disqualifizierungs- und Ausgliederungstendenzen dem Kranken gegenüber in Erscheinung: Denn er befürchtet, daß die gewöhnlichen regulativen mitmenschlichen Beziehungen nicht mehr genügen, seiner „sicher zu sein". Dieses negative Urteil gegenüber psychisch Kranken ist keine Frage des Wissensstandes, wie eine amerikanische Untersuchung ergab.

Zum Problem der durch Vorurteil geprägten Einstellung zum psychisch Kranken gehört aber noch ein anderer Aspekt: Diese Kranken vermitteln meist noch den Eindruck des Unheimlichen. Hinter diesem Vorurteil verbirgt sich wohl die Angst, „so könnte es auch mir ergehen". Eine solche Besorgnis kann sich vor allem dann einstellen, wenn man den Betreffenden als Gesunden schon lange gekannt hat und in der Wiederbegegnung über die unerklärlichen Veränderungen erschrickt, die sich vollzogen haben (Meyer 1978).

Der Umgang mit verwirrten alten Menschen - und hier insbesondere mit eigenen Angehörigen - ist nur möglich, wenn die Betreuenden Verhaltensweisen erlernen, die sie zu einer u. U. auch fürsorglich autoritären Haltung befähigen.

Menschliche Wärme und Zuwendung zusätzlich eingesetzt, lassen dann aber oft unerwartete Erfolge erkennen, wie ein Experiment in einem Altenpflegeheim in Dortmund in den letzten Jahren eindeutig belegt hat (Göschel 1987).

Auch ein alter Patient hofft auf Genesung und erwartet von seinem Arzt alles Wissen, das zu seiner Heilung notwendig ist. Der wäre ein schlechter Arzt, der die Kraft dieses Glaubens an Heilung nicht unterstützten und für den Patienten nutzen würde (Bickel 1978). Ein schlechter Arzt aber wäre auch der - und hier kann ein echter Zwiespalt auftreten -, der nicht - sofern erforderlich - gleichzeitig dieser Hoffnung seine kritische Vernunft entgegensetzt, weil er die Grenzen seines Könnens erkennen muß - ohne daß er mit dieser Kritik den Patienten ernstlich verunsichern darf.

Bei entscheidungsunfähigen Patienten schließlich muß der Geriater - häufiger als andere Ärzte - manchmal lebensentscheidende diagnostische Eingriffe wie auch Behandlungen gegen den Willen der Angehörigen durchsetzen und vertreten. Es könnte im Rahmen des ärztlichen Ethos sogar einmal notwendig werden, Handlungsweisen sittlich verantworten zu müssen, die unabdingbar notwendig erscheinen, die vom Gesetz aber noch nicht hinreichend abgedeckt sind. Daraus können schwer erträgliche Situationen für den Arzt besonders dann entstehen, wenn die ausgeführten Maßnahmen nicht zu dem erwarteten oder nur zu einem sehr zweifelhaften Ergebnis geführt haben.

Ein besonders schwieriges Problem leuchtet in der Frage auf, ob überhaupt oder wann in der Geriatrie eine Intensivmedizin eingeleitet und ob oder wann sie fortgeführt werden muß. H.E. Bock (1978) vertritt die Auffassung, daß kein Arzt die Pflicht habe, das Sterben eines alten Menschen zu verlängern, nur weil es die technischen Möglichkeiten dazu gäbe. Die entscheidende Frage sollte vielmehr immer sein, ob es wirklich noch spezifisch menschliches Leben sei, das hier technologisch voll erhalten werde und ob die Persönlichkeit dahinter noch als ein Selbst zu erkennen sei. Auch der Moraltheologe Karl Rahner (zitiert nach Heiss 1985) postuliert das Recht des Kranken, sterben zu dürfen, und gesteht der Intensivmedizin im Alter nur dann eine Aufgabe zu, wenn sie ein vorübergehendes Versagen vitaler Grundfunktionen zu überbrücken trachtet. Der Medizinethiker Sporken (1977/1982) hat aber darauf hingewiesen, daß leider häufig eine Intensivtherapie zunächst begonnen werden müsse, damit man dann später entscheiden könne, ob sie indiziert oder nicht indiziert gewesen sei.

Nach meiner Auffassung muß man im Alter auf Intensivmedizin verzichten bei Terminalphasen nichtkurabler Grundleiden sowie dann, wenn nach medizinischen Kriterien der Vorgang des Sterbens erkennbar wird. Das Abbrechen einer initialen Maximaltherapie ist vertretbar, wenn diese Kriterien vorliegen oder zweifelsfrei der Hirntod eingetreten ist (Kuhlendahl 1981, Schölmerich 1985). Bei allen diesen Entscheidungen müssen Reflexionen über ethische Grundprinzipien ganz im Vordergrund stehen (Kaufmann 1978), nämlich

- die Frage nach dem höheren Gut, d.h. nach dem Sinn der Lebenserhaltung um jeden Preis bei diesem Patienten oder nach der passiven Sterbehilfe,

- die Frage nach der Richtigkeit des Handelns, d.h. nach der Notwendigkeit einer aktiven Therapie zur Überbrückung vitaler Funktionsausfälle im konkreten Fall oder nach einer symtomatischen Palliativbehandlung und
- die Frage nach der Kompetenz des Entscheidenden.

Im Bereich der Intensivmedizin besitzt besonders der alte Patient ein fundamentales Privileg, nämlich den Anspruch, daß bei dieser Behandlung der Arzt nur ihm, dem Patienten, verpflichtet ist, aber niemandem sonst. Der Arzt kann dann weder Sachverwalter der Gesellschaft, der Wissenschaft, der Familie des Patienten oder der zukünftig an dieser Krankheit Leidenden sein: Der alte Patient - am Ende seines Lebens - allein zählt, während ihm die Fürsorge des Arztes zuteil wird. Oberste Richtschnur muß es sein, dem Patienten immer das Recht zuzugestehen, eine Weiterbehandlung zu wünschen oder zu verweigern, selbst wenn dieses nicht im Einklang mit der ärztlichen Indikation stehen muß. Sind es auch hier nicht häufig wieder nur eine begrenzte Erfahrung, eine optimistische Überschätzung der Prognose sowie rechtliche Unsicherheiten, die einen Arzt auch in ausweglosen Situationen dazu bewegen, die Therapie unter dem Gesichtspunkt der „Lebenserhaltung" dennoch weiterzuführen? (Jonas 1985, Kaufmann 1978).

Künstliche Beatmung und die Injektion von Kreislaufmitteln ins Herz können zu Ersatzriten werden, die anstelle eines Haltens der Hände oder eines Gebetes treten oder Ersatz für ein hemmungsloses Jammern sein, für das in unserer Kultur kein Platz ist, kurzum für Verhaltensweisen, die dieser Situation angemessener, der Bedeutung des Todes würdiger und für die Betroffenen hilfreicher wären, als wenn medizinisch-technische Demonstrationen eingesetzt werden (Lenard 1978).

Auch in den Situationen, welche eine Intensivmedizin erfordern, besitzt der Mensch - und das gilt wiederum besonders für den Betagten - noch eine hohe Sensibilität für und er kennt den Unterschied zwischen dem nur technisch gekonnten Vorgehen eines „physischen Reparateurs" - ein Begriff Kautzkys (1977) - und der persönlichen Zuwendung des ärztlichen Helfers während seiner Behandlung. Deshalb müssen auch in dieser Situation technische Maßnahmen so ausgeführt werden, daß hinter ihnen die Teilhabe des Helfers am Schicksal des Patienten deutlich erkennbar bleibt.

Wenn die Aussage wahr ist, daß Tod der Verlust von Gemeinschaft sei, dann lassen wir viele Sterbende schon vor ihrem Tod sterben. Denn wenn wir unsere eigenen Trennungsängste nicht verarbeitet haben, neigen wir dazu - und da sind die Ärzte keineswegs ausgenommen -, die Sterbenden schon vor dem Eintreten ihres Todes aus der Gemeinschaft zu verdrängen (Ritschel 1985). Wir sollten aber immer daran denken, daß Sterben noch nicht der Tod ist: Sterben gehört noch zweifelsfrei zum Leben und fällt damit unter die regulative Idee der Menschenwürde. Und das letzte Bewährungsfeld der Ethik ist das Gegenüber zum Sterbenden, die Gesicht-zu-Gesicht-Beziehung (Boland 1987, Fritsche 1973).

Die moderne Gesellschaft hat leider wenig Beziehungen zum Sterben. Joppich (1978) vermutet hierfür als Ursachen einen breiten Verlust von Glaubensgrundlagen gleichermaßen wie den Einfluß der hohen Lebenserwartung in der Jetztzeit. Abgesehen vom Tod nach akuter Erkrankung und nach Unfall neigt der Mensch dazu, den Gedanken an sein Sterben unreflektiert lange vor sich herzuschieben.

So halten wir Sterben und Tod aus unseren täglichen Überlegungen fern, obgleich wir aus dem für uns alle zu erkennenden steten Wandel im Erscheinungsbild unserer Mitmenschen - und in unserem eigenen - uns dem Gedanken an ein endliches Dasein nicht verschließen können. Wir haben nur die Tatsache verdrängt: Sterben ist das älteste Problem des Lebens, also etwas Alltägliches. Die Ursache für diese Verdrängung kann zum einen sein, daß man bei alten Menschen sehr unterschiedliche Verarbeitungsweisen ihres Älterwerdens beobachten kann. Viel wichtiger scheint mir aber, daß das „Ich" sich seinen persönlichen Tod nicht vorstellen, d.h. diese unausweichliche Situation des Sterbens gedanklich nicht antizipieren kann. Eine solche Unmöglichkeit der Vorwegnahme einer Situation bereitet - im Gegensatz zum Altertum - dem heutigen im naturwissenschaftlichen Denken verhafteten Menschen erhebliche Probleme (Schütz 1987).

So haben die Untersuchungen von Schmitz-Scherzer belegt, daß viele Berufsgruppen, die mit Tod, Sterben und Sterbebegleitung immer wieder konfrontiert werden, erhebliche Schwierigkeiten mit der Sterbeproblematik haben, insbesondere Ärzte und Krankenhausseelsorger (Schmitz-Scherzer et al. 1982). Die Ärzte z.B. klagen darüber, daß ihre Ausbildung sie nicht genügend auf diesen Umstand vorbereite. Außerdem wird über Scheu im Kontakt mit Todkranken geklagt, weil dabei der eigene Tod zwangsläufig in den Blick komme. Aus dieser Scheu heraus werde oft die notwendige Zuwendung zum Sterbenden hin vermieden, worauf dann später Schuldgefühle wegen der unterlassenen Kommunikation einsetzten.

Welches Wissen kann hier hilfreich sein? Je ernsthafter eine Krankheit, je geringer die Chance zur Wiederherstellung, d.h. je unaufhaltsamer der Weg zum Tod hin ist, desto mehr entwickelt ein Patient Bedürfnisse, welche über die medizinische Behandlung und die darauf gerichteten Verhaltensweisen hinausgehen und spezielle pflegerische und psychische Hilfen betreffen. Stark hervortreten kann dann der fundamentale Wunsch nach Geborgenheit und Würde, nach Aufarbeiten des eigenen Lebens, evtl. die Suche nach einer Sinnfindung und Bejahung des eigenen Daseins, aber auch der nach Rat und Vorschlägen z.B. zur Regelung der Hinterlassenschaften. Will der Arzt hier helfen, muß sein psychologisches Feingefühl ihn in die Lage versetzen, bei gleichzeitig guter eigener innerer Verfassung auf die Patienten einzugehen (Schütz 1987).

Wenn andererseits - fast ein Gegensatz zum bisher Gesagten - viele Menschen sich heute über Sterben Gedanken machen und nach Wegen zu einem „perfekten Sterben" suchen, dann liegt die Annahme nahe, daß nicht so sehr die Todesangst im Vordergrund ihrer Überlegungen steht, sondern die Angst vor einem langdauernden, qualvollen Sterben. Diese Furcht ist nicht unberechtigt - und sie findet sich sehr oft gerade bei älteren Menschen -, weil die moderne Medizin - wie wir alle wissen - auch Schwerkranke über Tage und

Wochen am Leben erhalten kann, so daß Atmung, Kreislauf und Stoffwechselvorgänge intakt bleiben. Der Grundsatz, menschliches Leben um jeden Preis zu verlängern, hat aber gerade in der Geriatrie keine absolute Bedeutung mehr, seitdem wir wissen, daß durch medizinisch-technische und pharmazeutische Entwicklung eine Lebensverlängerung möglich ist, die in Wirklichkeit aber dem Wohle des Betroffenen entgegenstehen kann. Der Arzt muß also unabhängig von den an ihn gerichteten Erwartungen sein Handeln an der Sinnhaftigkeit für den alten Menschen ausrichten.

Über die Frage, wie ein Patient selbst das Sterben erlebt, ist vielfach geschrieben worden: Ich will hierauf nicht näher eingehen.

Sterben kann einem Patienten leichtergemacht werden dadurch, daß der Arzt ihm in einem frühen Stadium die Zusage gibt, ihn nicht unnötig leiden zu lassen und daß er dieses Versprechen auch unter allen Umständen einhält selbst dann, wenn der Patient nicht mehr bei vollem Bewußtsein zu sein scheint. Und diese Forderung hat schon Francis Bacon im 17. Jahrhundert in seinem Buch „De dignitate et augmentis scienciarum" aufgestellt, als er es als Aufgabe des Arztes bezeichnete, Schmerzen zu lindern, „und das nicht nur, wenn dies einer Linderung der Schmerzen als eines gefährlichen Zustandes sowie der Herstellung der Gesundheit dient, sondern auch dann, wenn ganz und gar keine Hoffnung mehr vorhanden und doch aber durch Linderung der Qualen ein sanfter Übergang aus diesem zu jenem Leben verschafft werden kann. Es ist fürwahr kein kleiner Teil der menschlichen Glückseligkeit, daß man nämlich ein sanftes Ende habe".

Für einen Sterbenden spielt es eine herausragende Rolle, wo er stirbt, ob im Kreis der Familie, im Krankenhaus oder im Heim. In den Institutionen können durch Nachwuchssorgen und Richtlinien der allgemeinen Arbeitswelt, vor allem durch die verkürzte Arbeitszeit mit häufigem Schicht- und Personalwechsel, kaum zwischenmenschliche Beziehungen zwischen Patienten und Personal entwickelt werden, vor allen Dingen in der Endphase. Der Zwang der Routine macht es oft unmöglich, daß Pflegepersonal und Arzt in den entscheidenden Todesminuten verfügbar sind vor allem dann, wenn ein Kranker langsam hinüberschläft. Und wann immer es möglich ist, sollte deshalb das Sterben im Interesse des Betroffenen auch heute wieder in die Wohnung zurückverlegt werden, denn in der vertrauten Umgebung sinkt die Belastung des Sterbenden. Als ein äußerst positives Nebenergebnis sammeln dann auch die Angehörigen Erfahrungen im Umgang mit dem Sterben und dem Tod für ihr späteres eigenes Daseinsende (Schäfer 1986).

Sind bei sterbenden Patienten mit längeren Perioden geistiger Verwirrung und Bewußtlosigkeit noch Interaktionen menschlicher Art möglich? Wer viel mit Sterbenden zu tun hat weiß, daß verwirrte Moribunde z. B. mit ihren Augen noch das Gefühl von Angst übermitteln können. Gerade ein Mensch in diesem hilflosen Zustand aber hat ein besonderes Anrecht auf eine menschenwürdige Behandlung: Denn wenn auch immer der Geist verwirrt oder der Körper versehrt sein mögen: Sein Personsein geht nicht durch Krankheit, Versehrtheit oder psychischen Verfall verloren.

Eine unabdingbare Minimalforderung an die Pflege Todkranker und Sterbender ist die Befriedigung derjenigen Grundbedürfnisse, die auch ein Säugling hat, aber nicht selbst befriedigen kann (Füsgen et al. 1984, Schäfer 1986). Die zwischenmenschliche Zuwendung kann - wie im Kleinkindesalter - durch Hautkontakt, Streicheln und längeres Händehalten erfolgen: Das führt dann oft zu einer erheblichen Entspannung des Betreuten. Und die notwendige Unterscheidung zwischen ärztlicher Behandlung, die sich gegen eine Krankheit richtet, und Pflege, die sich auf die Befriedigung der wesentlichen Bedürfnisse des Patienten richtet, entspricht der Unterscheidung zwischen Krankheit und Persönlichkeit. Daraus folgt für das Bemühen um den Sterbenden: Jedem Weniger an medizinischer Behandlung oder jedem Verzicht auf weitere medizinische Bekämpfung einer Krankheit muß immer ein Mehr an pflegerischer Betreuung und menschlicher Zuwendung entsprechen, wenn die Würde des einzelnen als Mensch nicht mißachtet werden soll. Der Begriff „Lebensunwertes Leben" ist nicht nur christlich gesehen für einen Arzt kein denkbarer Begriff (Lutterotti 1985).

Wenn ein Sterbender nach dem ersten Eindruck nicht mehr ansprechbar zu sein scheint, wird man bei Zuwendung doch immer noch das Vorhandensein von Bewußtsein erleben, sogar dann, wenn der Sterbende sich nicht mehr unmittelbar bemerkbar machen kann. Deshalb sollten weder Angehörige noch Pflegepersonal - wie es häufig, wenngleich nicht in bösartiger, so doch in unbedachter Weise geschieht - über das Sterben eben dieses Menschen im Sterbezimmer reden. Ein solches Verhalten wäre das Paradebeispiel einer absolut negativen Sterbebegleitung (Schütz 1987).

Das Primärinstrument der Sterbebegleitung ist aber weder technisch noch pflegerisch noch medikamentös: Es ist vielmehr die Sprache. Und wir sollten uns immer daran erinnern, daß neben dem gesprochenen Wort zwei Drittel der Kommunikation nonverbal erfolgt über Mimik, Gestik, Olfaktorik oder andere Einflußfaktoren (Boland 1987).

Im übrigen kann Sterbebegleitung im Sinne der Sterbehilfe nun bedeuten, dem Patienten Erleichterung jeglicher Art beim Sterben zu verschaffen, nie aber Tötung auf Verlangen meinen (Bock 1978).

Wie steht es um die Wahrheit in der Information des alten Patienten hinsichtlich seines bevorstehenden Todes?

Man sollte nicht voreilig jedem Patienten die Wahrheit vorenthalten, um ihm die letzten Stunden oder Tage leichter zu gestalten. Ärzte erleben nämlich im Umgang mit älteren Menschen immer wieder, mit welch erstaunlicher Ruhe und Mut viele von ihnen die ungünstige Nachricht aufnehmen. Mancher Greis, der seinen wahren Zustand ahnt, leidet viel stärker darunter, daß er sich vom Arzt durch dessen Verhalten getäuscht sieht und darüber hinaus genötigt fühlt, diese gutgemeinte, doch falsche Vorspielung noch mitzumachen. Wenn ihm der Arzt aber die Wahrheit sagt, wenn er ihm zeigt, daß er ihm vertraut und ihm auch die notwendige moralische Kraft zutraut, mit diesem Los fertigzuwerden, so atmet er oft erleichtert auf und kann die letzten Tage besser bewältigen.

Zwingend zu berücksichtigen ist aber: Die ureigenen psychoaffektiven Strukturen des Kranken bestimmen noch in der Endphase seine Verhaltensweisen und Reaktionen auf unvorhergesehene Ereignisse und Mitteilungen. So sollte die Vermittlung der Wahrheit mit Feingefühl und sorgfältig dosiert, dem jeweiligen Fassungsvermögen des Patienten sowie seiner grundsätzlichen Einstellung zum Tod angepaßt und entsprechend vorsichtig formuliert werden. Eine ungeschickt vorgetragene Information versetzt nämlich jeden Patienten in eine miserable Lage: Sie drückt zum einen die Erwartung aus, daß der Kranke genügend Kraft hat, die Unheilbarkeit seines Leidens zu akzeptieren und sich auf sein Sterben gefaßt zu machen, man andererseits aber von ihm erwartet, daß er menschenwürdig leben könne, obwohl er lange im Ungewissen über den Zeitpunkt des Todes leben muß. Die Frage nach der Wahrheit der Schwere der Erkrankung ist die Frage nach der angemessenen Wahrheit. Max Frisch hat gesagt: „Man sollte dem anderen die Wahrheit wie einen Mantel hinhalten, in den er hineinschlüpfen kann, und sie ihm nicht wie einen nassen Lappen um die Ohren schlagen".

Ich persönlich glaube, daß die begleitende Vorbereitung auf das Sterben und der Sterbebeistand eine der vornehmsten Aufgaben der Geriatrie ist. Ich sehe sie folgendermaßen zu umreißen:

- Der Arzt muß einen Dialog führen können und wollen,
- er muß dabei stets persönlich bleiben,
- er darf sich nicht ins Theoretisieren flüchten,
- er muß diese Haltung konsequent bis zum Ende des Sterbevorgangs durchstehen,
- er hat schließlich dafür zu sorgen, daß dem fundamentalen Wunsch des Patienten nach Geborgenheit und Würde entsprochen wird.

Das schließt ein, die Bitte nach Aufarbeitung des eigenen Lebens zu unterstützen, Hilfe bei Sinnfindung und Bejahung des eigenen Daseins zu leisten sowie ihm Vorschläge zur Abwicklung der weltlichen Dinge angedeihen zu lassen.

Die Vermittlung über den Gesundheitszustand sollte zwar oberste Richtschnur sein. Wie janusköpfig aber gerade dieses Verhalten sein kann, belegt sehr schön das Gebet eines Todkranken, das ich aus einem Büchlein von Petrus Ceelen entnommen habe und das lautet:

„Seit langem ahnte ich,
daß ich unheilbar krank sei.
Darum bat ich den Arzt,
mir doch endlich „die Wahrheit" zu sagen.
Ich hatte immer geglaubt,
daß ich sie ertragen könnte.

Inzwischen aber weiß ich,
daß es nahezu unerträglich ist,

mit dem Tod vor Augen zu leben.
Jetzt erst spüre ich,
wie sehr ich am Leben hänge.
Ich habe mir nie vorstellen können,
wie es einem Menschen zumute ist,
der keine Hoffnung mehr hat.
Jetzt weiß ich es!

Aber vielleicht geschieht noch ein Wunder,
oder der Arzt hat sich geirrt ...
Mein Gott!
Ich kann mich nicht damit abfinden,
daß mein Leben zu Ende geht - mitten im Leben.
Herr, ich flehe Dich an, hilf mir!"

Ethik handelt vom Sollen, vom Moralischen und von der Freiheit unseres Tuns. Sie setzt Bereitschaft zur Teilhabe, zu dialogischem Verhalten und zur Solidarität in der jeweiligen Handlungssituation voraus. Diese Qualitäten gelten auch, ja besonders in der Beziehung zwischen Patient und Arzt.

Sein Gegenüber ist kein zu betreuendes Objekt, sondern mithandelndes Subjekt: Und zu dem gehören neben der körperlichen Erscheinung untrennbar seine psychische Konstellation, seine geistige Eigenart, seine sozialen Beziehungen und seine Umwelt, seine Erfahrungen, Empfindungen und Urteile, und - das ist besonders bedeutsam in der Geriatrie - seine Biographie.

Ethik im Umgang mit älteren Menschen darf keiner kasuistischen Norm unterliegen, denn: Es gibt nicht „die alten Menschen" als homogene soziale Gruppe. Gerade im Umgang mit Geronten muß vielmehr Entscheidung aus freiem Ermessen möglich sein, um notwendige Unterschiede, aber auch Akzente im Handeln auf den jeweils einzelnen hin zu ermöglichen.

Meine Ausführungen waren der Versuch, einige aus der Sicht der Gerontologie in diesem Zusammenhang bedeutsame Gesichtspunkte darzulegen.

Literatur

1. Bickel H (1978) Der Versuch am Menschen und seine ethische Problematik. In: Medizin, Ethos und soziale Verantwortung. Colloquium-Verlag, Berlin, 115
2. Bock HE (1978) Ärztliche Ethik am Krankenbett aus internistischer Sicht. In: Gross R et al. (Hrsg) Ärztliche Ethik. Schattauer-Verlag, Stuttgart 89
3. Boland P (1987) Beistand am Sterbenden - menschliche Aufgabe und ethische Herausforderung. In: Schütz RM (Hrsg) Praktische Geriatrie 7, Lübeck, 152
4. Fink U (1987) Der neue Generationenvertrag. Die Zeit, Nr 15, 3. April
5. Fritsche P (1973) Grenzbereich zwischen Leben und Tod. Stuttgart
6. Füsgen J, Summ JD (1984) Geriatrie. Kohlhammer-Verlag, Berlin
7. Göschel I (1987) Die Humanisierung stationärer Versorgung. In: Schütz RM (Hrsg) Praktische Geriatrie 7, Lübeck, 229

8. Heiss WD (1985) Einleitung. In: Verantwortung und Ethik in der Wissenschaft. Wissenschaftliche Verlags-GmbH, Stuttgart
9. Höffe O (1987) Gerechtigkeit vor Solidarität. Sozialethische Überlegungen zum Gebot, das Alter zu ehren. Eröffnungsvortrag der Jahrestagung der Schweizerischen Gesellschaft für Gerontologie, Fribourg, 15. 10.
10. Jonas H (1985) Philosophische Betrachtungen über Versuche an menschlichen Subjekten. In: Piechowiak H (Hrsg) Ethische Probleme der modernen Medizin. Grünewald-Verlag, Mainz, 105
11. Joppich G (1978) Das Leitbild des Arztes im ausgehenden 20. Jahrhundert. In: Medizin, Ethos und soziale Verantwortung. Colloquium-Verlag, Berlin, 115
12. Junkers G (1987) Erleben von Gesundheit und Krankheit im Alter. In: Schütz RM (Hrsg) Alter und Krankheit. Urban & Schwarzenberg Verlag, München, 183
13. Kaufmann W (1978) Einführung. In: Gross R et al. (Hrsg) Ärztliche Ethik. Schattauer-Verlag, Stuttgart, 1
14. Kautzky R (1977) Ethische Probleme in der Intensivmedizin. In: Just H, Schuster HP (Hrsg) Intensivmedizin in der inneren Medizin. JNA Band 8, Stuttgart
15. Kuhlendahl H (1981) Problembereich: Feststellung des Hirntodes. Med Klin 76:435
16. Lenard HG (1978) Heilen oder Lindern: Das Problem des Arztes im fast hoffnungslosen Fall. In: Medizin, Ethos und soziale Verantwortung. Colloquium-Verlag, Berlin, 104
17. Lutterotti M v (1985) Menschenwürdiges Sterben. Herder-Verlag, Freiburg
18. Meier-Baumgartner H-P (1987) Prävention und Rehabilitation in der Geriatrie. In: Schütz R-M (Hrsg) Alter und Krankheit. Urban & Schwarzenberg Verlag, München, 167
19. Meyer JE (1978) Der psychisch Kranke und sein Image in der modernen Gesellschaft. In: Medizin, Ethos und soziale Verantwortung. Colloquium-Verlag, Berlin, 89
20. Ritschl D (1985) Nachdenken über das Sterben. In: Piechowiak H (Hrsg) Ethische Probleme der modernen Medizin. Grünewald-Verlag, Mainz, 144
21. Sporken P (1977) Die Sorge um den kranken Menschen. Düsseldorf
22. Sporken P (1982) Zuwendung als Voraussetzung für die Beziehung und die Kommunikation mit dem Kranken. In: Schara J (Hrsg) Humane Intensivtherapie. Erlangen
23. Schäfer H (1986) Medizinische Ethik. Verlag für Medizin Dr E Fischer, Heidelberg
24. Scheuch E (1978) Krankheit und Medizin als soziale Veranstaltung. In: Medizin, Ethos und soziale Verantwortung. Colloquium-Verlag, Berlin, 9
25. Schmitz-Scherzer R, Becher KF (1982) Einsam sterben - warum? Vincentz-Verlag, Hannover
26. Schölmerich (1985) Zur ethischen Problematik des therapeutischen Fortschritts. In: Verantwortung und Ethik in der Wissenschaft. Wissenschaftliche Verlags-GmbH, Stuttgart, 24
27. Schütz R-M (Hrsg) (1980) Zum Problemkreis „Geriatrisch-Rehabilitative Tagesklinik" - Bericht über ein workshop. Lübeck
28. Schütz R-M (1980) Freizeit: Freude oder Fluch im Alter? Vortrag am Schleswig-Holstein-Tag, Lübeck, 14. 6.
29. Schütz R-M (Hrsg) (1987) Alter und Krankheit. Urban & Schwarzenberg Verlag, München
30. Schulte F (1978) Die technisch-wissenschaftliche Diagnostik, ihre Organisation und der Mensch. In: Medizin, Ethos und soziale Verantwortung. Colloquium-Verlag, Berlin, 47
31. Thomae H (1971) Die Bedeutung einer kognitiven Persönlichkeitstheorie für die Theorie des Alterns. Z Gerontol 4:8
32. Tokarski W, Schmitz-Scherzer R (1987) Alltagsprobleme und Freizeitverhalten älterer Menschen. In: Schütz R-M (Hrsg) Alter und Krankheit. Urban & Schwarzenberg Verlag, München, 198H

Der Arzt zwischen Recht und Ethik

Otto Pribilla

Kaum eine andere Berufsgruppe als die der Ärzte hat in den letzten 20 Jahren infolge der rasanten Fortschritte der medizinischen Forschung und Therapie soviel Aufmerksamkeit auf sich gezogen. Dabei ist, sowohl in der Rechtsprechung, aber auch in grundlegenden ethischen Anschauungen unserer Tätigkeit ein weitgehender Wandel vieler früherer Auffassungen zu erkennen. Dies ist u.a. in den schon erwähnten Vorstößen in vielfach völlig medizinisches Neuland, aber auch in einem grundsätzlichen Wandel der Auffassung der Berufsausübung des Arztes, schließlich auch in einer sehr viel stärkeren Betonung der Persönlichkeits- und Freitheitsrechte des Patienten, nicht zuletzt aber auch in einem z.T. erschreckenden Verlust des ethisch-moralischen Common sense begründet.

Es ist daher verständlich, daß sich die heutige Diskussion betont Fragen der rechtlichen und ärztlich-ethischen Bereiche unserer Berufsausübung zum Teil kontrovers zuwendet.

Interessant wäre die historische Entwicklung dieses Phänomens im einzelnen aufzuzeigen. Ich kann mich heute abend nur beschränken auf einige Problemkreise, die möglicherweise dann in der Diskussion vertieft werden können.

Grundsätzlich steht der Arzt bei seiner Berufsausübung im stetigen Spannungsfeld der jeweils geltenden Rechtsnormen. Schon im Altertum war es so, daß das Recht und die Ethik den gleichen Wurzeln entsprangen. In der Neuzeit wurden das Recht und die Ethik getrennt behandelt. Dabei zielt das Recht, insbesondere das Strafrecht, nicht auf den sittlichen Unwert, sondern stellt den Schutz der Sozialordnung und die Wahrung der Rechte des Einzelnen vor groben Störungen in den Vordergrund. Rechtsprechung, also die Judikatur ist somit lediglich die Anwendung jeweils geltender Gesetze auf einen festgestellten Tatbestand. Zu einem Unwerturteil, d.h. einer Verurteilung gelangt die Rechtsprechung über Tatbestand, Rechtswidrigkeit und Schuld. Sie hat mit Gerechtigkeit im engeren Sinne nur wenig zu tun.

Eine klare Trennung von Recht und Ethik läßt sich heute nicht mehr durchführen, da selbstverständlich gewandelte Auffassungen ethischer Normen in das Recht einfließen. Dies wird z.B. ganz deutlich bei der Wandlung des im § 226a StGB enthaltenen zweiten Rechtfertigungsgrundes für die Straflosigkeit des ärztlichen Eingriffes, nämlich daß dieser trotz der Einwilligung nicht gegen die guten Sitten verstoßen darf. Hier sei nur auf das berühmte Urteil gegen Herrn Dr. Dohrn verwiesen.

Es bleibt daher festzuhalten, daß der Arzt in seinem Tun und Lassen selbstverständlich keine Sonderstellung, weder im Recht noch in der Ethik genießt. Die Normen ärztlichen Handelns werden aber im Rahmen des allgemeinen Rechts, z. B. im Strafrecht, aber auch im ärztlichen Haftungsrecht durch Grundsatzurteile der obersten Bundesgerichte fortentwickelt. In Einzelfällen, wie z. B. im ärztlichen Haftpflichtrecht, bei der Judikatur zum ärztlichen Behandlungsfehler, aber auch z. B. hinsichtlich des Einsichtsrechtes des Patienten in die Krankenpapiere läßt sich deutlich machen, daß Wandlungen in der Auffassung, etwa des Patienten-Arztverhältnisses unmittelbar in das Recht Eingang finden. Gerade diese Rechtsprechung der Bundesgerichte nimmt arztethische Grundsätze in sich auf und gibt dem Gewissen des Arztes ausdrücklichen Raum.

Die ärztliche Ethik als Anwendung der allgemein ethischen Grundsätze auf bestimmte Lebenssachverhalte läßt sich dabei besonders in Grenzsituationen erkennen. Sie steht somit nicht isoliert neben dem Recht. Sie wirkt allenthalben und ständig z. B. in das Rechtsverhältnis zwischen Arzt und Patient hinein: Zitat eines Bundesgerichtsurteiles „Weit mehr als sonst im gesellschaftlichen Miteinander der Menschen fließt im ärztlichen Berufsfeld das Ethische mit dem Rechtlichen zusammen".

Im Rahmen der ärztlichen Haftpflichtrechtsprechung hat auch das Bundesverfassungsgericht ausdrücklich betont, daß beim ärztlichen Handeln die Gewissensentscheidung des einzelnen Berufsangehörigen im Zentrum der Arbeit steht. Zitat „In den entscheidenden Augenblicken seiner Tätigkeit befindet sich der Arzt in einer unvertretbaren Einsamkeit, in der er gestützt auf sein fachliches Können allein auf sein Gewissen gestellt ist. So begrenzt die Freiheit der Gewissensentscheidung als ein Kernstück der ärztlichen Ethik jede berufsständische Rechtsetzungsgewalt".

Es läßt sich also beides, Recht und Ethik, letztlich nicht trennen. Durch die Einbindung der Ethik in das Recht erhält die Ethik einen höheren Grad der Verbindlichkeit und wird damit für alle Bürger maßgeblich und vom Staat auch zwangsweise garantiert. Daran ist stets bei „manchmal voreiligen" Gesetzesentwürfen zur rechtlichen Normierung ärztlicher Verfahren etc. zu denken. Schreiber hat kürzlich darauf hingewiesen, daß dennoch, sowohl subjektiv wie objektiv Recht und Ethik unterschieden werden müssen. Vor allem auf der objektiven Seite erfasse das Recht nur einen Ausschnitt des Sittlichen, so daß Teilgebiete der Ethik dem Recht nicht zugänglich sind. Dies läßt sich an Grenzsituationen besonders deutlich machen. Recht und Ethik decken sich damit nur teilweise. Dies hat kürzlich auch Böckle in seiner Studie zur Frage „Salus aegroti suprema lex" ausgeführt. Er hat darin die Entwicklung des Arzt-Patientenverhältnisses geschildert, die mit Berufung auf das absolute Selbstbestimmungsrecht des Kranken zu übertriebenen Forderungen und einer unguten Praxis im Bereich der Aufklärung durch den Arzt geführt hat. Solche Entwicklungen vollzögen sich erfahrungsgemäß im Rahmen eines allgemeinen Bewußtseinswandel. Er verweist auf die Befürchtungen und Ängste, die sich schon seit geraumer Zeit mit der Entwicklung moderner Technologien verbänden. Böckle betont mit Recht, daß die Faszination von den immer neuen Möglichkeiten technischer Machbarkeit auf allen Gebieten der Medizin schnell abgelöst werde durch die Angst vor dem undurchschaubaren Risiko. Die Risikofreude weiche einem wachsenden Sicherheitsbedürfnis. Es könne daher nicht ausbleiben, daß dieses Bewußtsein, besonders im klinischen Betrieb, auch das Arzt-Patientenverhältnis belaste. Bedauerlich sei, daß nicht zuletzt durch die gestiegenen Anforderungen der Rechtsprechung, auf dem Gebiet der ärztlichen Aufklärung, das Sicherheitsbedürfnis auf beiden Seiten dominiere. Notgedrungen müsse auch der Arzt konform zu den von der Gesellschaft entwickelten Sanktionen für ärztliche Fehler reagieren.

Das normative Recht enthält also einen evolutionären Faktor inform der Weiterentwicklung durch die oberste Rechtsprechung und ist damit nicht unwandelbar. Dies gilt in der heutigen Zeit verstärkt auch für die Ethik.

Zwischen Juristen und Ärzten besteht weitgehend Konsens darüber, daß es weder eine verbindliche Ethik, noch eine ärztliche Standesethik gibt, sondern allenfalls Problemfelder ethischer Fragen des ärztlichen Berufes, die an der allgemeinen ethischen Problematik teilnehmen. Ethik bedeutet die Lehre vom sittlichen Handeln des Menschen. Ich darf wiederum Böckle zitieren „Sittliches Handeln ist das aus dem Gewissensanspruch erwachsende und vor diesem Anspruch auch verantwortete menschliche Verhalten in Gesinnung und Tat. Sittlich handelt, wer sich im umfassenden Sinne sachgerecht verhält". Spaemann hat ähnlich formuliert „Sittliches Verhalten ist also dasjenige Verhalten, das die Gesamtheit der Aspekte einer Sache von dem ihnen eigenen Gewicht im Handeln zur Geltung kommen läßt". Sittliche Entscheidungen sind (nach Böckle) praktisch immer das Produkt einer Güterabwägung". Solch abwägendes Entscheiden im ärztlichen Bereich ist nur möglich auf dem Hintergrund einer langen reflektierten Erfahrung und Umgang mit den dem Menschen notwendig zustehenden Rechten. Es ist daher verständlich, daß auch in der Wissenschaft von der Ethik die Entwicklung in der Neuzeit von der normativen zur Situationsethik zu beobachten ist, wie es sich z. B. aus den Diskussionen über die Triage erkennen läßt.

Einige wenige Beispiele zeigen, welche zum Teil kontroversen Auffassungen zwischen Recht und Ethik beim ärztlichen Handeln auftreten.

Es sind dies einmal die Diskussionen über die Hirntodfeststellung mit ihren rechtlichen und ethischen Konsequenzen für die Beendigung ärztlicher Tätigkeit.

Zweitens die Begleitung beim Sterben, hier besonders dargestellt in der Erörterung des bekannten Urteils des Bundesgerichtshofes zur Hilfeleistung beim Suizidversuch. Weiter möchte ich kurz auf einige Probleme der Reproduktionsmedizin und schließlich auf das Gebiet der sogenannten Neulandoperationen eingehen.

Gerade das Gebiet der Definition des Todes zeigt, wie sehr die Bildung juristischer, aber auch ärztlicher Normen abhängig ist vom technischen Fortschritt der Medizin. Der berühmte Berliner Rechtsgelehrte von Savigny hat noch vor Erarbeitung des Strafgesetzbuches in den 70ger Jahren des letzten

Jahrhunderts sagen können, daß der Tod keiner Legaldefinition bedürfe, da dieser „selbstverständlich“ sei. Nach der stürmischen Entwicklung der Intensivmedizin hat sich die Situation vollständig gewandelt. Durch die Möglichkeit, den Sterbeprozeß fast beliebig zu verlängern, ist ein medizinisch und juristisch identischer Todesbegriff nicht mehr gegeben.

Eine Definition von Leben und Tod findet sich jedoch weder in Gesetzestexten noch in einschlägigen juristischen Kommentaren. Lediglich im § 217 StGB, der sich mit der Kindestötung beschäftigt, wurde willkürlich eine Grenze zwischen Leibesfrucht und Mensch gezogen, und damit der strafrechtliche Beginn des Lebens festgelegt. Im § 218 StGB, der auch nach seiner Neufassung ausdrücklich am Lebensschutz der Leibesfrucht festhält, ist andererseits ausgesagt, daß an dieser der Tatbestand der Tötung vollzogen werden kann. Zivilrechtlich ist demgegenüber der Beginn des Lebens im § 1 BGB definiert, daß dieses mit der „Vollendung der Geburt“, d.h. nach Austritt des lebenden Kindes aus dem Mutterleib anfängt. Zivilrechtlich bedeutet dagegen der Tod das „Ende der Rechtspersönlichkeit“, und damit der Fähigkeit Träger von Rechten und Pflichten zu sein. Akzentuiert wurde die Problematik dadurch, daß bei Explantationen es erforderlich ist, daß bei technisch aufrechterhaltener Herz-Kreislauf-Funktion und Atmung das entsprechende Organ zur Transplantation entnommen werden muß. Die Notwendigkeit einer möglichst exakten Bestimmung des Todeszeitpunktes entspricht aber auch neben diesen biologisch-medizinischen Gründen einem gesellschaftlichen Bedürfnis. So z.B. im Erb- und Versorgungsrecht usw., worauf ich nicht näher eingehen möchte.

Es ist daher in den letzten Jahrzehnten diskutiert worden, ob man im Hinblick auf die verschiedenen Rechtsgebiete, in denen der Todesbegriff von Bedeutung ist, unterschiedliche Todesbegriffe verwenden sollte. Dies würde aber nach Meinung vieler Juristen das Problem unnötig komplizieren. Eine gesetzliche Definition des Todes, der Todeskriterien und des Todeszeitpunktes würde zudem den jetzt erreichten Stand der Wissenschaft nur fixieren und eine Änderung nach weiteren Erkenntnissen verzögern. Es ist in den letzten Jahren, nicht zuletzt durch die Arbeit der sogenannten Hirntodkommission der Bundesärztekammer gelungen, Verhaltensnormen, die auch ethisch fundiert sind, für die Feststellung des Hirntodes zu erarbeiten. Damit konnte vermieden werden, daß etwa im Rahmen eines Transplantationsgesetzes der Gesetzgeber auf diesem Gebiet tätig wurde. Sowohl in der rechtlichen, als auch ethischen Diskussion ist aber bisher mit der Einengung des Lebensbegriffes auf das Zentralorgan eine kategorial andere Auffassung vom Menschen, insbesondere der „Persona“ entwickelt worden, als sie ethisch-philosophischer Tradition entspricht. So gibt es bisher kaum Denkansätze, als was der maschinell überlebend gehaltene Körper sowohl rechtlich, als auch ethisch anzusehen ist.

Darauf habe ich schon früher hingewiesen. Thielicke hat anläßlich seiner auch heute noch lesenswerten Rede bei Eröffnung des Chirurgentages 1967 dazu formuliert, daß es sich hier „um die bloße Vitalkonservierung einzelner Organe einer unbestatteten Leiche handele“. Durch die Empfehlungen des wissenschaftlichen Beirates der Bundesärztekammer zur Feststellung des Hirntodes ist jetzt sichergestellt, daß die fachlich kompetente Entscheidung im Rahmen der dort festgelegten Regeln ein ethisch einwandfreies Handeln ermöglicht. Dies wurde auch von der Rechtsprechung und Öffentlichkeit anerkannt.

Eng mit dem Problem der Todeszeitbestimmung sind Fragen der ärztlich-ethischen Erlaubtheit, der Einstellung oder Fortsetzung einer Intensivtherapie verknüpft. Wie sich aus der immer zahlreicher werdenden Literatur zu der Frage, wie weit die ärztliche Behandlungspflicht reicht, unschwer entnehmen läßt.

Aber auch außerhalb dieser besonderen Grenzsituation der Todeszeitfeststellung, d. h. der Feststellung des Hirntodes und der Probleme der Transplantationsmedizin, gewinnt ein hiermit eng verbundenes Konfliktfeld, nämlich die sogenannte „Sterbehilfe" besser Sterbebegleitung, zunehmend Aufmerksamkeit. Sowohl die juristische, als auch die ärztlich-ethische Literatur hierzu ist fast unübersehbar geworden. Der Heidelberger Lehrbeauftragte für Allgemeinmedizin Mattern hat kürzlich gesagt, daß bei Beobachtung der Publizität dieses Themas es den Anschein hat, daß unsere Gesellschaft nach dem Durchbrechen der sexuellen Tabus angefangen habe mit dem Tabu des Todes abzurechnen. Bisher wurde nach unserem Verständnis daran festgehalten, daß wohl eine ärztlich kompetente sachgerechte Sterbebegleitung und auch eine sogenannte passive Sterbehilfe ärztlich-ethisch und auch rechtlich erlaubt sind, nicht jedoch jegliche Form einer aktiven Beendigung des Sterbeprozesses. Aber auch auf diesem Problemfeld hat sich ein Wandel vollzogen. Ich darf etwa nur auf die Bemühungen der Gesellschaft für humanes Sterben und das kürzlich durchgeführte Hearing eines Bundestagsausschusses zu diesem Fragekomplex verweisen. Es scheint aber in jüngster Zeit einen einheitlichen ethischen Konsens der Allgemeinheit, selbst auch der Ärzte untereinander nicht mehr zu geben. Mattern hat mit Recht darauf hingewiesen, daß das Beenden einer extremen Leidensbiographie ein Fall für das ärztliche Ethos und das menschliche Gewissen sei, bei dem das moralisch und ethisch Richtige nur in Abwägung des konkreten Einzelfalles zustande kommen darf. Es ist auch keine Handlung für die Regenbogenpresse und das Fernsehen. Aus der Fülle der Literatur möchte ich nur ein Zitat nach Sporken, einem Moraltheologen aus den Niederlanden zitieren, wo ja die Diskussion um die aktive Euthanasie bis in den politischen Raum inform eines Gesetzesentwurfes vorgedrungen ist. Er hat angeführt: „Die aktive Euthanasie, für die der Sterbende sich in Grenzfällen entscheidet, um die der Sterbende wirklich bittet, ist zu betrachten als eine Kaptitulation gegenüber der eigentlichen ethischen Aufgabe zur Annahme seines Lebens und Sterbens. Die aktive Euthanasie, für die sich Personen aus der Umgebung des Sterbenden ohne dessen Wissen entscheiden, ist ein Verstoß gegen die menschliche Person und ihre Grundrechte und ein Eingeständnis der Unfähigkeit zu echter Sterbehilfe".

Auch auf diesem Gebiet sind Empfehlungen, wie der etwa der schweizerischen Akademie der Medizinischen Wissenschaften, vom 5. November 1976, aber auch die Empfehlung der Bundesärztekammer u.ä. lediglich Entscheidungshilfen, die verantwortliche personale Gewissensentscheidungen in der konkreten Einzelsituation für den Arzt vorbereiten, aber nicht abnehmen können. Gerade die Schweizer Richtlinien für die Sterbehilfe sind kurz und prägnant. In ihrem Kommentar sind alle hier auftretenden ethischen und rechtlichen Probleme zusammengefaßt. Sie finden sie u.a. in dem von dem Ethiker Eid und dem verstorbenen Kollegen Frey herausgegebenen Buch „Sterbehilfe, oder wie weit reicht die ärztliche Behandlungspflicht". Dieses Thema kann ich selbstverständlich heute abend nicht weiter vertiefen.

Ich möchte aber etwas eingehender das Urteil des Bundesgerichtshofes vom 4. Juli 1984, zur Frage unter welchen Voraussetzungen ein behandelnder Arzt, der seinen Patienten nach einem Selbstmordversuch bewußtlos antrifft, sich wegen eines Tötungsdeliktes oder wegen unterlassener Hilfeleistung strafbar machen kann, wenn er nichts zur Rettung eines Patienten unternimmt, diskutieren. Gerade dieses sogenannte „Peterle Urteil" läßt erkennen wie groß das Spannungsfeld zwischen Recht und ärztlicher Ethik auf diesem Grenzgebiet ist.

Zugrund lag der Ihnen sicher geläufige Fall, in dem eine 76jährige Witwe mit hochgradiger Coronarsklerose und Gehbehinderung wegen Hüft- und Gelenkarthrose sich suizidierte. Sie hatte ihren Mann, von ihr Peterle genannt, im März 81 verloren und sah in ihrem Leben keinen Sinn mehr. Dem langjährigen Hausarzt und Dritten gegenüber äußerte sie Suizidabsichten, hatte sich mit der Suizidproblematik ausführlich beschäftigt, mehrere Bücher hierzu gelesen usw. Sie wollte unter gar keinen Umständen in einen Zustand der Hilflosigkeit geraten und weder in ein Krankenhaus noch in ein Pflegeheim eingewiesen werden. Der Arzt versuchte vergeblich sie von ihren Suizidgedanken abzubringen. Er hatte Kenntnis davon, daß ein Schriftstück der Patientin in ihrem Schreibtisch lag. Willenserklärung: Im Vollbesitz meiner Sinne bitte ich meinen Arzt keine Einweisung in ein Krankenhaus oder Pflegeheim, keine Intensivstation und keine Anwendung verlängernder Medikamente. Ich möchte einen würdigen Tod sterben. Keine Anwendung von Apparaten, keine Organentnahme!

Sie verfaßte kurz vor ihrem Suizid ein weiteres Schriftstück. „Ich bin über 76 Jahre alt und möchte nicht länger leben". Bei einem Hausbesuch sagte der Arzt ihr zu, sie am nächsten Tage erneut aufzusuchen, um mit ihr über ihre Weigerung, sich in ein Krankenhaus einliefern zu lassen, zu sprechen. Als er zum vereinbarten Zeitpunkt kam, fand er die Patientin bewußtlos vor. In den Händen hatte sie einen Zettel, auf dem vermerkt war: An meinen Arzt, bitte kein Krankenhaus, Erlösung. Auf einem anderen Zettel stand: Ich will zu meinem Peterle. Anhand zahlreicher geleerter Medikamentenschachteln leitete der Arzt ab, daß die Patientin eine Überdosis Morphium und Schlafmittel genommen hatte. Die Atmung betrug nur 6 pro Minute, der Puls war nicht mehr fühlbar. Der Kollege ging davon aus, daß die Patientin jedenfalls nicht ohne schwere Dauerschäden zu retten sein werde, unternahm in Kenntnis der Willenserklärung der Patientin nichts zu ihrer Rettung und blieb mit dem Nachbarn bei der Patientin über Nacht in der Wohnung, bis er dann am nächsten

Morgen um 07.00 Uhr den Tod feststellen konnte. In dem späteren Gerichtsverfahren konnte der Nachweis, daß der Tod der Patientin bei sofortiger Einleitung ärztlicher Rettungsmaßnahmen hätte verhindert oder hinausgeschoben werden können, nicht geführt werden. In der Grundsatzentscheidung setzt sich der BGH ausführlich mit der Problematik der unterlassenen Hilfeleistung gegenüber dem Suizidenten, der Frage der versuchten Tötung und der Tötung auf Verlangen auseinander. Hinsichtlich des Freispruches wegen versuchter Tötung durch Unterlassen hat der Senat darauf hingewiesen, daß der Angeklagte über die Wirkung etwaiger Rettungsmaßnahmen nicht ganz im Klaren war und er nicht ausschließen konnte, daß sie unter Umständen, allerdings unter Inkaufnahme schwerer Dauerschäden, Erfolg haben würden. Er habe Rettungsmaßnahmen mit dem bedingten Vorsatz unterlassen, den unmittelbar bevorstehenden Tod nicht unter Inkaufnahme schwerer Dauerschäden zu verhindern. Es käme daher durchaus eine Bestrafung wegen versuchter Tötung in Betracht, oder aber auch eine Bestrafung wegen Tötung auf Verlangen (§ 216 StGB). Das Landgericht hatte eine Tötung auf Verlangen in Betracht gezogen und diese verneint, weil das Geschehenlassen des Todes auf freie Entschließung des Suizidenten durch den Tatbestand des § 216 nicht erfaßt werde, wenn sich der Arzt dem Willen des bewußtlos angetroffenen Patienten unterordnet. Es heißt hierzu im BGH-Urteil wörtlich „Einen derartigen Grundsatz vermag der Senat nicht anzuerkennen. Der Arzt könne sich in derartigen Fällen durchaus wegen eines Tötungsdeliktes gegebenenfalls unter Privilegierung der Tötung auf Verlangen strafbar machen, wenn er die lebensrettende Versorgung des Suizidpatienten unterläßt".

„Die Rechtsprechung hat bisher kein in sich geschlossenes rechtliches System entwickelt, nachdem die strafrechtliche Beurteilung der unterschiedlichen Fallgruppen, die sich bei aktiver oder passiver Beteiligung Dritter an den verschiedenen Stadien eines freiverantwortlich ins Werk gesetzten Selbstmordes ergeben, stets sachgerecht und in sich widerspruchsfrei vorgenommen werden kann. Bei der gegenwärtigen Gesetzeslage werden sich in Grenzfällen gewisse Wertungswidersprüche nicht ganz vermeiden lassen".

Die Urteilsbegründung setzt sich dann mit der juristisch sehr komplexen Frage der Straflosigkeit des Suizidgehilfen auseinander, betont aber, daß gesetzessystematische Gründe und der historische Wille des Gesetzgebers die oben zitierte Auffassung des Bundesgerichtshofes rechtfertigen. Zum anderen sei zu beachten, daß das Gesetz denjenigen mit Strafe bedroht, der täterschaftlich an einer Tötung des Lebensmüden mitwirke, weil er dessen ausdrückliches und ernstliches Sterbeverlangen respektiert (Tötung auf Verlangen).

Entscheidungserheblich sei nur die allgemeine Frage, was gilt, wenn der den Selbsttötungsentschluß respektierende Garant untätig bleibt, obwohl der Suizident infolge Bewußtlosigkeit die Möglichkeit des Rücktritts von dem eigenverantwortlich in Gang gesetzten Kausalverlauf endgültig verloren hat.

Das Urteil setzt sich mit der teilweisen kontroversen Literatur auseinander, die entgegen der Rechtsprechung des BGH das Nichttätigwerden des Garanten – als solcher wird der Arzt angesehen – beim Selbstmord straflos lassen will. Der BGH beurteilt die ärztliche Rettungspflicht dann, wenn ein bewußtloser Suizident einem Arzt zur Behandlung überwiesen wird nicht anders, als bei einem „Normalpatienten". Der Senat hebt dann darauf ab, daß nach der Literatur nur 5% der Suizidenten eigenverantwortlich Hand an sich legten und daher bei Untätigkeit des Garanten in 95% der Fälle strafbares Unterlassen vorliege. Es werden dann im Folgenden Ausführungen gemacht, daß nach allgemeinen Grundsätzen sich wegen eines Tötungsdeliktes durch Unterlassen strafbar mache, wer einen Bewußtlosen in einer lebensbedrohenden Lage antrifft und ihm die erforderliche und zumutbare Hilfe zur Lebensrettung nicht leistet, obwohl ihn - das trifft für den Arzt immer zu - sogenannte Garantpflichten treffen. Von seinem, (d.h. des Garanten) in diesem Falle des Arztes Willen und seiner Haltung zu dem ohne sein Eingreifen bevorstehenden Tod hänge es ab, ob eine Bestrafung wegen eines vorsätzlichen oder fahrlässigen Tötungsdeliktes in Betracht kommt. Es komme darauf an, daß der bewußtlose Suizident keine „Tatherrschaft" über seine Handlungsweise mehr habe, d.h. zum Beispiel nicht mehr von seinem Tötungsentschluß zurücktreten könne. Infolgedessen hänge der Eintritt des Todes jetzt allein vom Verhalten des Arztes ab. Zitat „In dessen Hand liegt es nunmehr, ob das Opfer, für dessen Leben er von Rechts wegen einzustehen hat, gerettet wird oder nicht. In diesem Stadium des sich wie hier oft über viele Stunden hinziehenden Sterbens hat dann nicht mehr der Selbstmörder, sondern nur noch der Garant die Tatherrschaft; wenn er die Abhängigkeit des weiteren Verlaufs ausschließlich von seiner Entscheidung in seine Vorstellung aufgenommen hat, auch den Täterwillen. Daß der Garant durch sein Verhalten den früher geäußerten Wunsch des Sterbenden erfüllen will, ändert daran nichts".

Das Urteil setzt sich dann mit der komplizierten Abgrenzung gegenüber der nach § 323 c StGB gegebenen Hilfspflicht auseinander und läßt auch den Einwand in der juristischen Literatur, daß es frei verantwortete Selbstmorde gäbe, nicht gelten. In Übereinstimmung mit einer früheren Entscheidung des großen Senates des BGH hält das Gericht den *Willen* des Selbstmörders *für grundsätzlich unbeachtlich.*

Es heißt hierzu wörtlich Zitat „Ob die gegebene Begründung heute noch in vollem Umfange anerkannt werden kann, mag dahinstehen". An dem Ergebnis jener Entscheidung ist jedenfalls festzuhalten. Denn wenn § 323 c, (also die unterlassene Hilfeleistung), seine dem solidarischen Lebensschutz dienende Funktion auch in Selbstmordfällen erfüllen soll, kann die jedermann treffende allgemeine Hilfspflicht nicht davon abhängig gemacht werden, ob im konkreten Einzelfall der Selbstmörder aufgrund eines freiverantwortlich gefaßten oder eines auf Willensmängeln beruhenden Tatentschlusses handelt, oder gehandelt hat. Dies kann innerhalb der kurzen Zeitspanne, die für die unter Umständen lebensrettende Entscheidung am Unglücksort zur Verfügung steht, kaum jemand ohne psychiatrisch-psychologische Fachkenntnisse und ohne sorgfältige Abklärung der äußeren und inneren Motivationsfaktoren zuverlässig beurteilen". Das Urteil recurriert dann erneut auf die Suizidforschung, nach der die überwiegende Zahl der Suizidversuche nicht aus einem unerschütterlichen Todeswunsch, sondern als Schrei nach Hilfe vorgenommen werde. Die im landgerichtlichen Urteil vertretene Ansicht, daß auch nach Eintritt der Bewußtlosigkeit nur eine straflose Beihilfe zum Selbstmord und nicht eine strafbare Tötung auf Verlangen vorläge, träfe *nicht* zu.

Der BGH kam jedoch aus subjektiven Gründen nicht zur Verurteilung und begründet dies u. a. damit, daß die vom Arzt erkannte suizidale Situation einer letalen Arzneimittelvergiftung ihn in einen Konflikt zwischen dem ärztlichen Auftrag, jede Chance zur Rettung des Lebens seiner Patientin zu nutzen, und dem Gebot ihr Selbstbestimmungsrecht zu achten, gebracht habe. Es heißt dazu wörtlich „Welche Verpflichtung im Kollisionsfall den Vorrang hat, unterliegt pflichtgemäßer ärztlicher Entscheidung, die sich an den Maßstäben der Rechtsordnung und der Standesethik auszurichten hat“. Es folgen dann entsprechende Auseinandersetzungen mit dem Problem der Selbstbestimmung, z. B. bei der Operationsverweigerung usw. Es heißt weiter „Jedenfalls dann, wenn der ohne ärztlichen Eingriff dem sicheren Tod preisgegebene Suizident schon bewußtlos ist, darf sich der behandelnde Arzt nicht allein nach dessen vor Eintritt der Bewußtlosigkeit erklärten Willen richten, sondern hat in eigener Verantwortung eine Entscheidung über die Vornahme oder Nichtvornahme auch des nur möglicherweise erfolgreichen Eingriffs zu treffen“ Zitatende.

An dieser Stelle läßt sich besonders das Spannungsfeld zwischen rechtlichen und ärztlich-ethischen Auffassungen erkennen. Der BGH fährt nämlich fort „Das Arzt-Patientenverhältnis ist keine nur rechtsgeschäftliche, ausschließlich von den Willen der beiden Vertragsparteien bestimmte Beziehung. Die Standesethik des Arztes steht nicht isoliert neben dem Recht, sie wirkt, wie das Bundesverfassungsgericht hervorgehoben hat, allenthalben und ständig in die rechtliche Beziehung des Arztes zum Patienten hinein.

Weit mehr als sonst in den sozialen Beziehungen des Menschen fließt im ärztlichen Bereich das Ethische mit dem Rechtlichen zusammen. Daher darf der Arzt bei der Entscheidungsfindung auch nicht die sozial-ethischen Belange der Rechtsgemeinschaft, in der er und der Patient leben, außer acht lassen“.

Unter Bezugnahme auf die Richtlinien für die Sterbehilfe der verschiedenen ärztlichen Gesellschaften, und Betonung der Vorrangigkeit des Lebensschutzes, heißt es dann für unsere Thematik wiederum aufschlußreich Zitat „Andererseits darf der Arzt berücksichtigen, daß es keine Rechtsverpflichtung zur Erhaltung eines erlöschenden Lebens um jeden Preis gibt. Maßnahmen zur Lebensverlängerung sind nicht schon deswegen unerläßlich, weil sie technisch möglich sind. Angesichts des bisherige Grenzen überschreitenden Fortschritts medizinischer Technologie bestimmt nicht die Effizienz der Apparatur, sondern die an der Achtung des Lebens und der Menschenwürde ausgerichtete Einzelfallentscheidung die Grenzen ärztlicher Behandlungspflicht“.

Im übrigen heißt es dann, daß es *grundsätzlich unzulässig* sei, sich als Arzt dem Todeswunsch des Suizidenten zu beugen. Es habe auch ein Unglücksfall im Sinne der genannten Vorschriften vorgelegen. Dem Verunglückten mußte selbst dann Hilfe geleistet werden, wenn sie schließlich vergeblich bleibt und sich aus der Rückschau die befürchteten Folgen des Unglücks als von Anfang an unabwendbar erweisen. Nur von vornherein offenkundig nutzlose Hilfe braucht nicht geleistet zu werden. Der Arzt habe sich hier aber in einer Grenzsituation zwischen der Pflicht zum Lebensschutz und der Achtung des Selbstbestimmungsrechts und schließlich dahingehend befunden, daß er eine Rettung nur unter schwersten Dauerschäden für möglich hielt. Diese ärztliche Gewissensentscheidung könne von Rechts wegen nicht als unvertretbar angesehen werden. Da die Unterlassung von Rettungsversuchen auf seiner hier von der Rechtsordnung hingenommenen *ärztlichen Gewissensentscheidung* beruht, war ihm die als Hilfe allein in Betracht kommende Überweisung in eine Intensivstation nicht zumutbar.

Dieses Urteil zeigt deutlich, wie schmal der Grad zwischen der persönlichen ethisch-fundierten Gewissensentscheidung des Arztes im konkreten Einzelfall und den Anforderungen der normativ denkenden Rechtsprechung ist. Dieses Urteil ist im übrigen vielfach in der ärztlichen und auch juristischen Diskussion angegriffen worden, denn es bürdet u.a. letztlich dem Arzt die Einzelfallentscheidung ohne eine rechtliche Absicherung zu. Es würde aber zu weit führen, hier etwa auf den Widerspruch zu den sonstigen Grundsätzen des Operationsrechtes bei der Operationsverweigerung etc. im einzelnen einzugehen.

Ein weiteres, besonders gutes Beispiel, an dem man Kontroversen zwischen Recht und Ethik im ärztlichen Bereich erörtern kann, stellt das umfangreiche Gebiet der Entwicklung neuer medizinischer Techniken am Beginn des Lebens dar. Auch hier steht die rechtliche und ethische Bewältigung etwa der „Reproduktionspflicht", ein Ausdruck, der u.a. von dem Humangenetiker Jörgensen angegriffen wird, noch in weiter Ferne. Denken Sie etwa an die vor kurzem vorgenommene Patenterteilung für die Verfahren zur Erzeugung identischer Individuen in der Tierzucht in den USA. Auch auf dem Gebiet der Invitro-Fertilisation, des sogenannten Embryotransfer bis hin zu der Problematik der Leihmutterschaft sind wir weit entfernt von einer einheitlichen allgemein akzeptierten ethischen Bewältigung, geschweige denn von einer rechtsdogmatisch befriedigenden juristischen Erfassung der hier auftretenden Phänomene. Es ist kennzeichnend, daß durch den schnellen Transfer neuester wissenschaftlicher Methodik auf diesem Gebiet in die Massenmedien nicht nur die öffentliche Meinung manipuliert werden kann, sondern auch im politischen Raum oft vorschnell gesetzgeberische Vorhaben initiiert werden, die sich zum Teil mit heute noch am Menschen nicht realisierbaren Verfahren auseinandersetzen. Demgegenüber hat in der bisherigen Rechtsgeschichte das Recht sich vielmehr eher zögernd dem erreichten Fortschritt angepaßt und nicht spekulativ kommende Möglichkeiten zu codifizieren versucht. Auf diesem Gebiet ist einerseits ein tiefgreifender Wandel allgemein ethischer und teilweise auch ärztlicher Auffassungen und andererseits das Unbehagen und die Angst vor der medizinischen Technik und der Manipulierbarkeit des Lebens gewachsen. Jörgensen hat u.a. kürzlich darauf hingewiesen, wie sehr noch 1960 Bevölkerung und Presse geschockt waren, als der italienische Forscher Daniele Petrucci einen Embryo außerhalb des Mutterleibes züchtete und 29 Tage überleben ließ.

Zitat „Und heute, nur 25 Jahre später? Die Janusköpfigkeit, die Gefahr ethisch nicht vertretbarer reproduktionsmedizinischer und genetischer Manipulationen hängt wie das Schwert des Damokles über uns. Es ist erstaunlich, wie unreflektiert reagiert wird, wenn es um die Neuschaffung menschlichen Lebens auf künstliche Art geht. Die gleichen Menschen, die ohne Zögern einer Abtreibung zustimmen, lehnen häufig künstliche Fortpflanzungsmethoden und Hilfen kategorisch ab. Beim Schwangerschaftsabbruch argumentiert man, daß einem Kind ein künftiges schweres Leben in sozialer Unsicherheit nicht zugemutet werden könne. Bei künstlicher Zeugung hingegen wird einfach entschieden, daß ein neuer Mensch zu leben hat, leben muß" Zitatende. Auch die Präsidentin unserer schleswig-holsteinischen Ärztekammer, die Kollegin Retzlaff, hat kürzlich hierzu ausgeführt „Wir, die jetzt lebende Generation, maßen uns an, über Leben und Nichtleben der nachfolgenden Generationen zu entscheiden, ohne daß wir je dafür von dieser Generation zur Rechenschaft gezogen werden könnten". Diese wenigen Hinweise auf die hier vorliegende Paradoxie in diesem Problemfeld mögen genügen.

Hinsichtlich der Gentechnologien, der Invitro-Fertilisation und des Embryotransfers hat die sogenannte Benda-Kommission vor 1½ Jahren eine sehr sorgfältige, wenn auch in einzelnen Punkten noch kontroverse Übersicht gegeben. Dieser Bericht ist sehr klar gegliedert, er geht jeweils vom einzelnen biomedizinischen Tatbestand aus und untersucht diesen in Bezug auf das Verfassungsrecht, das Strafrecht, das Zivil- und insbesondere das Familienrecht und kommt zu einzelnen Empfehlungen. Auch die Bundesärztekammer hat parallel ihre Auffassung, was berufs-rechtlich erlaubt sei dargelegt und eine eigene Ethikkommission für diese Verfahren errichtet. Der Bundesjustizminister hat daraufhin ein Gesetz zum Schutz von Embryonen vorgelegt. Es ist interessant, daß bei der Vorstellung dieses Gesetzentwurfes der Minister darauf hinwies, vor welcher Herausforderung unser Rechtssystem durch dieses neue Gebiet der Medizin stehe. Vom ärztlichen Standesrecht über den Landesgesetzgeber bis hin zur Gesetzgebung des Bundes seien alle gefordert.

Dabei wird die Arbeit des Gesetzgebers zunächst auf die strafrechtliche Seite konzentriert. Zitat „Denn es gilt für alle, insbesondere aber für diejenigen, die mit den neuen Techniken umgehen, deutlich zu machen, wo die Grenzen liegen, die unser Grundgesetz der Forschung setzt". Daß die Aufnahme bestimmter ärztlicher sowohl fachlich, als auch ethisch fundierter Verhaltungsnormen in das Berufsrecht der Ärzte, bei dem Unbehagen der Öffentlichkeit im politischen Rahmen nicht genügt, zeigt u. a., daß die entsprechenden Änderungen der Berufsordnungen der einzelnen Bundesländer, so z. B. nicht im Saarland, von der jeweiligen Aufsichtsbehörde genehmigt wurde.

Der vorgelegte Entwurf des Embryonenschutzgesetzes bedroht die Embryonenschädigung und ihre Konsequenzen beim aus ihm hervorgegangenen Menschen mit einer Freiheitsstrafe bis zu 3 Jahren, schwere Gesundheitsschädigung oder Tod mit bis zu 5 Jahren. Man muß bereits im § 1 – das zeigt die Paradoxie auf diesem Gesamtgebiet – einen eigenen Absatz einfügen, um Handlungen gegen dem Embryo bei Schwangerschaftsabbruch auszunehmen.

Weiterhin sollen die mißbräuchliche Anwendung der extrakorporalen Befruchtung und die Verwendung eines Embryos zu anderen Zwecken als einer Übertragung auf eine Frau, die extrakorporale Entwicklung eines Embryos über das Stadium, das er sonst nach Abschluß der Nidation erreicht hätte, strafbar sein. Auch die Verwendung extrakorporal erzeugter menschlicher Embryonen für Experimente oder einen anderen Zweck als den seiner Übertragung ohne Genehmigung der obersten Landesbehörden wird poenalisiert.

Ebenso die mißbräuchliche Verwendung von Embryonen und Foeten. Schließlich wird die eigenmächtige Befruchtung und ein eigenmächtiger Embryotransfer, z. B. die Übertragung ohne Einwilligung der Person, deren Gameten verwendet werden, Straftatbestand. Die künstliche Veränderung der menschlichen Keimbahnzellen und ihre Verwendung, wie auch das Clonen und die Chimären- und Hybridbildung sind verboten.

Zu diesem Gesetzesentwurf ist eine lebhafte politische Diskussion im Gange. Aber auch die Deutsche Forschungsgemeinschaft hält diesen Entwurf für zu weit gehend. Sie sieht in dem vorgesehenen Verbot, Embryonen zum Zwecke der Forschung zu zeugen, eine unnötige Einschränkung der medizinischen Forschung. Es sei nicht nur der Weiterentwicklung und Verbesserung der Invitro-Fertilisation ein Riegel vorgeschoben, sondern auch die Chance verbaut, weitere Erkenntnisse über die Ursachen von Erbkrankheiten zu gewinnen und zu ihrer Früherkennung zu entwickeln. Die DFG ist nicht davon überzeugt, daß in diesem Forschungsbereich strafrechtliche Verbote zum Schutz von Menschenwürde und menschlichem Leben zwingend seien. Sie hält den Einsatz des Strafrechts für unverhältnismäßig. Ob die Auffassung der DFG zutrifft, daß die tatsächliche Gefährdung des Rechtsgutes minimal sei, weil in der wissenschaftlichen Gemeinschaft selbst inzwischen ein breiter Consens darüber gefunden wurde, daß Forschung an Embryonen nur unter sehr einschränkenden und von der Fachgemeinschaft wirksam kontrollierten Bedingungen ethisch zulässig sei, bestimmte Experimente in keinem Fall erlaubt seien, ist meines Erachtens außerordentlich problematisch. In den USA werden z. Zt. viele Millionen Dollar Forschungsmittel dafür aufgewendet, um herauszufinden, wann in der Embryonalentwicklung die Gehirnfunktion soweit ausgebildet ist, daß von einer „integrierenden Funktion" gesprochen werden kann, um in Analogie zum Hirntod den Zeitpunkt herauszufinden, bis zu dem ohne Einschränkung experimentiert werden kann.

Bemerkenswert ist, daß die DFG in ihrer Argumentation ebenfalls eine hohe Strafandrohung des Gesetzentwurfes zum Schutz einer sehr geringen Zahl von Embryonen für unverhältnismäßig hält im Hinblick auf die straflose Abtreibung von mehr als Zweihunderttausend gesunden Foeten jährlich im Rahmen der Notlagenindikation. In Übereinstimmung mit den Empfehlungen der Benda-Kommission untersagt der Gesetzesentwurf ausdrücklich die Herstellung von Embryonen ausschließlich zum Zwecke der Forschung, da dies nicht mit dem Grundgesetz in Einklang stehe. In der Begründung wird ausgeführt, daß man menschliches Leben nicht erzeugen dürfe, ohne dabei dessen Menschwerdung zu beabsichtigen. Diese Wertentscheidung des Grundgesetzes müsse auch die im Artikel 5 GG garantierte Freiheit der Forschung untergeordnet werden.

Die Diskussionen auf diesem Gebiet lassen wiederum erkennen, daß von einer einheitlichen ethischen, aber auch rechtlichen Auffassung, die von dem ‚Consensus omnium bonorum', also dem sittlichen Empfinden des überwiegenden Teils gut gesinnter Rechtsgenossen, wie der Jurist das nennt, getragen wird, nicht mehr die Rede sein kann.

Auch auf dem letzten Problemfeld, das ich ansprechen möchte, den sogenannten Neulandoperationen, bewegt sich der Arzt oft auf einem schmalen Grad zwischen technisch Machbarem und der Frage des ethisch oder rechtlich Erlaubten. Auch hier ist die normative Anforderung der juristischen Problembewältigung weit hinter der chirurgisch-operativen Entwicklung zurückgeblieben. Während z. B. das Arzneimittelgesetz für die Forschung am Menschen einen klaren gesetzlichen Rahmen abgesteckt hat, fehlt ein solcher noch für das zunehmend wichtiger werdende Gebiet dieser neuen operativen Verfahren. Hier wird man nur auf die ethischen Grundsätze der Deklarationen von Helsinki und Tokio zurückgreifen können. Wie Sie wissen, enthalten diese außer den allgemeinen Grundsätzen folgende Elemente: Risiko-Nutzen-Abwägung, die Einwilligung nach Aufklärung, das Recht der Person auf Wahrung ihrer Unversehrtheit und die Möglichkeit, den Versuch jederzeit abzubrechen, die Einschränkung der Versuche an Kindern und psychisch Kranken, oder abhängigen Personen wie z. B. Strafgefangenen. Sie sind damit ethischen Mindestvoraussetzungen für die medizinische Forschung in Verbindung mit neuen Operationsverfahren und auch für das nicht therapeutisch medizinische Experiment am Menschen. Die Bewältigung der operativ-chirurgischen Grenzsituationen, insbesondere auch die Prüfung, ob im konkreten Falle, etwa bei infauster Prognose oder hohem Alter des Patienten überhaupt noch operativ eingegriffen werden soll, bleibt ungeachtet aller vorgegebenen Normen, letztlich die Gewissensentscheidung des Arztes. Diese kann ihm niemand abnehmen.

Wir sehen also bei zusammenfassender Betrachtung der angeschnittenen Problemfelder, daß Rechtslehre und Rechtsprechung nur Rahmenbedingungen geben, aber kaum allgemein ethisch verbindliche Grundsätze in diesen Grenzsituationen vermitteln können. Auch Stellungnahmen der bestehenden Ethik-Kommissionen haben in diesem Rahmen nur die Qualität einer Beratung. Letztlich läßt sich Ethik nicht kollektivieren und schon gar nicht durch Mehrheitsentscheidung verschiedener Berufsgruppen in einem Gremium ersetzen. Man sollte sich auch davor hüten, durch die Zuziehung von Juristen oder Angehöriger anderer Berufsgruppen auch nur den Anschein zu erwecken, daß dem einzelnen Antragsteller durch deren Mitwirkung bei der Beratung die juristische und ethische Verantwortung abgenommen werden könne. Derartige Kommissionen haben ihren Wert vor allem darin, daß sie dem einzelnen Antragsteller für sein Vorhaben beratend zur Verfügung stehen im Sinne der Bewußtmachung der ethischen Problematik und zum Schutze des Patienten oder Probanden. Aus dieser beraterischen Tätigkeit werden sich durch einen Erfahrungsaustausch zwischen den einzelnen Kommissionen aber meines Erachtens ethische Normen in den einzelnen Fachgebieten der Medizin vergleichend entwickeln lassen. Ob es dadurch gelingt, wieder zu einer allgemein verbindlichen ärztlichen Rahmenethik, die von allen anerkannt wird, zu gelangen, ist meines Erachtens aber mehr als zweifelhaft. Letztlich kommt es in den Grenzsituationen, aber auch allgemein beim ärztlichen Handeln, auf die sittliche Haltung, die Auffassung von der Würde des Menschen, die nicht allein im Natürlichen verwurzelt ist, und die klare Entscheidung des geschulten Arztes an, um in den aufgezeigten Problemfeldern zu einer verantwortlichen Gewissensentscheidung zu kommen. So vermag auch das Recht, in das - wie ich schon ausführte - nur der ethische Minimalkonsens eingeht, keinen von uns vollständig zu binden.

Ethisches Verhalten in der Medizin kann andererseits nur erlernt werden durch Vorbild und persönliche Auseinandersetzung mit den rechtlichen und allgemein ethischen Kategorien im Bezug auf die eigene Berufsausübung. Nach dem weitgehenden Verlust eines allgemein gültigen ethisch-moralischen Weltbildes, wie es etwa noch der christlichen Tradition der vergangenen Zeit entsprach, stellt letztlich das von den allgemeinen Menschenrechten abgeleitete Grundgesetz den geringsten Nenner der Allgemeinverbindlichkeit dar. Als Maximen der medizinischen Ethik werden daraus abgeleitet nach Schreiber, 1. das Wohl des Kranken, 2. die Erhaltung des Lebens, 3. die Vermeidung von Schäden für den Kranken, 4. die Achtung der Menschenwürde und 5. die Vertrauenswürdigkeit. Im konkreten Einzelfall wird jeder Arzt in seinem Handeln oder Unterlassen am Rahmen der Rechtsnormen und dieser wenigen ethischen Minimalforderungen gemessen werden.

Ich danke Ihnen!

Literatur

BGH-Urteil vom 04. 07. 1984 Az 3 StR 96/94 - LG Krefeld: „Zu der Frage, unter welchen Voraussetzungen ein behandelnder Arzt, der seinen Patienten nach einem Selbstmordversuch bewußtlos antrifft, sich wegen eines Tötungsdeliktes oder wegen unterlassener Hilfeleistung strafbar machen kann, wenn er nichts zur Rettung seines Patienten unternimmt" (sogenanntes ‚Peterle-Urteil')

Böckle F (1986) Salus aegroti suprema lex. In: Münch Med Wschr 128:690-692

Bundesärztekammer, Empfehlungen (1982) Kriterien des Hirntodes. In: Dtsch Ärztebl, Ärztl Mitteilungen 79:45-55

Bundesärztekammer, Empfehlungen (1985) Richtlinien zur Forschung am frühen menschlichen Embryonen. In: Dtsch Ärztebl, Ärztl Mitteilungen 82:3757-3764

Bundesminister der Justiz Hg (1985) Bericht der Arbeitsgruppe Invitro-Fertilisation, Gen-Analyse und Gen-Therapie, ‚Benda-Bericht' vom 25. 11.

Bundesminister der Justiz Hg (1986) Diskussionsentwurf eines Gesetzes zum Schutz von Embryonen (Embryonenschutzgesetz) vom 29. 04.

DFG: DFG fordert Embryoproduktion für die Forschung (1987) In: Ärztl Prax 39:587-588

Fischer F, Fritsche P, Pribilla O (1978) Definition des Todes, Feststellung des Todes und Bestimmung des Todeszeitpunktes aus ärztlicher und juristischer Sicht. In: Sterbehilfe oder Wie weit reicht die ärztliche Behandlungspflicht? Eid V, Frey R (Hrsg) Matthias-Grünewald-Verlag, Mainz

Jörgensen G (1988) Sexmonster via Gentechnik? In: Sexualmedizin 1
Mattern HJ (1987) Heute ist unser Praxisalltag eine ethische Gratwanderung. In: Ärztl Prax 39:725
OLG München, Beschl v 33. 07. 87 (1987) Az: 1 Ws 23/87: Zur Frage der Strafbarkeit der Zurverfügungstellung eines Tötungsmittels für eine zum Freitod entschlossene schwerstleidende unheilbar Erkrankte auf deren Verlangen (Fall Hackethal). In: NJW 40:2940–2946
Pribilla O (1968) Juristische, ärztliche und ethische Fragen zur Todesfeststellung. In: Dtsch Ärztebl 65:2256–2259, 2318–2322, 2396–2398
Retzlaff I et al. (1987) Der moralische und rechtliche Status des Embryos und die Ethik der Forschung – ein Widerspruch? Vortrag Medica Düsseldorf, 18. 11.
Schreiber HJ (1982) Recht und Ethik. In: Doerr W, Jacob W, Laufs A (Hrsg) Recht und Ethik in der Medizin. Springer-Verlag, Berlin, S 15–24
Schweizerische Akademie der Medizinischen Wissenschaften (1978) Richtlinien für die Sterbehilfe. In: Sterbehilfe oder Wie weit reicht die ärztliche Behandlungspflicht? Eid V, Frey R (Hrsg) Matthias-Grünewald Verlag, Mainz
Thielicke H (1968) Wer darf leben? – Der Arzt als Richter. Rainer Wunderlich Verlag, Tübingen

Zur Systematik und Geschichte der Medizinischen Ethik

DIETRICH VON ENGELHARDT

Vorbemerkung

Die Notwendigkeit der Ethik in der Medizin läßt sich nicht bezweifeln; über Bedeutung und Richtung kann aber unterschiedlich geurteilt werden. Jede medizinische Disziplin bringt ihre spezifischen Akzente mit sich, jede Krankheit stellt charakteristische Anforderungen, Welt- und Menschenbilder des Arztes, des Patienten und der Umwelt haben ihre besonderen Auswirkungen, aus Kulturen und sozialpolitischen Verhältnissen ergeben sich ebenfalls wesentliche Unterschiede. Zugleich stellt sich immer wieder die Frage nach überzeitlichen und allgemeinen Zügen und Strukturen.

Wandel und Dauer der medizinischen Ethik müssen gleichermaßen Beachtung finden. Systematik und Geschichte hängen zusammen, bedingen sich gegenseitig. Bei allen genannten Unterschieden und Abweichungen zeigen sich einige Grundzüge in der historischen Entwicklung, können Anregungen aus der Vergangenheit für die Gegenwart und Zukunft gewonnen werden, kann aus der Gegenwart auch Licht auf die Vergangenheit fallen.

Systematik

Ethik in philosophischer Hinsicht

„Moral predigen ist leicht, Moral begründen schwer", mit dieser Wendung erinnert der Philosoph Schopenhauer an die wichtige Differenz von sittlicher Praxis und philosophischer Begründung. Noch allgemeiner sind zu unterscheiden: neutrales Verhalten – etablierte Sitte/Brauch – sittliche Praxis – ethische Begründung. Hinzu kommt das Verhältnis der Ethik zu Recht, Psychologie und Soziologie. Begründung und Ausbreitung oder Umsetzung der Ethik in die Praxis sind zwar aufeinander bezogen, fallen aber auch auseinander. Die Bibel enthält moralische Gebote (Paränese), bietet aber keine Begründungen; auch der sogenannte hippokratische Eid ist ein paränetischer Text und keine Begründung. Zwischen Geboten und Praxis besteht ebenfalls eine Differenz; die Aufstellung von Pflichten und Tugenden ist noch keine Begründung und garantiert überdies nicht schon ihre Realisierung.

Die Begründung sittlicher Werte und die Praxis sittlichen Verhaltens können unterschiedlich ausfallen und sind in der Geschichte auch unterschiedlich ausgefallen. Im Prinzip läßt sich in die vielfältigen Positionen nach den folgenden Dimensionen eine Ordnung bringen: Entstehung (Kausalität), Zielsetzung (Finalität) und Erscheinung (Phänomenalität) der Ethik können auf die Natur, das Individuum, die Gesellschaft oder Metaphysik/Religion oder eine Verbindung dieser Dimensionen bezogen werden. Das Gewissen des Individuums wurde zum Beispiel wiederholt als ausgezeichneter Ort moralischen Verhaltens und zugleich nicht selten auch als wesentlicher Ort seiner Entstehung wie Zielsetzung angesehen; das Gewissen ist ohne Zweifel eine zentrale Instanz der sittlichen Praxis, das Gewissen kann wie sittliche Gefühle - zum Beispiel das Verantwortungsgefühl - aber nicht als oberste Instanz der Begründung gelten.

Das Verhältnis von Ethik und Recht ist komplex. Ethik geht in Recht nicht auf, ist auf Gesetze aber angewiesen. Das Recht bezieht sich auf ein „ethisches Minimum" (W. Jellinek) im Sinne einer Beachtung elementarer Normen, deren Einhaltung allerdings mit besonderer Verbindlichkeit verfolgt wird - „ethisches Maximum" (G. v. Schmoller). Das Recht regelt auch ethisch indifferente Erscheinungen. Nicht alles, was juristisch nicht verboten ist, kann als ethisch vertretbar angesehen werden. Der Arztrechtler Laufs spricht von einem „schmalen Saum nicht justitiablen Ermessens" (1980). Die Kreise des Rechts und der Ethik überschneiden sich, sind aber nicht identisch und weichen voneinander in der subjektiven Geltung und objektiven Durchsetzung ab.

Ethik steht mit Psychologie und Soziologie, selbst Biologie in einem Zusammenhang, kann von diesen Disziplinen aber nicht abgeleitet werden; neben naturalistischen kommt es immer wieder auch zu psychologistischen und soziologistischen Fehlschüssen. Mit Recht betont dagegen bereits Kant: „Empirische Prinzipien taugen überall nicht dazu, um menschliche Gesetze darauf zu gründen". Daß diese Disziplinen beachtet werden müssen, kann andererseits auch wieder nicht abgestritten werden; die Realisierung ethischer Prinzipien vollzieht sich in der Welt der Gefühle, Bedürfnisse und sozialen wie wirtschaftlichen Gegebenheiten.

Das komplexe Verhältnis der Ethik zur Soziologie, Psychologie wie Jurisprudenz läßt sich für die Medizin sinnvoll an dem Begriff ‚informed consent' veranschaulichen. Dieser Begriff ist für die medizinische Therapie wie Forschung fundamental. Ohne Aufklärung und Einwilligung stellt therapeutisches Handeln für das geltende Recht in der Bundesrepublik eine Körperverletzung dar; diese juristische Sichtweise löst bei Ärzten wegen der Vernachlässigung der humanen Motivation ihres Tuns nicht selten Unbehagen aus. Aufklärung und Einwilligung entfalten sich in einer sozialen Situation und verlangen psychologische Fähigkeiten vom Arzt wie aber auch vom Patienten; sie entsprechen darüberhinaus etabliertem Brauch seit Jahrhunderten, sind Gebote der medizinischen Standesethik. Aufklärung und Einwilligung garantieren an sich aber noch nicht ethisches Niveau; sie können sich auch auf unsittliche oder inhumane Inhalte beziehen, sofern diese nicht bereits vom Gesetz ausgeschlossen werden. Ethik verwirklicht sich im ‚informed consent' erst mit der Beachtung der Autonomie und Würde des Patienten durch den Arzt, den Patienten selbst und die Gesellschaft; im Grunde müßte deshalb genauer von ‚moral, legal and free informed consent' gesprochen werden.

Medizinische Ethik oder Ethik in der Medizin

Ethik in der Medizin ist auf philosophische Ethik bezogen oder heißt philosophische Begründung sittlichen Verhaltens in der Medizin; medizinische Ethik ist deshalb keine Sonderethik, wohl aber eine Ethik besonderer Situationen. Die Verantwortung des Arztes ergibt sich vor allem aus einem doppelten Grund: Dem Arzt - und das gilt auch für den medizinischen Forscher - ist mit der menschlichen Gesundheit ein hohes Gut und bei aller notwendigen Mitverantwortung des Patienten nahezu allein anvertraut. Vollständige Symmetrie ist im Verhältnis zwischen Arzt und Patient nicht möglich; der Patient als Mensch in Not kann mit dem Arzt als Helfer nicht gleichgesetzt werden. Asymmetrie ist in dieser Hinsicht ein Grundmerkmal der Medizin, darf aber die ursprüngliche Identität und Symmetrie zwischen Arzt und Patient nicht verdecken. Mit der Therapie wird dem Arzt Autonomie vom Patienten übertragen, seine Therapie muß in einer Rückgabe dieser Autonomie an den Patienten bestehen.

Die verbreitete Distanz gegenüber der medizinischen Ethik unter Ärzten folgt nicht aus der Ablehnung von Ethik in der Medizin, sondern überwiegend aus der Verwechslung von Begründung und Praxis oder mit anderen Worten aus der Annahme, philosophische Ethik wolle die ärztliche Praxis in ihrer Sittlichkeit bereits sein und gewährleisten. Die Notwendigkeit ethischer Reflexionen und juristischer Gesetzgebung in der Medizin wird im Blick auf die Tatsache zuzugeben sein, daß das Gewissen zwar neben der geistigen auch eine emotionale Verankerung verspricht, aber keineswegs immer eine verläßliche Instanz darstellt, in akuten Situationen wie vor allem im Fernbereich nicht, d.h. in der Abwägung zukünftiger Folgen in ihrem Pro und Contra. Aber auch bei Entscheidungen, die nicht unvermutet auftauchen und nicht unter Zeitdruck gefällt werden müssen, ist die Kenntnis ethischer Positionen und ethischer Argumentationen eine Hilfe für den Arzt wie ebenso den Patienten und seine Angehörigen: „In solchen Zeiten, in welchen das Herz und die Empfindung zum Kriterium des Guten, Sittlichen und Religiösen von wissenschaftlicher Theologie und Philosophie gemacht wird, da wird es nötig an jene triviale Erfahrung zu erinnern" (Hegel).

Struktur der medizinischen Ethik

Ethik in der Medizin kann nicht nur auf den Arzt - das wäre Arztethik - beschränkt werden, sie umgreift ebenfalls den Patienten und die Gesellschaft. Patientenethik und Ethik sozialer Gruppen verbinden sich mit der Ethik des

Arztes. Eine herausgehobene Bedeutung besitzt in diesem Beziehungsgefüge ohne Zweifel das Verhältnis zwischen Arzt und Patient. Jedes Zentrum in diesem Dreieck ist auf die anderen Zentren und zugleich auf sich selbst bezogen: der Patient auf die Krankheit und andere Patienten, der Arzt auf die Medizin und Kollegen, die Gesellschaft auf andere Gesellschaften oder soziale Subeinheiten. Medizinische Ethik als diese Binnenstruktur von 3 Zentren und 9 Relationen ist darüber hinaus vom Stand der Medizin in Theorie und Praxis abhängig und wird von ideellen und materiellen Faktoren beeinflußt. Die folgende Graphik verdeutlicht diese Zusammenhänge: Die Ethik des Arztes meint das Verhältnis des Arztes zum Kranken, zu seiner sozialen und individuellen, physischen, psychischen und geistigen Lage, zu seinem Kranksein, Leiden und Sterben wie auch zu den Verwandten und Freunden des Kranken, zu den Kollegen, zur Standesvertretung, zur Medizin als Wissenschaft und schließlich zum Staat. Die ärztliche Ethik hat in verschiedenen Pflichten ihren Ausdruck gefunden: Aufklärungs- und Schweigepflicht, Beistands- und Therapiepflicht, Pflicht zur Achtung und Bewahrung der körperlichen und seelischen Integrität; die Ethik des Arztes entfaltet sich in Diagnose, Prognose, im Krankheitsbegriff und Krankheitsverständnis, in medizinischer Forschung, in Aus- und Weiterbildung, in der Honorierung, in Konsultation und Werbung, im Verhältnis zur Standesorganisation. Die verschiedenen Werte und Pflichten haben sich in zahlreichen ärztlichen Eiden und medizinischen Deklarationen niedergeschlagen; Kollisionen und Konkurrenz sind nicht ausgeschlossen. Die Entscheidung wird dem einzelnen Arzt aber nicht abgenommen werden können;

Struktur der Medizinischen Ethik

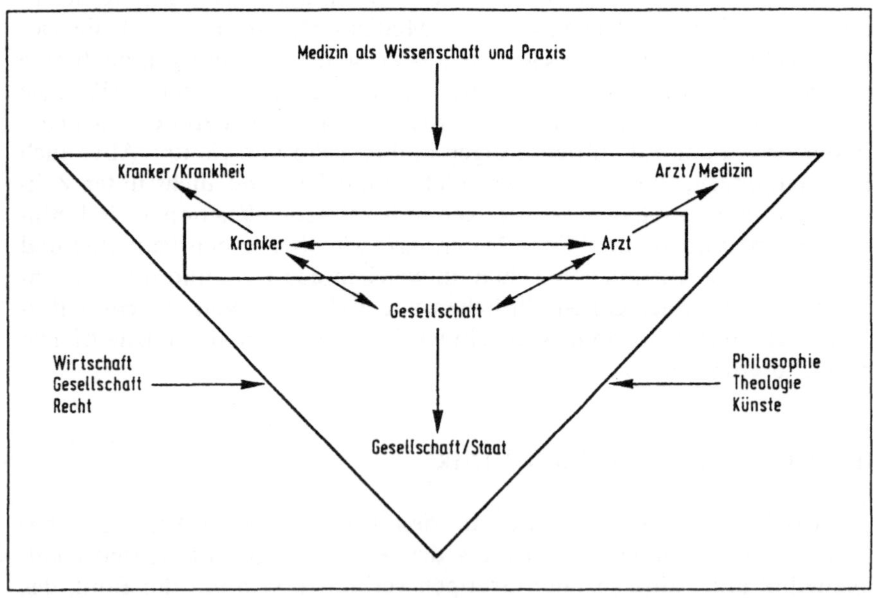

neben dem individuellen Leid für den Patienten und dem allgemeinen Schaden für die Gemeinschaft, die sich aus Fehlentscheidungen ergeben können, muß der Arzt auch an juristische Folgen für sich selber denken. Die Persönlichkeit des Arztes, seine Einstellung zu den Grenzen und technischen Möglichkeiten der Medizin, sein Krankheits- und Therapieverständnis, seine Haltung zum kranken Menschen und zur Gesellschaft prägen seine ethischen Vorstellungen und seine sittliche Praxis.

In gleicher Weise lassen sich die ethischen Aspekte des Kranken und der Gesellschaft differenzieren. Die Gegenwart neigt dazu, mehr von Rechten als Pflichten des Kranken zu sprechen; in der Vergangenheit ist stets auch von Pflichten und sogar Tugenden des Kranken die Rede gewesen. Dem Kranken wird die Pflicht zugeschrieben, dem Arzt gegenüber offen zu sein, seine Therapievorschläge einzuhalten, sich rücksichtsvoll anderen Kranken wie ebenfalls den Gesunden gegenüber zu verhalten, überhaupt seine Krankheit überwinden zu wollen und die grundsätzliche Schwäche und Begrenztheit des menschlichen Lebens hinzunehmen. In allen Bereichen ist Gelingen wie Scheitern möglich. Am Kranken können nach Spranger die ethischen Reserven der menschlichen Natur ebenso erkannt werden wie die Zerbrechlichkeit der Kultur, hinter deren „Fassade eine ursprüngliche Bosheit lebt" (1935).

Dem Staat ist die Kontrolle universitärer Ausbildung und der ärztlicher Praxis übergeben, der Staat besitzt eine Schutzfunktion für den Kranken, jeder Patient muß sich darauf verlassen können, daß er beim Arzt auf eine wissenschaftlich ausgebildete Person stößt. Der Staat muß auch den Arzt vor unberechtigten Ansprüchen bewahren und seine Autonomie schützen. Staaten gehen internationale Verträge zur Überwindung von Krankheiten ein, wie zum Beispiel bei der Seuchenbekämpfung oder bei der ärztlichen Versorgung von Kriegsopfern. Ethik der Gesellschaft heißt das sittliche Verhältnis der Freunde, Verwandten, Arbeitskollegen und anderer sozialer Gruppen gegenüber dem Kranken, gegenüber dem Arzt und allgemein gegenüber Leiden, Krankheit und Tod.

Die medizinische Ethik steht in dieser Binnenstruktur stets in einem Zusammenhang mit der Entwicklung der Medizin, mit der Erweiterung des medizinischen Wissens und der Verbesserung der technischen Möglichkeiten, mit der Einführung neuer diagnostisch-therapeutischer Methoden. Der Fortschritt der Medizin hat neue ethische Probleme hervorgebracht und zugleich alte Probleme überwunden. Medizinische Ethik wird darüber hinaus von einer Reihe sozialkultureller oder materiell-ideeller Voraussetzungen geprägt. Wirtschaft und Politik beeinflussen die ethischen Argumentationen und vor allem Umsetzungen ethischer Prinzipien in die Praxis.

Die Verbindung zur Philosophie ist essentiell. Stets bleibt zu prüfen, in welcher spezifischen, philosophischen, juristischen und auch theologischen Abhängigkeit bestimmte medizinethische Auffassungen und Forderungen stehen. Auch die Einflüsse, die von den Künsten und der Literatur, von ihren Bildern des Patienten und Arztes, der Krankheit und Heilung ausgehen, gilt es zu beachten. Umgekehrt ergeben sich in der Medizin ebenfalls immer wieder ethische Probleme, die von der Philosophie, Jurisprudenz und Theologie nicht vorausgesehen oder nur unzulänglich behandelt wurden. Die medizinische Wirklichkeit hat der philosophischen Ethik seit der Antike wesentliche Impulse gegeben; die Analyse des ärztlichen Handelns, der ärztlichen Entscheidung und des ärztlichen Eingriffes kann die Natur des Ethischen erhellen helfen. Juristische Fixierungen werden ihrerseits im allgemeinen erst im nachhinein entwickelt, sind meist Reaktionen auf neue Situationen.

Geschichte

Geschichte konkretisiert Systematik, umgekehrt erhält historische Beschreibung von der Systematik zugleich ihre Struktur. Der historische Rückblick veranschaulicht und bestätigt die Vielfalt der eben erörterten Dimensionen; Aufklärungspflicht und Schweigepflicht, Einwilligung in die Therapie, Arzt-Patienten-Beziehung, Therapieziele, Umgang mit Geburt und Tod werden in dieser historischen Skizze im Vordergrund stehen.

Im Blick auf die philosophische Ethik stellt sich nicht allein die Frage nach der grundsätzlichen Abhängigkeit der Ethik in der Medizin von der Philosophie, sondern angesichts der modernen Lebenswirklichkeit und vor allem der naturwissenschaftlich-technischen Fortschritte ebenso die Frage nach der Notwendigkeit einer neuen philosophischen Ethik. Entsprechend der Differenzierung von sittlicher Praxis, ethischer Begründung und Ausbreitung oder Umsetzung der Ethik in die Praxis kann diese Frage auch nur differenziert beantwortet werden. In den Prinzipien bedarf es wohl keiner neuen Ethik, die Aufnahme eines neuen Prinzips muß im übrigen auch nicht schon eine neue Ethik heißen; notwendig sind aber neue Umsetzungen in die Praxis, notwendig sind neue Kontrollen, neue juristische Antworten auf neue Situationen der Therapie und Forschung.

Die vergangenen Ansätze und Entwürfe der philosophischen Ethik können hier im einzelnen nicht vorgetragen werden. Viele Beiträge der Geschichte verdienen in der Medizin weiterhin Beachtung. Von bleibender Bedeutung hat sich die bereits von Plato und Aristoteles betonte Unterscheidung von überkommenem Brauch und begründeter Sittlichkeit erwiesen. Immer wieder wurde in der Medizin das antik-christliche Tugendschema oder der christliche Mitleidsgedanke aufgegriffen, letzterer konstitutiv auch für die Ethik eines Schopenhauer im 19. Jahrhundert. Unüberholt sind Grundprinzipien der Kantischen Ethik, so zum Beispiel die Maxime: „Handle so, daß du die Menschen sowohl in deiner Person als in der Person eines jeden anderen jederzeit zugleich als Zweck, niemals bloß als Mittel brauchst". Mit dem Gesichtspunkt der Menschheit wird Ethik von Kant über die Gegenwart hinaus grundsätzlich auch auf die Zukunft bezogen. Ebenso kann auch heute noch Hegels Versuch anregend wirken, die Alternative von Individualethik und Sozialethik wie den Gegensatz von sinnlichem Trieb und vernünftigem Willen zu überwinden.

Allen abweichenden Ansätzen der Ethik aus der Vergangenheit wie Gegenwart ist das Auseinanderfallen von Norm und Realität gemeinsam; das trifft auch für die Ethik in der Medizin zu. Ethik kann in Deskriptionen nicht aufgehen, die Spannung zwischen Norm und Realität muß aushalten, wer an Ethik festhalten möchte. Vollständige Voraussagen der Folgen des Handelns sind nicht möglich; deontologische und teleologische Perspektiven sollten einander ergänzen. Sittlichkeit erweist sich im übrigen oft erst in der Reaktion auf Ereignisse und nicht nur in ihrer geplanten Hervorbringung.

Antike

Die Geschichte der medizinischen Ethik oder Ethik in der Medizin ist auf Philosophie und über viele Jahrhunderte zugleich auf Theologie bezogen, besitzt aber ebenso eine eigene Tradition, ist Philosophie auf eigenem Boden. Die ursprüngliche Einheit von Medizin, Theologie und Recht ist im Verlauf der Menschheitsgeschichte aufgegeben worden, findet sich als Ideal aber in allen fundamentalistischen Bewegungen immer wieder von neuem.

Am Anfang der Geschichte stehen Forderungen an den Arzt, moralische Deutungen des Krankseins und staatliche Festlegungen in archaischen Gesellschaften und den Hochkulturen der Antike. Das Gesetzeswerk des Königs Hammurabi (etwa 1750 v. Chr.), selbst noch auf ältere sumerische Vorschriften zurückgehend, enthält Regeln über die ärztliche Tätigkeit - auch eine erste überlieferte Gebührenordnung -, aus denen das Gewicht der sozialen Stellung des Patienten für das Tun des Arztes und die Vernachlässigung der medizinischen Forschung manifest werden.

Kernstück der medizinischen Ethik durch die Jahrhunderte bis in unsere Zeit wurde dann der Eid des Hippokrates oder besser, da dieser Eid aller Wahrscheinlichkeit nach nicht von Hippokrates stammt, der Eid im hippokratischen Geist aus dem 5./4. vorchristlichen Jahrhundert - mit seinen Verboten des Schwangerschaftsabbruches, der aktiven Euthanasie und des Steinschnittes durch den Arzt und seinen Geboten der Verschwiegenheit, der Schadens- und Unrechtsabwehrung, des sittlichen Respektes vor jedem Patienten sowie der Sorge für den medizinischen Lehrer und der Geheimhaltung des ärztlichen Wissens. Die Hochschätzung des Lebens in diesem Eid hat an die Selbstverpflichtung einer pythagoräisch eingestellten Ärztegruppe denken lassen. Dieser Eid ist allerdings keineswegs für alle Ärzte der Antike bindend gewesen und kann auch heute in wesentlichen Momenten nicht mehr der Realität und dem normativen Selbstverständnis der Ärzte entsprechen.

In stoischer Tradition ist dem Arzt aktive Sterbehilfe wie auch Selbsttötung in den Fällen erlaubt, in denen das vernünftige Bewußtsein und sittliche Handeln des Menschen durch physisches oder seelisches Leiden gefährdet oder aufgehoben ist. Tugend verspricht höchste Harmonie, ist Herrschaft über die Sinne, die bei drohendem Verlust den Selbstmord zuläßt. Ein berühmtes Beispiel für die Mitwirkung eines Arztes verbindet sich mit Seneca, der sich angesichts der politischen Verfolgung unter Nero entschieden hat, seinem Leben ein Ende zu setzen und hierbei Unterstützung bei seinem Arzt erfährt. ‚Euthanasie' bezeichnet der Kaiser Augustus das Ideal des sanften und raschen Todes, das er auch für sich selbst ersehnt.

Neben dem hippokratischen Eid finden sich im Corpus Hippocraticum zahlreiche weitere Passagen zur medizinischen Ethik. Auftreten, Kleidung und Sprache des vorbildlichen Arztes werden beschrieben. Die Aufklärungspflicht, von der im sogenannten hippokratischen Eid nicht die Rede ist, kann eingeschränkt werden, ungünstige Prognosen soll der Arzt bei sich behalten. Therapieverzicht wird gerechtfertigt oder bei Krankheiten verlangt, die aussichtslos erscheinen. Vom Patienten darf der Arzt aktive Unterstützung erwarten: „Der Kranke muß zusammen mit dem Arzt sich gegen die Krankheit wehren". Ethik wird im übrigen in der Antike nicht nur auf das Verhalten, sondern ebenso die Gewinnung von Erkenntnissen bezogen.

Bei aller zunehmenden Trennung von Medizin und Philosophie bestehen noch zahlreiche Wechselbeziehungen. Plato und Aristoteles greifen nicht nur die Medizin zur Illustration von Politik und Ethik auf, von ihnen werden darüberhinaus drei klassische Arzttypen unterschieden: Der Sklavenarzt erläßt Anordnungen wie ein Diktator, der Arzt für Freie ist bereit zum Gespräch und bezieht in die Therapie auch die Familie mit ein, der Arzt als medizinisch gebildeter Laie setzt Selbstinformation und Eigenverantwortung voraus. Die Auswirkungen dieser unterschiedlichen Arzttypen - Ausdruck auch der politischen Verhältnisse jener Zeit - auf die Sittlichkeit der Arzt-Patient-Beziehung sind gravierend; ihre Gültigkeit hat sich bis heute erhalten, allen Arzttypen kann wie auch den ihnen entsprechenden Patiententypen weiterhin begegnet werden. Bei Plato findet sich auch die Legitimation, psychisch unheilbar Kranke zu töten (Politeia).

Mittelalter

Arzt und Patient, Krankheit und Therapie stehen im europäischen Mittelalter unter der christlichen Perspektive. ‚Christus medicus' und ‚passio Christi' sind Orientierungen für jeden Arzt und jeden Patienten, geben den Pflichten und Tugenden in Krankheit und Heilung erst die wahre Grundlage. Gängige Normierungen und übliche Alternativen unserer Zeit werden in Frage gezogen oder aufgehoben; Krankheit kann als heilbringend (salubris infirmitas), Gesundheit als verderblich (perniciosa sanitas) bezeichnet werden. Therapie ist immer mehr als bloße Überwindung von körperlicher Schädigung, Heilung und Heil sind auf tiefe Weise miteinander verbunden; mit der Vertreibung aus dem Paradies (homo constitutus) hängen im irdischen Leben (homo destitutus) Krankheit, Leiden und Tod notwendig zusammen, die in der Auferstehung des Menschen (homo restitutus) endgültig überwunden werden. Gesundheit, Krankheit und Therapie nehmen diesen heilsgeschichtlichen Verlauf vorweg. Die aktive Erlösung aus dem Leiden ist dem Arzt wie auch dem Betroffenen untersagt.

Zu den Werken der Barmherzigkeit zählt nach dem Wort in Matthäus (25, 34ff.) auch die Pflege der Kranken: „Ich bin krank gewesen und ihr habt mich besucht“. Die vier klassischen und drei christlichen Tugenden (Gerechtigkeit, Weisheit, Tapferkeit, Bescheidenheit, Glaube, Liebe, Hoffnung) gelten für den Arzt wie den Patienten; in angemessenem Verständnis sind sie zeitlos. Am hippokratischen Eid wird im Mittelalter festgehalten; Apollo wird durch Christus ersetzt. Begleitung im Kranksein und Sterben gilt als wesentliche Aufgabe des Arztes, sein Tun erschöpft sich nicht in Kuration. Hildegard von Bingen setzt die ‚misericordia‘ des Arztes über alles Sanieren. Die mittelalterliche Welt kennt allerdings auch die ebenfalls mit dem Wort der Bibel gerechtfertigte Aussonderung des Leprakranken aus der Gesellschaft und den Kaiserschnitt in theologischer Perspektive, um nämlich Mutter und getauftes Kind auf dem geweihten Boden des Friedhofes beerdigen zu können. Stadtärzte schwören bei ihrer Anstellung spezifische Eide. Die Beistandspflicht gilt jedoch nicht absolut; bei Pestepidemien wird das Ausharren der Ärzte nicht unbedingt verlangt. In den ‚Constitutiones‘ Friedrichs II. von 1241 werden Ausbildung und Tätigkeit des Arztes der staatlichen Kontrolle unterworfen; das Studium muß drei Jahre Geisteswissenschaften und vor der therapeutischen Tätigkeit ein praktisches Jahr enthalten. Der Arzt hat sich seit jener Zeit immer auch gegenüber dem Staat zu verantworten.

Die islamische Medizin erklärt wie das christliche Mittelalter den hippokratischen Eid für verbindlich. Das Ideal ist der philosophisch gebildete Arzt, verlangt wird eine menschliche Arzt-Patienten-Beziehung. Die Schweigepflicht kann von den arabischen Ärzten auf die Diagnose eingeengt und die Forderung an den Patienten erhoben werden, sich mit der Krankheit nicht zu verbünden, sondern sie zu bekämpfen. Offensichtlich gehen in diese Forderungen auch entsprechende Erfahrungen ein; dem Arzt wird gelegentlich empfohlen, das Honorar bei Krankheiten vor Beginn der Therapie auszuhandeln.

Neuzeit

Säkularisierung und Naturalisierung der Renaissance wirken sich auch auf die Ethik in der Medizin aus, prägen die Situation in den folgenden Jahrhunderten. Verwissenschaftlichung und Technisierung nehmen zu. die Abhängigkeit von Theologie und Philosophie wird geringer. Gegenüber Antike und Mittelalter entsteht eine eigenständige Tradition einer Medizinischen Ethik. Die Entwicklung der Philosophie schlägt sich aber noch weiterhin in der Medizin nieder, wie umgekehrt auch die Fortschritte in den Naturwissenschaften und der Medizin ihre Konsequenzen in der Philosophie haben.

Bei Paracelsus erhält die Ethik eine zentrale Funktion im Aufbau der Medizin. Die Tugend des Arztes ist neben den drei anderen Säulen die „vierte Säule der Medizin und bleibe beim arzet bis in den tot“. Der wahre Arzt ist ein „Lammarzt“, der sich für den Patienten opfert und nicht rücksichtslos an seinen Vorteil wie der „Wolfsarzt" denkt, er bezieht auch nicht sein Wissen nur aus Büchern und der Tradition wie der „Unkrautarzt". Entscheidend sind ebenfalls für Paracelsus die ‚misericordia' und ‚caritas' des Arztes: „Wo aber keine Liebe zum Kranken, da auch keine ärztliche Kunst". Ethik wird auf das Handeln und das Erkennen bezogen; nicht nur im Kontakt mit dem Kranken, auch im Experimentieren, im Theoretisieren, im Publizieren kann sich der Arzt moralisch korrekt verhalten oder versagen. Wesentlich ist die Selbstbescheidung: „Wo die Natur versagt, nit weiter zu versuchen".

Euthanasie kann - wie Suizid - seit der Renaissance wieder positiv beurteilt werden, so von Morus (1516), so auch von Bacon (1623). Bacon spricht zum ersten Mal in der Neuzeit von Euthanasie und unterscheidet eine ‚Euthanasia interior' als seelischer Beistand (animae praeparatio) von einer ‚Euthanasia exterior' als Lebensverkürzung (excessus lenis et placidus). Bacon und Morus halten an der Freiwilligkeit und weiteren Pflege des Patienten aber fest, wenn von diesem die aktive Euthanasie nicht gewollt wird: „Gegen seinen Willen aber töten sie niemanden und sie pflegen ihn deshalb auch nicht weniger sorgfältig" (Morus). Passive und aktive, innere und äußere Euthanasie, Subjekt und Objekt der Euthanasie, Autonomie und Heteronomie von Patient und Arzt wie schließlich Anlaß und Modus der Euthanasie sind die für die damalige Zeit wie die zukünftige Entwicklung entscheidenden Dimensionen der Euthanasie.

Wie aber Ärzten die Tötung des Patienten bei ihrem christlichen Engagement zu Beginn der Neuzeit schwer gefallen oder unmöglich gewesen ist, läßt sich einem Bericht des französischen Chirurgen Ambroise Paré aus dem 16. Jahrhundert über eine Kriegsszene entnehmen. Paré erlebt, wie ein älterer Soldat unrettbar verwundete Soldaten durch einen sanften und schnellen Schnitt durch die Kehle tötet; während er selbst diese Handlung hätte verurteilen und den Soldaten wegen seiner Grausamkeit kritisieren müssen, habe sich dieser mit den Worten gerechtfertigt: „Er bäte Gott, daß in einer vergleichbaren Lage ihm ein anderer auf diese Weise helfen würde". Der christliche Gedanke besitzt weiterhin Gewicht für den Arzt und Patienten. Pascal sieht in der Krankheit den „natürlichen Zustand des Christen", weil man „dann so ist, wie immer sein sollte, d.h. im Leiden, im Übel, aller Güter und Sinnesfreuden ledig, frei von allen Leidenschaften, ohne Habsucht und in ständiger Erwartung des Todes".

Das Jahrhundert der Aufklärung geht noch einmal besonders intensiv auf die Pflichten und Tugenden des Arztes wie des Patienten und der Gesellschaft ein. Medizin und Moral hängen nach Leibniz eng zusammen; „moralia et medicina haec sunt quae unice aestimari debent", notiert sich der Philosoph 1671. Sensualismus und Populärphilosophie zeigen ihre Auswirkungen. In Anlehnung an Kants berühmte Definition bestimmt der Mediziner Johann Karl Osterhausen 1798 medizinische Aufklärung als „Ausgang eines Menschen aus seiner Unwissenheit in Sachen, welche sein physisches Wohl betreffen". Der von Bacon und Descartes vertretene Forschungsimperativ findet zahlreiche Anhänger. Maupertuis stellt mit seiner Aufforderung, an lebenden Verbrechern Versuche anzustellen, ein eindrucksvolles Beispiel dar. Der Anschein von Grausamkeit dürfe den Forscher nicht hemmen; der einzelne Mensch sei verglichen mit der Gesellschaft nichts, ein Verbrecher weniger als nichts (1752). Die klassischen antiken und christlichen Tugenden werden durch bürgerliche Tugenden wie Fleiß, Gehorsam, Ordnung und Reinlichkeit ergänzt. Der Übergang von der aristokratischen in die bürgerliche Welt bleibt nicht ohne Folgen.

Kollisionen zwischen den Tugenden und Pflichten sollen sich auch im Bereich der Medizin nicht vermeiden lassen. Lösungen sollen weniger durch Gesetze als vom Geist der Humanität und der Kraft des Glaubens gefunden werden. Liebe gilt als zentrale Tugend des Arztes, Geduld als zentrale Tugend des Kranken. Auf die möglichen Gefahren des humanen Engagements der Aufklärung wird von Zeitgenossen wie Herder oder Goethe hingewiesen; Goethe verknüpft mit der Aussicht auf den möglichen Sieg der Humanität die Schreckvision, daß „zu gleicher Zeit die Welt ein großes Hospital und einer des anderen Krankenwärter werden wird" (1781).

Von einer metaphysischen Perspektive bestimmt zeigt sich noch einmal die Medizin im Zeitalter des Idealismus und der Romantik um 1800. Kant, Schelling und Hegel entwickeln philosophische Deutungen und Deduktionen der Natur und des Lebens, der physischen und psychischen Krankheit, der Möglichkeiten und Grenzen des Heilens, der Autonomie des Individuums, der sozialen Sittlichkeit. Zahlreiche Mediziner interpretieren in diesem Geist ihr Denken und Handeln, entwerfen auch eigene Ansätze, Empirie und Metaphysik zu vermitteln. Die Bewältigung von Krankheit wird positiv eingeschätzt, die Subjektivität oder Personalität des Patienten gewinnt besondere Bedeutung, die Therapie des Geisteskranken soll auf humanitäre Gesichtspunkte nicht verzichten dürfen. Der Arzt muß charakterlich integer sein, die Beziehung zwischen ihm und dem Patienten kennzeichnet eine dialektische Verbindung von Symmetrie und Asymmetrie, jeder Patient ist für seine Krankheit und Gesundheit verantwortlich. Repräsentativ für das Denken jener Epoche ist das Wort des Dichters Novalis nicht nur von der bildenden Wirkung chronischer Krankheiten, sondern ebenfalls von der notwendigen ethischen Begleitung jedes Fortschritts: „Wenn die Menschen einen Schritt vorwärts tun wollen zur Beherrschung der äußeren Natur durch die Kunst der Organisation und der Technik, dann müssen sie vorher drei Schritte der ethischen Vertiefung nach innen getan haben". Die metaphysische Bewegung der Medizin um 1800 ist allerdings nur von kurzer Dauer gewesen, auch wenn sich Nachwirkungen während des 19. und 20. Jahrhunderts bis in die Gegenwart beobachten lassen. Empirismus und Positivismus setzen sich durch, Ideen der Aufklärung werden wieder aufgegriffen; Grenzen auch dieser Strömung sind heute mehrfach offensichtlich geworden.

Im 19. Jahrhundert wird bei aller naturwissenschaftlichen Orientierung eine Vielzahl von Studien zur medizinischen Ethik veröffentlicht. Der erste Internationale Kongress zur medizinischen Ethik findet im Jahre 1900 in Paris statt. Weittragend ist Thomas Percivals im Geist noch der Aufklärung entworfener

‚Code of Medical Ethics' aus dem Jahre 1803, der 1827 wie 1849 erneut aufgelegt und 1847 von der American Medical Association als verpflichtende Grundlage übernommen wird. Als zentrale Themen der medizinischen Ethik bestimmt Percival: a) die Pflichten der Ärzte gegenüber ihren Patienten und die Pflichten der Patienten ihren Ärzten gegenüber, b) die Pflichten der Ärzte untereinander und gegenüber der Medizin als Standesorganisation, c) die Pflichten der Medizin gegenüber der Gesellschaft und der Gesellschaft gegenüber der Medizin; unbehandelt bleiben die ebenso wichtigen Pflichten der Patienten gegenüber anderen Patienten und der Gesellschaft wie die Pflichten der Gesellschaft gegenüber dem Patienten und anderen Gesellschaften.

Von anderen Schriften des 19. Jahrhunderts über ethische Probleme in der Medizin seien William Ogilvie Porters „Medical science and ethics" (1837), Jean Cruveilhiers „Des devoirs et de la moralité du médecin" (1837), Abraham Banks „Medical etiquette" (1839) und vor allem neben Julius Pagels „Medicinischer Deontologie" (1897) Maxime Simons „Déontologie médicale" von 1845 erwähnt; Simon, der zum ersten Mal wohl Deontologie und Medizin verbindet, zählt die folgenden Aufgaben zur medizinischen Deontologie: „a) devoirs des médecins envers eux-mèmes et envers la science; b) devoirs des médecins envers les malades; c) devoirs des médecins envers la société; d) droits des médecins." Medizinische Ethik bezieht sich bei Simon demnach ausschließlich auf den Arzt, ist Arztethik.

Von weitblickendem Gespür ist zu Beginn des 19. Jahrhunderts Hufelands Warnung vor der aktiven Euthanasie durch den Arzt: „Er soll und darf nichts anderes tun, als Leben erhalten; ob es Glück oder Unglück sei, ob es Wert habe oder nicht, dies geht ihn nichts an, und maßt er sich einmal an, diese Rücksicht mit in sein Geschäft aufzunehmen, so sind die Folgen unabsehbar, und der Arzt wird der gefährlichste Mensch im Staate; denn ist einmal die Linie überschritten, glaubt sich der Arzt einmal berechtigt, über die Notwendigkeit eines Lebens zu entscheiden, so braucht es nur stufenweiser Progressionen, um den Unwert und folglich die Unnötigkeit eines Menschenlebens auch auf andere Fälle anzuwenden."

Das 19. Jahrhundert ist das naturwissenschaftliche Jahrhundert oder das Forschungszeitalter mit eindrucksvollen Fortschritten und therapeutischen Erfolgen, zugleich auch manchen Gefahren und Grenzen. Das 19. Jahrhundert läßt antivivisektionistische Gesellschaften entstehen, deren Engagement sich sogar mit Antisemitismus verbinden kann. Die Grausamkeit gegenüber dem Tier soll mit der Grausamkeit gegenüber dem Menschen gleichzusetzen sein. Objektivität wird im 19. Jahrhundert ein hoher Wert zugeschrieben, der Kranke kann als Person in den Hintergrund treten und für belanglos erklärt werden. Von theoretischen und programmatischen Ausführungen muß die Praxis aber unterschieden werden; der objektivierte Krankheitsbegriff bringt nicht notwendig eine depersonalisierte Arzt-Patienten-Beziehung mit sich.

Als allgemeine Charakteristika lassen sich für die Medizinische Ethik des vergangenen Jahrhunderts hervorheben: abgestufte Aufklärungspflicht, uneingeschränkte Schweigepflicht, ausdrückliches Euthanasieverbot, Engagement des Arztes nicht nur für den einzelnen Kranken, sondern auch für die Gesellschaft, Tendenz zur Reduktion des Kranken auf die Krankheit, positivistisches Verständnis von Krankheit und Therapie, Distanz gegenüber Religion und Metaphysik. Das 19. Jahrhundert zeigt sich von der Tendenz bestimmt, medizinisches Denken und Handeln von der Wertebene zu trennen, ärztliches Tun zum Sachzwang werden zu lassen; zugleich manifestieren die zahlreichen Publikationen zur Ethik in der Medizin das Fortwirken der Tradition und die Anerkennung neuer Situationen.

Das 20. Jahrhundert erlebt mit der Anthropologischen Medizin und philosophischen Psychiatrie Gegenbewegungen, deren Resonanz hierzulande und weltweit allerdings bescheiden geblieben ist. Die „Einführung des Subjekts" in die Medizin soll nach Viktor von Weizsäcker für den Patienten, den Arzt und die Wissenschaft Gültigkeit besitzen. Neben dem naturwissenschaftlichen Erklären wird das geisteswissenschaftliche Verstehen von Jaspers für unabdingbar für die Medizin und vor allem die Psychiatrie erklärt, unabdingbar auch für die von ihm als Ideal bezeichnete „existentielle Kommunikation" zwischen Arzt und Patient. Grenzen der Medizin sind vom Patienten wie vom Arzt aber hinzunehmen, beide können vor den Grenzsituationen des Daseins in Überhöhung wie Verflachung ausweichen: „Der Arzt ist weder Techniker noch Heiland, sondern Existenz für Existenz, vergängliches Menschenwesen mit dem anderen, im anderen und sich selbst die Würde und die Freiheit zum Sein bringend und als Maßstab anerkennend" (1932).

Das Ethos des Arztes, der Gesellschaft und des Patienten erhält im Marxismus seine spezifische Auslegung. Von Marx und Engels liegen keine eigenständigen Texte zur Medizin und ihren ethischen Dimensionen vor; Theoretiker des Marxismus haben aber wiederholt zu ethischen Fragen Stellung genommen. Der Gesellschaft wird ein hoher Wert zugesprochen, der Patient kann auf seine soziale oder weltgeschichtliche Rolle eingeschränkt werden. Im sowjetischen Eid des Arztes von 1971 zeigen sich Fortwirkung wie Neubeginn: Sorge für den Patienten und Anerkennung der Schweigepflicht, Engagement für die Gesellschaft und die eigene Nation, Beachtung der Prinzipien der kommunistischen Moral. Hippokratische Traditionen erhalten Zustimmung, zugleich werden spezifische Korrekturen im Blick auf den Fortschritt für notwendig gehalten. Auch die Forschung muß der sozialen und ethischen Kontrolle unterworfen werden.

Das 20. Jahrhundert muß zugleich die Pervertierung nicht nur von Juristen, Politikern und Künstlern, sondern auch von Ärzten in Theorie und Praxis und vor allem der Forschung erleben, eine Pervertierung, an der die Gesellschaft und die Angehörigen von Patienten sich allerdings ebenfalls beteiligen. Diese Erfahrung kann nicht vergessen werden, sie sollte Anlaß sein, immer wieder von neuem über die Chancen und die Gefährdungen der Humanität in der Medizin nachzudenken.

Nach dem 2. Weltkrieg kommt es zu zahlreichen neuen Initiativen in der Begründung und besonders Ausbreitung der Ethik in der Medizin. Die besonderen Bedingungen und Anforderungen in den verschiedenen medizinischen Fachdisziplinen und diagnostisch-therapeutischen Situationen werden zunehmend erkannt und ausdrücklich in die Diskussionen über die Ethik in der Medizin aufgenommen. Ein neues Selbstverständnis des Patienten und eine gewandelte Einstellung gegenüber den Wissenschaften zeigen ihre Konsequenzen.

Abschluß

Ethos und Ethik stehen in einem inneren Zusammenhang, Ethos als etabliertes Verhalten und Ethik als theoretische Reflexion und Grundlegung. Ethik wird immer dann notwendig, wenn sich das Verhalten der Menschen nicht mehr von selbst versteht. Medizinische Ethik hat die Geschichte der Medizin von ihrem Anfang bis in die Gegenwart begleitet - medizinische Ethik in ihren drei Zentren: Arzt, Kranker und Gesellschaft, medizinische Ethik in ihrer Abhängigkeit von der Philosophie wie ebenfalls den sozialen Verhältnissen. Die Entwicklung der Medizin, der Wandel des menschlichen Bewußtseins, die Veränderungen der Gesellschaft haben immer wieder neue Situationen hervorgebracht, die nach neuen Lösungen verlangten. Die Aufklärung hat den Menschen einen „Zärtling der Natur" genannt, als in seinem Wesen angelegt und angewiesen auf Kultur. Institutionen, Gesetze, Staat sind notwendig, um die Existenz und Würde des Menschen zu erhalten; diese Bedingungen der Kultur können zu einer zweiten Natur werden, das heißt zu einer Wirklichkeit, in der die Menschen sich wohlfühlen, sich getragen und geschützt wissen. Das Gegenteil ist ebenso möglich.

Sittliche Praxis setzt ethische Begründung voraus. Tugenden und Pflichten des Arztes, des Patienten und der Gesellschaft haben eine normative Grundlage. Werte können bekannt und auch anerkannt sein, sind als solche aber noch nicht in ihrer Berechtigung oder Notwendigkeit einsichtig gemacht. Ethikreflexionen oder ethische Begründungsversuche werden sich stets von neuem als notwendig erweisen - in der auch heute noch gültigen Beobachtung des Aristoteles, das Rechte gelte zu seiner Zeit nur als Brauch und Satzung, nicht aber von Natur. Diese philosophische Begründung, denn das meint Aristoteles hier mit „Natur", ist für die Medizin ebenso notwendig wie hilfreich. Stets von neuem muß in diesem Zusammenhang aber auch auf die Differenz von Begründung und Praxis hingewiesen werden; aus philosophischen Deduktionen ergibt sich noch keineswegs eine ihnen entsprechende Realität. Im übrigen gibt es eine philosophische Tradition in der Medizin selbst, Philosophie ist mit akademischer Philosophie nicht gleichzusetzen.

Neben der Begründung muß deshalb die Aufmerksamkeit vor allem der praktischen Umsetzung der Ethik in der Medizin gelten. Diese erfolgt in der universitären Ausbildung zum Arzt und durch das Beispiel der Kollegen in der Praxis, hat aber auch ihre Voraussetzungen schon in der schulischen Erziehung und in der allgemeinen Bildung. Das medizinische Studium kann in dieser Hinsicht noch erheblich verbessert werden - durch Vorlesungen, durch Seminare, durch aktive Beteiligung der Medizinstudenten in schriftlicher wie mündlicher Form an diesen Veranstaltungen. Die wiederholt vorgebrachten Forderungen nach einem eigenständigen Unterrichtsangebot über medizinische Ethik haben bislang noch keinen Erfolg gehabt. Neue Entwicklungen zeichnen sich aber in den gegenwärtigen Diskussionen über die Reform des medizinischen Studiums ab. Nach einer Empfehlung der Konferenz der Gesundheitsminister vom 20. 11. 1986 in Berlin sollen „Fragen der Ethik in der Medizin stärker Eingang und Berücksichtigung im gesamten Unterrichtsangebot der ärztlichen Aus-, Fort- und Weiterbildung finden". Einen Lehrstuhl für Medizinische Ethik gibt es bislang nur im Ausland, so etwa im benachbarten Holland; Pläne in dieser Richtung werden zur Zeit in Tübingen verfolgt. In Bochum besteht seit 1985 ein ‚Zentrum für Medizinische Ethik'. In den USA ist das Angebot an Pflicht- und Wahlkursen in Medizinischer Ethik groß.

Der Ausbreitung und Umsetzung dienen auch die Entschließungen nationaler und internationaler Vereinigungen - Helsinki (1964) und Tokio (1975) -, das Engagement von Ethikkommissionen auf unterschiedlichen Ebenen - Kliniken, Fakultäten, Ärztekammern, Institutionen der Forschungsförderung, Industrien -, die Verpflichtungen einzelner medizinischer Fachrichtungen, die Eide und Gelöbnisse am Ende des Studiums. Weitere Impulse gehen von entsprechenden Akademien und Gesellschaften aus; die Ziele der 1987 in der Bundesrepublik gegründeten ‚Akademie für Ethik in der Medizin' liegen vor allem in der „wissenschaftlichen Erarbeitung und Vermittlung von Ethik in der Medizin". Zahlreiche Zeitschriften speziell zur Theorie und Ethik der Medizin sind im Aus- und Inland in den vergangenen Jahren entstanden; immer wieder werden Kongresse und Symposien zu medizinethischen Fragen abgehalten.

Notwendig bleibt für die Praxis stets die juristische Kontrolle. Gesetze müssen immer wieder von neuem entwickelt werden, die dem Schutz des Patienten dienen und zugleich den notwendigen Fortschritt der Medizin, der selbst wieder dem Patienten dienen soll, nicht behindern. Die Autonomie des Patienten muß mit der Autonomie des Arztes und den Ansprüchen der Gesellschaft in einen Ausgleich gebracht werden. Medizinische Ethik kann als eine Art Gewaltenteilung dieser drei Positionen oder Zentren aufgefaßt werden.

Der Wandel der Geschichte stellt schließlich die Frage nach der Dauer. Brauchen wir eine neue medizinische Ethik? Notwendig scheinen gewiß immer wieder neue Anwendungen, neue Umsetzungen in die Praxis, neue juristische Regelungen, notwendig scheint aber nicht im Kern eine neue Ethik. Zahlreiche Prinzipien der Vergangenheit haben an Gültigkeit nichts verloren. Ergänzungen müssen gefunden oder in der Realität übernommen werden. Der Blick auf die Gegenwart ist durch den Blick in die Zukunft zu ergänzen. Wesentlich ist angesichts der unterschiedlichen religiösen Konfessionen und abweichenden politischen Überzeugungen die Suche nach einem überzeugenden Minimalkonsens der medizinischen Ethik. Vergangene Ideale können Anregungen geben; die Haltung gegenüber Gesundheit, Krankheit, Leiden und Tod verlangt nach immer wieder neuer Überprüfung. Humanmedizin verbindet Naturwissenschaften und Geisteswissenschaften, dient in Prävention, Kuration und Rehabilitation dem therapeutischen Ziel, versteht ihre Aufgabe aber ebenso als Beistand und Begleitung des Patienten, als humane Hinnahme von Krankheit, Leiden und Tod. Wie Ethik in der Medizin verwirklicht wird, gehört zu einem wesentlichen Ausdruck der Kultur.

Literatur

Deutsch E (1979) Das Recht der klinischen Forschung am Menschen. Frankfurt a. M.

Eibach U (1976) Medizin und Menschenwürde. Ethische Probleme der Medizin aus christlicher Sicht. Wuppertal

Engelhardt D v (1986) Mit der Krankheit leben. Grundlagen und Perspektiven der Copingstruktur des Patienten. Heidelberg

Engelhardt D v, Schipperges H (1980) Die inneren Verbindungen zwischen Philosophie und Medizin im 20. Jahrhundert. Darmstadt

Engelhard HT (1986) The foundations of bioethics. New York

Eser A (1979) Heilversuch und Humanexperiment. Zur rechtlichen Problematik biomedizinischer Forschung. In: Der Chirurg 50:215-221

Fischer-Homberger E (1973) Dem Einzelnen oder der Gesamtheit verpflichtet? Zwei Arten ärztlicher Ethik. In: Schweizerische Ärztezeitung 54:681-685, 723-729

Gross R (1978) (Hg) Ärztliche Ethik, Stuttgart

Gründel J (1976) Ethos des Arztes und Ethik ärztlichen Handelns aus moraltheologischer Sicht. In: Zander J (Hg) Arzt und Patient, Düsseldorf, S 105-131

Hartmann F (1981) Überhöhte Leitwerte ärztlichen Selbstverständnisses. In: Therapiewoche 31:826-836

Heinisch KJ (1960) (Hg) Der utopische Staat. Morus. Utopia, Campanella. Sonnenstaat, Bacon. Neu-Atlantis, Reinbek b. Hamburg

Jaspers K (1932) Ein Beispiel, ärztliche Therapie. In: Jaspers: Philosophie, Bd 1, Berlin, Heidelberg ^{4}1973, S 121-129

Kemp P (1987) Ethique et médecine, a d Dän (1985), Paris

Koelbing HM (1970) Ärztliche Deontologie im Wandel der Zeit. In: Praxis 59:1147-1153

Laufs A (1980) Recht und Gewissen des Arztes. In: Heidelberger Jahrbücher 24:1-15

Luther E (1986) (Hg) Ethik in der Medizin. Berlin, DDR

Mitscherlich A, Mielke F (1978) (Hg) Medizin ohne Menschlichkeit. Dokumente des Nürnberger Ärzteprozesses, Stuttgart 1948, Frankfurt a. M.

Reiser SJ, Dyck AJ, Curran WJ (1977) (Hg) Ethics in medicine. Historical perspectives and contemporary concerns. Cambridge, Mass u. London

Rössler D (1977) Der Arzt zwischen Technik und Humanität. München

Schaefer H (1983) Medizinische Ethik. Heidelberg

Schipperges H (1988) Die Technik der Medizin und die Ethik des Arztes. Frankfurt a. M.

Seidler E (1980) Historische Schwerpunkte der medizinischen Ethik. In: Medizin, Mensch, Gesellschaft 5:73-80

Spicker SF, Engelhardt HT (1977) (Hg) Philosophical medical ethics: Its nature and significance. Dordrecht u. Boston

Sporken P (1971) Darf die Medizin, was sie kann? a d Niederl (1971), Düsseldorf

Spranger E (1935) Das ethische Moment im Gesundsein und Kranksein. In: Brugsch T (Hg) Einheitsbestrebungen in der Medizin, Bd 2, Dresden u. Leipzig, S 90-105

Steussloff H, Gniostko E (1968) (Hg) Marxistisches Menschenbild und Medizin. Leipzig

Thielicke H (1968) Ethische Fragen der modernen Medizin. In: Langenbecks Archiv für Klinische Chirurgie 321:1-34

Waddington I (1975) The development of medical ethics - A sociological analysis. In: Medical History 19:36-51

Wunderli J, Weisshaupt K (1977) (Hg) Medizin im Widerspruch. Für eine humane und an ethischen Werten orientierte Heilkunde. Olten